"十三五"国家重点出版物出版规划项目

中国生态环境演变与评估

成渝经济区生态环境演变与评估

谢高地 张昌顺 等 著

科学出版社
北京

内 容 简 介

本书在简要介绍成渝经济区自然、社会经济、产业特征及发展功能区分区的基础上，全面研究成渝经济区生态系统结构格局、生态环境质量、生态环境胁迫、开发强度和生态承载力格局与演变，揭示该区域产业发展与生态系统结构、生态环境质量、生态环境胁迫和生态承载力之间的相互作用机理，并对该区域产业开发与资源环境可持续发展提出对策建议。这些成果可为该区域产业发展和生态环境保护与建设提供科学数据支撑。

本书可作为生态学、地理学、环境学、自然资源管理等高校和研究机构师生参考资料，尤其是对从事成渝经济区生态环境与产业发展研究和管理的人员具有重要的参考价值。

图书在版编目(CIP)数据

成渝经济区生态环境演变与评估/谢高地等编著. —北京：科学出版社，2017.1

（中国生态环境演变与评估）

"十三五"国家重点出版物出版规划项目　国家出版基金项目

ISBN 978-7-03-050420-3

Ⅰ. ①成⋯　Ⅱ. ①谢⋯　Ⅲ. ①经济区-生态环境-研究-成都②经济区-生态环境-研究-重庆　Ⅳ. ①X321.271②X321.271.9

中国版本图书馆 CIP 数据核字（2016）第 262773 号

责任编辑：李　敏　张　菊　王　倩／责任校对：邹慧卿
责任印制：肖　兴／封面设计：黄华斌

科学出版社 出版

北京东黄城根北街 16 号
邮政编码：100717
http://www.sciencep.com

中国科学院印刷厂 印刷

科学出版社发行　各地新华书店经销

*

2017 年 1 月第　一　版　　开本：787×1092　1/16
2017 年 1 月第一次印刷　　印张：17 3/4
字数：450 000

定价：160.00 元

（如有印装质量问题，我社负责调换）

《中国生态环境演变与评估》编委会

主　编　欧阳志云　王　桥

成　员　(按汉语拼音排序)

邓红兵　董家华　傅伯杰　戈　峰

何国金　焦伟利　李　远　李伟峰

李叙勇　欧阳芳　欧阳志云　王　桥

王　维　王文杰　卫　伟　吴炳方

肖荣波　谢高地　严　岩　杨大勇

张全发　郑　华　周伟奇

《成渝经济区生态环境演变与评估》编委会

主　笔　谢高地　张昌顺

副主笔　李亦秋　范　娜　肖　玉　张　彪

　　　　李　娜　鲁春霞

成　员　(按汉语拼音排序)

　　　　陈文辉　冷允法　李　平　孙艳芝

　　　　王　浩　王　硕　徐　洁　章予舒

　　　　张殷俊

总　　序

我国国土辽阔，地形复杂，生物多样性丰富，拥有森林、草地、湿地、荒漠、海洋、农田和城市等各类生态系统，为中华民族繁衍、华夏文明昌盛与传承提供了支撑。但长期的开发历史、巨大的人口压力和脆弱的生态环境条件，导致我国生态系统退化严重，生态服务功能下降，生态安全受到严重威胁。尤其 2000 年以来，我国经济与城镇化快速的发展、高强度的资源开发、严重的自然灾害等给生态环境带来前所未有的冲击：2010 年提前 10 年实现 GDP 比 2000 年翻两番的目标；实施了三峡工程、青藏铁路、南水北调等一大批大型建设工程；发生了南方冰雪冻害、汶川大地震、西南大旱、玉树地震、南方洪涝、松花江洪水、舟曲特大山洪泥石流等一系列重大自然灾害事件，对我国生态系统造成巨大的影响。同时，2000 年以来，我国生态保护与建设力度加大，规模巨大，先后启动了天然林保护、退耕还林还草、退田还湖等一系列生态保护与建设工程。进入 21 世纪以来，我国生态环境状况与趋势如何以及生态安全面临怎样的挑战，是建设生态文明与经济社会发展所迫切需要明确的重要科学问题。经国务院批准，环境保护部、中国科学院于 2012 年 1 月联合启动了"全国生态环境十年变化（2000—2010 年）调查评估"工作，旨在全面认识我国生态环境状况，揭示我国生态系统格局、生态系统质量、生态系统服务功能、生态环境问题及其变化趋势和原因，研究提出新时期我国生态环境保护的对策，为我国生态文明建设与生态保护工作提供系统、可靠的科学依据。简言之，就是"摸清家底，发现问题，找出原因，提出对策"。

"全国生态环境十年变化（2000—2010 年）调查评估"工作历时 3 年，经过 139 个单位、3000 余名专业科技人员的共同努力，取得了丰硕成果：建立了"天地一体化"生态系统调查技术体系，获取了高精度的全国生态系统类型数据；建立了基于遥感数据的生态系统分类体系，为全国和区域生态系统评估奠定了基础；构建了生态系统"格局–质量–功能–问题–胁迫"评估框架与技术体系，推动了我国区域生态系统评估工作；揭示了全国生态环境十年变化时空特征，为我国生态保护与建设提供了科学支撑。项目成果已应用于国家与地方生态文明建设规划、全国生态功能区划修编、重点生态功能区调整、国家生态保护红线框架规划，以及国家与地方生态保护、城市与区域发展规划和生态保护政策的制定，并为国家与各地区社会经济发展"十三五"规划、京津冀交通一体化发展生态保护规划、京津冀协同发展生态环境保护规划等重要区域发展规划提供了重要技术支撑。此外，项目建立的多尺度大规模生态环境遥感调查技术体系等成果，直接推动了国家级和省级自然保护区人类活动监管、生物多样性保护优先区监管、全国生态资产核算、矿产资源开发监管、海岸带变化遥感监测等十余项新型遥感监测业务的发展，显著提升了我国生态环境保护管理决策的能力和水平。

《中国生态环境演变与评估》丛书系统地展示了"全国生态环境十年变化（2000—2010年）调查评估"的主要成果，包括：全国生态系统格局、生态系统服务功能、生态环境问题特征及其变化，以及长江、黄河、海河、辽河、珠江等重点流域，国家生态屏障区，典型城市群，五大经济区等主要区域的生态环境状况及变化评估。丛书的出版，将为全面认识国家和典型区域的生态环境现状及其变化趋势、推动我国生态文明建设提供科学支撑。

因丛书覆盖面广、涉及学科领域多，加上作者水平有限等原因，丛书中可能存在许多不足和谬误，敬请读者批评指正。

《中国生态环境演变与评估》丛书编委会

2016 年 9 月

前　言

作为中国西部经济增长极，成渝经济区地处长江上游，该区的生态安全对本区乃至长江三角洲经济区社会、经济和生态的可持续发展具有重要的作用。2000~2010年，该区域的社会经济和生态环境发生了剧烈变化，故对该区域2000~2010年生态环境演变与评估进行研究，对保障区域产业开发与生态环境协调发展具有重要意义。

本书依托成渝经济区生态环境遥感调查与评估课题，以遥感调查为主，结合地面调查/核查工作，获取成渝经济区十年生态环境及相关社会经济动态变化信息，分析十年来该区域生态系统结构、生态环境质量、生态环境胁迫、生态承载力和产业开发强度格局与变化，探明区域产业发展分别与生态系统结构与状况、环境质量与胁迫及生态承载力等的定量关系，提出新时期成渝经济区可持续发展对策建议。

为完成上述任务，课题组先后于2012年7~8月和2013年8~9月分别对成渝经济区重庆部分和四川部分进行了两次为期半月的野外调研，收集了大量社会经济、地表水环境和大气环境等数据，并对该区马尾松、湿地松、杉木等典型群落乔木密度、树高、胸径、生物量等结构与功能开展样方调查。在完成对遥感解译与反演数据校正基础上，制作完成了成渝经济区生态系统格局、生态环境质量、生态环境胁迫、开发强度、生态承载力等数据集，评估该区生态系统结构与状况、生态环境质量与胁迫、生态承载力和产业开发强度格局与演变，揭示该区产业发展与生态环境的相互作用机理。在课题成果研究基础上，凝练撰写此书。

本书第1章由谢高地和张昌顺编写，第2章由谢高地和范娜编写，第3章由肖玉、张彪、张昌顺和李娜编写，第4章由李亦秋和肖玉编写，第5章由鲁春霞和李亦秋编写，第6章由张昌顺和谢高地编写，第7章由张昌顺、李亦秋、张彪和肖玉编写，第8章由谢高地和张昌顺编写。全书主要由谢高地和张昌顺完成统稿。

作　者
2016年5月

目 录

总序
前言

第1章 成渝经济区自然环境与社会经济发展概况 ... 1
  1.1 自然环境特征 ... 1
  1.2 社会经济发展状况 ... 11
  1.3 成渝经济区产业发展过程与地位 ... 13
  1.4 发展功能区分区 ... 15

第2章 成渝经济区生态系统格局 ... 17
  2.1 生态系统格局 ... 18
  2.2 生态系统格局变化 ... 29
  2.3 生态系统景观格局 ... 45
  2.4 土地利用程度综合指数 ... 47

第3章 成渝经济区生态环境质量 ... 49
  3.1 生态质量 ... 50
  3.2 环境质量 ... 59
  3.3 生态环境质量指数 ... 62

第4章 成渝经济区生态环境胁迫 ... 65
  4.1 自然胁迫 ... 66
  4.2 人为胁迫 ... 81

第5章 成渝经济区开发强度 ... 108
  5.1 资源开发 ... 109
  5.2 经济活动强度 ... 132
  5.3 城市化强度 ... 146
  5.4 综合开发强度 ... 156

第6章 成渝经济区生态承载力 ... 160
  6.1 生态承载力 ... 161
  6.2 生态足迹 ... 171

| 6.3 综合生态承载力 | 176 |
| 6.4 生态承载力驱动力 | 182 |

第7章 产业发展对成渝经济区生态环境的影响 186
　　7.1 产业发展对生态系统格局的影响 187
　　7.2 产业发展对生态环境质量的影响 197
　　7.3 产业发展对生态胁迫的影响 214
　　7.4 产业开发对生态承载力的影响 238

第8章 成渝经济区产业开发与生态环境可持续发展的对策与建议 249
　　8.1 产业开发与环境变化及其关系 249
　　8.2 产业开发与生态环境可持续发展对策与建议 251

参考文献 256

附录 260
　　附录1 数据源 260
　　附录2 评价指标 260

索引 268

第 1 章 成渝经济区自然环境与社会经济发展概况

成渝经济区地处长江上游，是长江三角洲的生态屏障。该区域的生态安全直接影响着整个长江三角洲地区的可持续发展。本章主要从区域位置与范围、地形地貌、气象、水系与水文、土壤、植被特征和矿产资源方面来介绍本区自然环境特征，之后再从人口和经济密度方面来介绍本区社会经济状况，最后介绍该区域产业的发展过程。

1.1 自然环境特征

1.1.1 区域位置与范围

成渝经济区是指包括重庆和成都两大都市圈在内的四川盆地，位于长江上游，是长江上游地区重要的生态屏障，是中国经济增长的"第四极"。东接湖南省、湖北省，西连青海省、西藏自治区，南通云南省、贵州省，北接陕西省、甘肃省，是西部地区重要的人口、产业集聚区。成渝经济区是中国经济发展的重要战略区域，在西部崛起中具有举足轻重的地位。成渝经济区总面积约为 20.9 万 km^2，占川渝两地总面积的 37%，范围包括四川的 15 个市 113 个区县（其中 36 个市辖区、12 个县级市、65 个县）和重庆的 29 个区县（图 1-1），它们分别是四川省省会成都市、自贡市、泸州市、德阳市、绵阳市、遂宁市、内江市、乐山市、南充市、眉山市、宜宾市、广安市、达州市、雅安市、资阳市；重庆市 1 小时经济圈内的渝中区、大渡口区、江北区、沙坪坝区、九龙坡区、南岸区、北碚区、渝北区、巴南区、涪陵区、长寿区、江津区、合川区、永川区、南川区、綦江区、大足区、潼南县、铜梁县、荣昌县、璧山县；渝东北翼的万州区、梁平县、丰都县、垫江县、忠县、开县、云阳县和渝东南翼的石柱县（舒俭民等，2013）。

1.1.2 地形地貌

成渝经济区地处长江上游，总体处于四川盆地，经纬度为 27°N~34°N，101°E~110°E，海拔多在 200~750m，以丘陵和低山地貌为主，四周是一系列中低、中高山。其中丘陵和低山面积约分别占总面积的 26.77% 和 21.64%，主要位于中部和北部地区；其次为中山地貌，约占总面积的 30.06%，主要分布于西北部、西部、南部和东部地区；再次为平原台

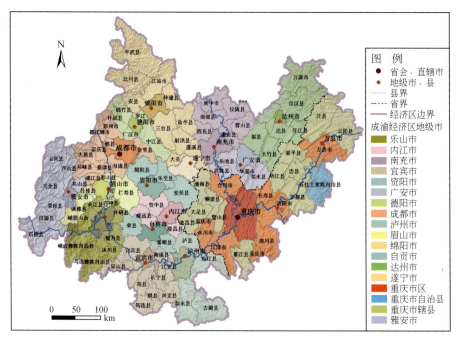

图 1-1　成渝经济区行政区划

地，约占总面积的 19.07%，主要分布于中部成都平原地区；高山和极高山地貌面积很小，不足总面积的 3%，主要分布于西北、西部和西南盆周山地（表 1-1 和图 1-2）。地势上，成渝经济区地势大多低于 600m，主要分布于中部及北部的成都平原和东部低山丘陵地区；数字高程模型（digital elevation model，DEM）为 600~1000m 的区域大多分布于盆周平原丘陵向山地的过渡地带，主要位于西部、南部和东北部地区；海拔 1500m 以上的区域主要分布于西北、西部和西南盆周地区（图 1-3）。

表 1-1　成渝经济区地貌特征

地貌类型	面积/km²	百分比/%	小计/%	地貌类型	面积/km²	百分比/%	小计/%
极大起伏极高山	217.95	0.10	0.17	中起伏低山	6 426.65	3.08	21.64
大起伏极高山	139.72	0.07		小起伏低山	38 741.91	18.56	
极大起伏高山	631.28	0.30	2.29	低海拔丘陵	55 880.04	26.77	26.77
大起伏高山	3 724.69	1.78		中海拔平原	216.71	0.10	10.98
中起伏高山	426.83	0.21		低海拔平原	22 710.89	10.88	
大起伏中山	14 263.2	6.83	30.06	中海拔台地	16.16	0.01	8.09
中起伏中山	42 182.09	20.21		低海拔台地	16 872.46	8.08	
小起伏中山	6 314.01	3.02		总计	208 764.61	100.00	100.00

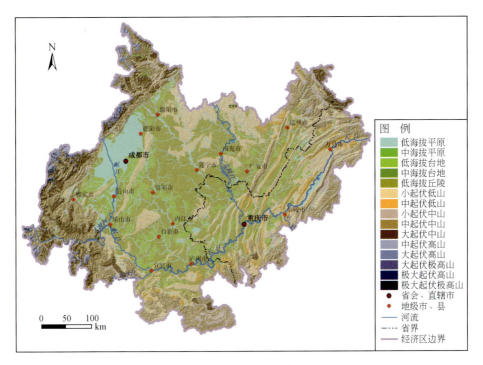

图 1-2　成渝经济区地貌特征

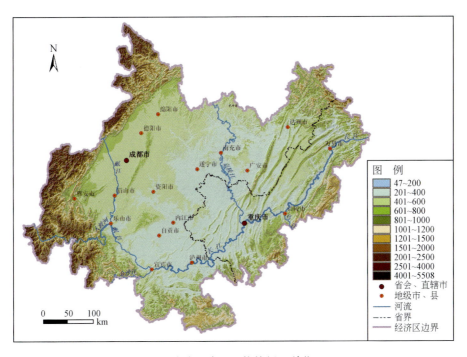

图 1-3　成渝经济区地势特征（单位：m）

基于此，舒俭民等（2013）将成渝经济区分为中部低海拔平原丘陵区和盆周中海拔山地区。其中中部低海拔平原丘陵区（平均海拔为500m）包括成都平原及川东丘陵区，行政上包括绵阳市东南部、德阳市东南部、成都市东部、眉山市、乐山市东北部、宜宾市、泸州市北部、遂宁市、南充市。区内人类活动强烈，植被覆盖较低，无高山，主要山脉为龙泉山、华蓥山，龙泉山—华蓥山呈北东25°～30°绵延于区内，将该区分成西部成都平原区和东部丘陵区，西部平原位于龙泉山以西，为冲积、洪积平原，海拔为450～750m，地势由西北向东南微倾；龙泉山与华蓥山之间为川东丘陵区，海拔为200～600m，由北向南倾斜。构造作用相对较弱，断层褶皱带少，地质灾害较少（舒俭民等，2013；吕孟懿，2014）。

盆周中海拔山地区主要包括西部中高山区和东部中山区，其中西部中高山区平均海拔为2460m，行政上涵盖绵阳市西北部、德阳市西北部、成都市西部、雅安市大部、乐山市西南部。该区山脉主要有北东—南西走向的龙门山，北西—南东走向的邛崃山、夹金山，最高点位于雅安市石棉县的神山梁子，海拔达5793m。东部中低山区，平均海拔约为1103m，行政上包括泸州南部、达州市、广安市大部、重庆市。该区由一系列北东—南西走向的条线背斜山地与向斜谷地组成，如华蓥山、铜锣山、明月山、铁峰山、黄草山等，这些山地海拔多在1000m左右（舒俭民等，2013；吕孟懿，2014）。

1.1.3 气象

成渝经济区自然环境得天独厚，属于亚热带季风气候，具有四季分明、夏热冬暖、无霜期长、雨量充沛、湿润多阴等特点（舒俭民等，2013）。与同纬度地区相比，区内年平均气温明显偏高，年平均气温最高的区域可达20℃。此外，区内冬暖夏凉的特点显著，如最冷月（1月）平均气温，成都比杭州、武汉分别高1.7℃和2.5℃，重庆比南昌高2.5℃；而著名"火炉"之一的重庆最热月平均气温（28.6℃）比南昌还低1.0℃，致使区内年积温比同纬度地区高，无霜期也较同纬度地区长。成渝经济区云多雾重，日照较少，大部分地区年日照时数<1400h，最少者不足800h，是中国两个日照最少的区域之一。同时，该区还是中国平均风速最小的地区之一。该区大部分地区年降水量多在900～1200mm（吕孟懿，2014）。

成渝经济区年平均气温整体呈现由东至西不断降低的态势，但由于城市热岛效应，重庆市、成都市及其他地级市的年平均气温均高于临近地区。年平均气温以东部重庆市最高，约为20℃，以西南大渡河流域的峨眉山地区最低，年平均气温不到5℃。12℃以下的区域主要位于西北和西南山区（图1-4）。

成渝经济区年降水量整体呈西南、东北高，中部低的分布格局，这种格局与该区域地形地貌密不可分。由于成渝经济区东、南、西三面为中山地貌，致使这些区域地形降水量较大。其中降水量最大的区域位于西南峨眉山地区，年降水量高达1600～2100mm，其次为东北部的达州地区，年降水量为1400～1600mm，以区域中部的绵阳-内江-宜宾一线最低，为800～900mm，但降水量年际变化较大（图1-5）。

第 1 章 | 成渝经济区自然环境与社会经济发展概况

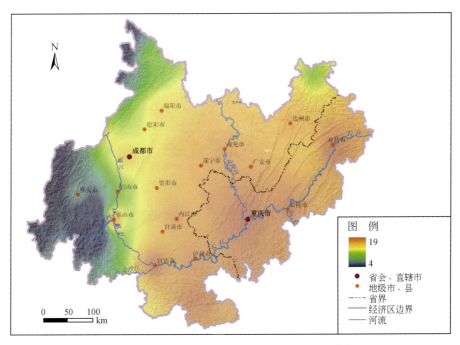

图 1-4　2000~2010 年成渝经济区年平均温度（单位：℃）

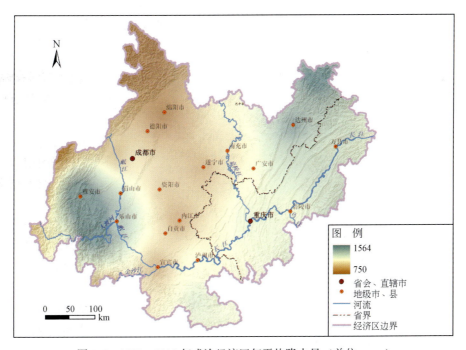

图 1-5　2000~2010 年成渝经济区年平均降水量（单位：mm）

1.1.4 水系与水文

成渝经济区的水系主要为长江水系，包括长江上游干流流域、三峡库区，以及长江一级支流岷江、沱江、嘉陵江、乌江和赤水河，二级支流岷江支流青衣江和大渡河，嘉陵江的支流涪江和渠江（舒俭民等，2013），如图1-6所示。

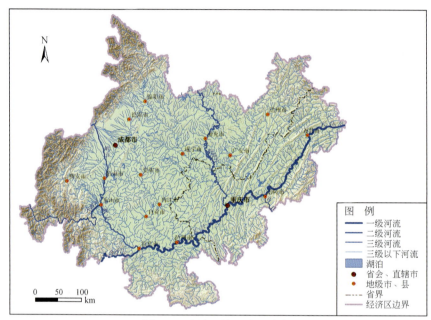

图1-6 成渝经济区水系分布

1）长江上游宜宾市以上干流为金沙江。境内干流长为1584 km，流域面积为18.7万km²，干流落差达3300m，平均比降为2‰，水量丰沛且稳定，水资源十分丰富。

2）岷江是长江上游主要支流之一，全长为711km，流域面积为13.6万km²，天然落差达3560m，都江堰以上为上游，都江堰至乐山为中游，乐山以下为下游。

3）大渡河是岷江最大的一级支流，干流全长为1062 km，区内全长为852km，天然落差达4177m。

4）青衣江是岷江水系二级支流，大渡河最大支流，河长为276km，流域面积为1.33万km²。流域呈扇形，境内雨量充沛，径流量大。青衣江水力资源蕴藏量为424.02万kW，可开发量167.93万kW。

5）沱江是长江上游的一级支流，干流全长为629km，流域面积为2.79万km²，河口多年平均流量为454m³/s，为树枝状水系。

6）嘉陵江是长江上游重要支流之一，干流全长为1119km，流域面积为16万km²，是长江支流中流域面积最大，长度仅次于汉江，流量仅次于岷江的河流，占长江流域面积的9%。

7）涪江是嘉陵江一级支流，干流全长为660km，流域面积为3.23万km²，呈羽状。

8）渠江是嘉陵江一级支流，流域总面积为3.92万km²，干流全长为720 km，流域地表水系基本靠降雨补给和地下水补给，某些河流的补给还能依靠其他河流的注入（吕孟懿，2014）。

1.1.5 土壤

成渝经济区土壤类型复杂多样，土壤土纲、土类和亚类数分别为15种、26种和58种，土纲以初育土为主，初育土面积约占总面积的78%，其次为铁铝土和淋溶土，此二类土分布面积分别约占总面积的8.9%和8.5%，再次为人为土和高山土，分别约占总面积的2.98%和1.5%，水成土分布面积最小，分布面积不足区域总面积的0.001%。土类而言，该区域土类以紫色土为主，约占总面积的三分之二。其次为黄壤和黄棕壤，二者分布面积分别约占总面积的8.9%和4.3%，再次为水稻土、棕壤、石灰土和暗棕壤，分别约占总面积的2.9%、2.5%、1.9%和1.4%。泥炭土分布面积最小，不足总面积的0.001%。就土壤亚类而言，该区域土壤亚类以紫色土为主，约占总面积的75%，主要分布于成渝经济区中部平原丘陵、东部和南部地区。其次为黄壤，分布面积约占总面积的8.6%，主要分布于荣县、威远县及西部、南部和东部盆周山地地区，但在东部平行岭谷地区也有较大面积的分布。再次为水稻土、棕壤、暗黄棕壤、黄棕壤、石灰土和暗棕壤，此六类亚类分布总面积约占区域总面积的12.3%，面积分布比例分别为2.7%、2.5%、2.2%、1.8%、1.7%和1.4%，中位泥炭土和钙质粗骨土分布面积最小，分布面积比例分别为0.001%和0.001%，仅在邛崃县和云阳县境内有小面积分布，如图1-7和表1-2所示。

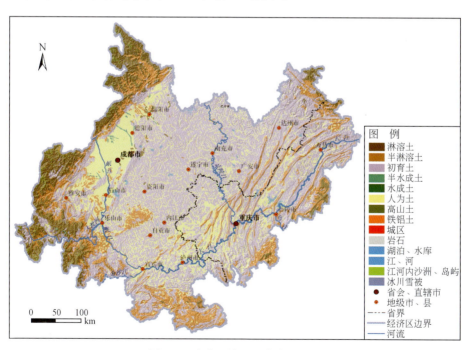

图1-7 成渝经济区土壤类型分布

表 1-2 成渝经济区土壤类型特征

土类	亚类	面积比例/%	小计/%	土类	亚类	面积比例/%	小计/%
棕色针叶林土	棕色针叶林土	0.211	0.215	山地草甸土	山地灌丛草甸土	0.003	0.003
	灰化棕色针叶林土	0.003		潮土	潮土	0.011	0.025
黄棕壤	黄棕壤	1.841	4.278		灰潮土	0.014	
	暗黄棕壤	2.207		泥炭土	中位泥炭土	0.001	0.001
黄褐土	黄棕壤性土	0.229	0.059	水稻土	水稻土	2.662	2.868
	黄褐土	0.005			潴育水稻土	0.114	
	黏盘黄褐土	0.028			淹育水稻土	0.008	
	黄褐土性土	0.026			渗育水稻土	0.051	
棕壤	棕壤	2.457	2.508		潜育水稻土	0.008	
	潮棕壤	0.01			脱潜水稻土	0.017	
	棕壤性土	0.041			漂洗水稻土	0.008	
暗棕壤	暗棕壤	1.427	1.429	草毡土	草毡土	0.681	0.689
	白浆化暗棕壤	0.002			棕草毡土	0.008	
褐土	石灰性褐土	0.178	0.178	黑毡土	黑毡土	0.754	0.787
新积土	新积土	0.005	0.049		棕黑毡土	0.033	
	冲积土	0.043		寒冻土	寒冻土	0.041	0.041
石灰(岩)土	石灰(岩)土	1.733	1.897	红壤	红壤	0.01	0.04
	红色石灰土	0.009			黄红壤	0.019	
	黑色石灰土	0.055			山原红壤	0.011	
	棕色石灰土	0.024		黄壤	黄壤	8.565	8.892
	黄色石灰土	0.076			漂洗黄壤	0.004	
紫色土	紫色土	74.909	75.856		黄壤性土	0.323	
	酸性紫色土	0.168		其他	城区	0.009	0.163
	中性紫色土	0.486			岩石	0.018	
	石灰性紫色土	0.293			湖泊、水库	0.039	
石质土	石质土	0.001	0.001		江、河	0.073	
粗骨土	粗骨土	0.019	0.023		江河内沙洲、岛屿	0.001	
	酸性粗骨土	0.001			冰川雪被	0.023	
	中性粗骨土	0.002		合计		100.000	100.000
	钙质粗骨土	0.001					

1.1.6 植被特征

成渝经济区植被类型丰富多样，依据张新时等植被分类及其植被数据，成渝经济区植被类型包括针叶林、阔叶林、针阔混交林、高山植被等在内的 8 种植被大类、24 种植被亚类和 100 种优势植被。其中植被亚类主要有一年两熟及常绿果树园，亚热带经济林，亚热带、热带常绿阔叶、落叶阔叶灌丛，一年两熟水旱粮食作物，果树园和经济林，亚热带针叶林，亚高山硬叶常绿阔叶灌丛，亚热带、热带草丛，亚热带常绿阔叶林，高寒嵩草、杂类草草甸，亚热带和热带山地针叶林，亚热带、热带竹林和竹丛，亚热带常绿、落叶阔叶混交林，温带落叶灌丛，温带禾草、杂类草草甸，亚高山落叶阔叶灌丛，亚热带硬叶常绿阔叶林和矮林等。优势自然植被主要有扭黄茅（*Heteropogon contortus*），龙须草、白茅（*Imperata cylindrica*）草丛，含木荷（*Schima Superba*）、杜鹃（*Rhododendron simsii*）的马尾松林（*Pinus massoniana*），草原杜鹃灌丛，柏木（*Cupressus funebris*）林，白栎（*Quercus fabri*）、短柄树灌丛，杨叶木姜子（*Litsea populifolia*）、盐肤木（*Rhus chinensis*）灌丛，马桑（*Coriaria nepalensis*）灌丛，亮鳞杜鹃（*R. heliolepis*）灌丛，甜槠（*Castanopsis eyrei*），米槠（*C. carlesii*）林，冷杉（*Abies fabri*）林，含白栎、短柄树的马尾松林，四川嵩草（*Kobresia setschwanensis*）高寒草甸，栓皮栎（*Quercus variabilis*）、麻栎（*Q. acutissima*）灌丛，刺芒野古草（*Arundinella setosa*）、旱茅（*Schizachyrium delavayi*）草丛，雀梅藤（*Sageretia thea*）、小果蔷薇（*Rosa cymosa*）、火棘（*Pyracantha fortuneana*）、龙须藤（*Bauhinia championii*）灌丛，栲树（*Castanopsis fargesii*）、南岭栲（*C. fordii*）林，包槲柯（*Lithocarpus cleistocarpus*）、珙桐（*Davidia involucrata*）、水青树（*Tetracentron sinense*）林，腋花杜鹃（*Rhododendron racemosum*）灌丛，箭竹（*Fargesia* sp.）丛，蔷薇灌丛，圆穗蓼（*Polygonum macrophyllum*）、珠芽蓼（*P. viviparum*）高寒草甸，杉木（*Cunninghamia lanceolata*）林，水竹（*Phyllostachys heteroclada*）林，多脉青冈（*Cyclobalanopsis multinervis*）、雷公鹅耳枥（*Carpinus viminea*）林等。自然植被主要分布于盆周山地、东部平行岭谷和中部低山丘陵地区，中部平原地区主要种植人工植被，如图 1-8 所示。

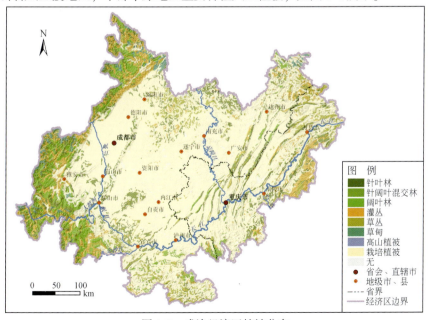

图 1-8 成渝经济区植被分布

1.1.7 矿产资源

成渝经济区是中国矿产资源分布最为密集的区域之一,除石油资源缺乏外,其他已探明的能源及矿产资源多居全国前列。其中钒钛约占世界的90%,稀土资源居全国第二,铝土矿、硫铁矿、铜矿、磷矿、锰矿和铅锌矿储量分别约占中国的25%、25%、33%、67%、20%和20%。此外,该区域多种矿产资源的组合配套好、空间分布相对集中,为区域冶金、天然气化工、硫化工等原材料工业后续深加工制造业的发展提供了基础。该区域主要矿产资源分布如图1-9所示。

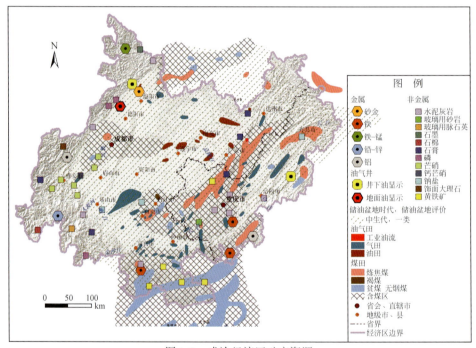

图1-9 成渝经济区矿产资源

对图1-9分析表明,该区域煤炭资源主要有三大分布中心,即成都市分布中心、自贡市-重庆市-广安市-达州市分布中心和筠连县-兴文县-合江县-南川县东南分布中心,此外在北部江油县的东部和梓潼县的北部也有较广的分布。成渝经济区为中生代一级储油盆地,其中油气井主要分布于北川羌族自治县、绵阳市市辖区和石柱县境内;工业油流主要分布于大竹县;气田分布主要呈三个中心,即北部梓潼县-盐亭县-西充县-阆中市市辖区分布区、中南部的威远县-自流井-宜宾-江安县-纳溪县-泸州-永川分布中心和重庆市辖区-长寿县-丰都县和忠县分布中心;油田主要分布于遂宁市市辖区-南充市市辖区-营山县分布中心。金属矿中的砂金矿主要分布于江油县南部;铁矿主要分布于巴南县、珙县和綦江县;铅-锌矿主要分布于汉源县;铅矿主要分布于芦山县和南川县境内;铁锰矿主要分布于西北平武县境内。非金属矿主要有三个分布带,即西南分布带、南部分布带和东部分布带。其中,南部分布带主要以黄铁矿为主;东部分布带以重庆市为中心,向北延伸至达县，主要分布着磷矿、钙芒硝矿、黄铁矿和玻璃用砂岩矿；西南分布带以峨眉山市为中心，向北延伸至平武县，主要矿产有芒硝、钠盐、水泥灰岩、饰面大理石、磷、玻璃用脉石英、钙芒硝、石棉、石膏和石墨。

1.2 社会经济发展状况

1.2.1 人口

对成渝经济区人口数量分析表明（表1-3），成渝经济区人口数量不断增加，从2000年的9659.51万人增加到2010年的10 261.39万人，致使人口密度也从2000年的463人/km²增加到2010年的492人/km²。深入分析发现，成渝经济区人口密度不仅远高于中国人口密度的平均水平，也远高于四川省和重庆市其余地区的人口密度，说明成渝经济区在川渝地区具有明显的人力资源优势。

表1-3 成渝经济区人口特征及川渝地区人口密度

项目	2000年	2005年	2010年
人口数量/万人	9 659.51	9 902.54	10 261.39
人口密度/(人/km²)	463	475	492
全国人口密度/(人/km²)	132	136	140
四川人口密度/(人/km²)	179	171	167
重庆市人口密度/(人/km²)	375	340	350

对成渝经济区人口密度空间分布分析发现，各区县人口密度呈现以市辖区为高中心向周边区县降低的分布格局，其中以成都市市辖区人口密度最高，其次为自贡市、广汉市、绵阳市和郫县，再次为内江市、重庆市、广安市、遂宁市及达州市市辖区及其及其周边区县，人口密度最低的区县分布于西北和西南的边缘山区，人口密度不足150人/km²，此类区县有平武县、北川羌族自治县（简称北川县）、万源市、宝兴县、芦山县、天全县、汉源县、荥经县、石棉县、峨边彝族自治县（简称峨边县）和马边彝族自治县（简称马边县），如图1-10所示。人口密度空间异质性显著，表明成渝经济区发展极不平衡。较发达地区在继续开发资源优势的同时进行产业结构调整与升级，而欠发达地区即盆周山地地区应在加大生态保护与建设的同时，加大绿色产业培育建设，大力开发生态旅游产业，利用自身生态优势，实现区域均衡发展。

1.2.2 经济

成渝经济区经济发展迅速，可比价GDP密度从2000年的249.4万元/km²增加到2010年的

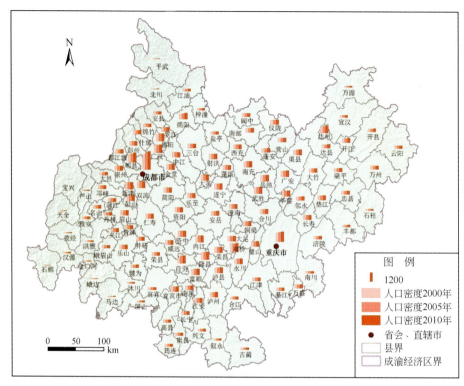

图 1-10 成渝经济区人口密度（单位：万元 km²）

871.9 万元/km²（表 1-4）。市域可比价 GDP 密度以成都市最高，其次为重庆市，再次为德阳市、内江市和自贡市，广安市、遂宁市和眉山市紧随其后，雅安市最低（图 1-11），说明该区域市域经济发展不平衡。

表 1-4 成渝经济区 2000~2010 年可比价 GDP 密度　（单位：万元/km²）

年份	2000	2005	2010
可比价 GDP 密度	249.3879	435.9272	871.9368

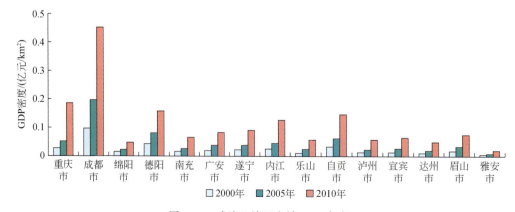

图 1-11 成渝经济区市域 GDP 密度

对县域可比价 GDP 密度分析发展，成渝经济区县域 GDP 密度差异极显著，整体呈现以成都市、重庆市、宜宾市、自贡市、达州市、广汉市、绵阳市和德阳市等市辖区区县为高中心向周边区县降低的分布格局，成都市市辖区最高，其次为重庆市，再次为宜宾市、达州市、绵阳市、自贡市、广汉市、德阳市等区县，以平武县、北川县、宝兴县、峨边县和马边县等最低，但 2000 年、2005 年和 2010 年区县可比价 GDP 密度空间差异显著，这与该区域区县产业发展有较大关系，同时也说明作为中国西部经济增长极的成渝经济区各区县产业开发力度大但区县间差异显著，经济发展迅速但区县间差异明显（图 1-12）。

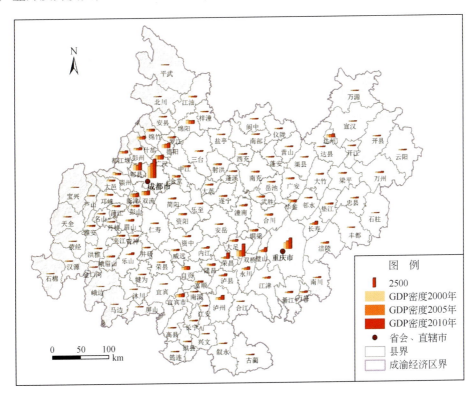

图 1-12　成渝经济区县域 GDP 密度（单位：万元 km^2）

1.3　成渝经济区产业发展过程与地位

1.3.1　重庆市产业发展过程

舒俭民等（2013）认为，重庆市产业发展经历了恢复调整与重工业体系形成期、结构调整与主导产业培育期和现代产业体系粗具雏形期。

1）恢复调整与重工业体系形成期（1950~1977 年）。重庆市在"一五"期间就被国家确立为工业城市，并扩建、改建和新建了一大批工业企业。在 20 世纪 60 年代"大三线"建设时期,出于对国际形势和发展战略的考虑,中国将沿海12个城市的机械、仪器仪表、国防工业等企业大规模内迁重庆市,并改建和扩建了重钢和特钢企业,同时还迁入了一大批大专院校和科研院所,为重庆市现代工业体系和国防工业体系建设奠定了坚实的基础。至"三五"结束时,重庆市已形成南线国防工业基地、大足重型汽车基地、北碚仪表工业基地等工艺、技术和设备先进的现代工业基地,初步建立了以国防工业、民用机械工业、冶金工业、化学工业为骨干的重工业体系。

2) 结构调整和主导产业培育期(1978~1996年) 随着社会经济的发展,以国防工业为代表的重工业结构弊端日益凸显,致使重庆市不得不对传统老工业进行了改造与调整。20世纪80年代中期,重庆市将产业发展重心转移为消费工业,致使家电、纺织、食品等轻工业发展迅速。特别是1991年和1993年重庆高新技术产业开发区和重庆经济技术开发区的成立,为重庆成为发展高新技术产业和新兴产业基地奠定了重要基础,至1996年年底,以国防工业、汽车、摩托车制造业等为主导的产业格局基本形成。

3) 现代产业体系粗具雏形期(1997年至今) 1997年重庆市成为直辖市后,重庆市产业发展进入一个现代化发展的新阶段。依托区位优势、资源环境和产业发展基础,重庆市产业聚集与技术创新快速发展,致使重庆产业持续、快速和稳步发展,产业规模效益全面提升,非农产值比例占绝对优势且稳步提升,现代化产业体系初步形成。

1.3.2 四川省产业发展过程

与成渝经济区重庆部分相似,四川区域产业发展经历了形成期、全面发展期和发展壮大期三个发展阶段(舒俭民等,2013)。

1) 形成期(1950~1977年)。成渝经济区四川部分依托资源优势初步形成了以成都为中心,沿成渝、宝成、成昆铁路和公路交通网络干线的辐射工业格局,此时的支柱产业主要为电子、冶金、机械、化工、医药、食品、建材、轻工和能源,初步奠定了四川以机械、军工、电子、冶金为代表的产业结构基础。1965~1978年的"三线"建设,通过搬迁、改造和新建一大批钢铁、电子、化工企业,基本奠定了该区域以军工、电子、机械、冶金、化工等重工业为主的工业基础。

2) 全面发展期(1978~2000年)。改革开放以来,通过厂长负责制、减税让利、股份改造、产权制度改革等企业改革措施,四川最终建立了产权明晰、权责明确、政企分开、科学管理的现代企业管理制度,工业发展实现了20多年的快速、稳定增长,基本建立了以电子、机械、建材、冶金、化工、医药、纺织、丝绸、烟草等为主导的工业结构体系。

3) 发展壮大期(2001年至今)。随着改革开放的深入推进,四川相继实施了工业强省战略和走新型工业化之路,并结合国家西部大开发战略,确定了发展电子信息、水电、医药化工、机械冶金和饮料食品产业为支柱产业的发展战略,加快重大技术装备国产化,稳步推进水电能源、电子信息、特种钢、钒钛新材料、天然气化工和饮料食品产业基地建设,工业支柱产业稳步发展壮大。

1.3.3 产业发展地位

舒俭民等（2013）认为，成渝经济区产业在中国区域分工和空间布局中具有重要的地位。主要体现如下：①水能资源和天然气资源在中国具有绝对优势。成渝经济区地处长江上游，水网密布、河流落差大，水资源极其丰富且开发条件优越。水电开发除三峡水电站外，还有以绵阳和雅安为中心的水电产业集群。而川渝两地的天然气储量约占中国的60%。能源产业主要分布于江津区、合川区、万盛县、宜宾市、成都市、自贡市、内江县、广安市、南充市和达州市等地。②重大装备制造和军工产业在中国具有明显优势，装备制造业主要分布在重庆主城区和成都—德阳—绵阳一线。③高新技术产业基地，成渝经济区高新技术产业基地主要有成都高新技术产业开发区、成都经济技术开发区、重庆高新技术产业开发区、绵阳高新技术产业开发区和国家级工业园区。④传统特色农副产品加工优势，成渝经济区素有"天府之国"美誉，特色农副产品加工业分散布局于全区，但以成都市和宜宾市等地为集中分布区。

1.4 发展功能区分区

成渝经济区总面积约为21万 km^2，行政区划上涉及成都市、重庆市、德阳市、绵阳市、眉山市、资阳市、遂宁市、乐山市、雅安市、自贡市、泸州市、内江市、南充市、宜宾市、达州市和广安市16个市，148个区县。为更好地对2000~2010年成渝经济区生态环境进行评估，在综合研究该区域生态系统、社会经济、地形地貌、生态环境问题、生物多样性保护等空间异质性的基础上，将成渝经济区分成成都都市圈、重庆都市圈、平原丘陵发展区、三峡库区发展区、眉乐内渝发展区、三峡库区平行岭谷发展区和盆周山地发展区7个发展功能区。不同发展功能区有着不同发展定位，如成都都市圈和重庆都市圈主导功能为产业开发，但由于自身资源优势和产业结构特点，两者又有着不同主导产业结构与发展方向。三峡库区发展区主要功能为三峡水环境保护；三峡库区平行岭谷发展区主导功能为水土保持和生物多样性保护；平原丘陵发展区主导功能为生物产品供给，即农产品生产与深加工；眉乐内渝发展区主导功能为能源、矿产开发与产品供给；而盆周山地发展区主导功能为水源涵养、土壤保持和生物多样性保护。各发展功能分区具体特征及空间分布分别详见表1-5和图1-13。

表1-5 成渝经济区发展功能分区具体特征

发展功能区	区县数/个	面积/km^2	面积百分比/%
成都都市圈	26	17 423.10	8.35
重庆都市圈	9	5 473.90	2.62
平原丘陵发展区	31	47 321.17	22.67
三峡库区发展区	11	30 734.21	14.72

续表

发展功能区	区县数/个	面积/km²	面积百分比/%
眉乐内渝发展区	34	29 455.22	14.11
盆周山地发展区	24	53 058.22	25.41
三峡库区平行岭谷发展区	13	25 298.79	12.12
总计	148	208 764.61	100.00

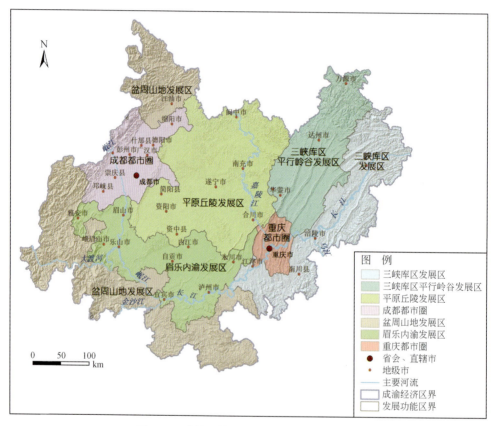

图 1-13 成渝经济区发展功能分区空间分布

第 2 章　成渝经济区生态系统格局

　　成渝经济区生态系统构成以农田和森林为主导，两者面积之和约占区域总面积的 80%。其中农田主要分布于成都都市圈、平原丘陵发展区、眉乐内渝发展区、三峡库区发展区和三峡库区平行岭谷发展区，森林、灌丛和草地主要分布于盆周山地发展区、三峡库区平行岭谷发展区和三峡库区发展区。不同发展功能区生态系统构成略有差异，但均以农田和森林为主导，只是两者面积百分比不同。成渝经济区 2000~2010 年森林、草地、湿地、城镇和其他用地面积不断增加，农田面积不断减少，致使该区域土地利用转换主要表现为农田转换成森林和城市用地。成渝经济区板块数量和边界密度不断增加，平均斑块面积和聚集度指数不断降低，致使区域景观愈加破碎化，土地利用程度综合指数呈增加态势，但土地利用转换、景观格局指数和土地利用综合程度指数在不同发展功能区间的变化因功能区不同而不同。

　　土地利用是人类改变自然环境最广泛的活动，致使土地利用格局可视为区域人地关系的一面镜子（Tuan，2008）。而土地利用的变化直接影响区域生态系统的格局与变化。因此，生态系统的格局与变化直接反映了区域人地关系引起的土地覆被的变化，而土地覆被的变化对区域水循环、环境质量和生物多样性及陆地生态系统生产力及其适应能力等有着深远的影响（Martínez et al.，2009；Schulz et al.，2010；Yoshida et al.，2010），进而影响区域生态系统服务功能的供给能力和区域生态安全（吕建树等，2012；袁兴中等，2012；李咏红等，2013）。因此，区域生态系统格局与变化研究成为区域生态经济学和可持续发展研究的热点。

　　区域生态系统格局与变化研究较多地依据遥感解译，再利用转移矩阵的方法对区域生态系统格局与变化进行分析。目前中国关于成渝经济区生态系统格局与变化方面的研究较少，较多研究主要从土地利用变化角度开展，如袁兴中等（2012）对成渝经济区 2000 年和 2007 年各类土地利用类型及其变化进行了初步探讨，发现该区域主导生态系统为森林和农田，2000~2007 年，成渝经济区各类土地类型面积均发生了不同程度变化。林地和建设用地面积净增，耕地、草地、水域和未利用地面积净减。净增面积最大的是林地（净增 2908.7 km^2）；在面积净减类型中，农田净减少面积居首位，达 2388.9 km^2，其次为草地生态系统，减少了 1231.0 km^2；其他无植被面积的变化幅度最小。吴坤等（2015）利用生态十年数据对成渝经济区土地利用变化进行研究，发现 2000~2010 年成渝经济区人工表面、林地和耕地面积变化十分显著，其中，人工表面面积增加了 2337.03 km^2，林地面积增加了 2719.15 km^2，耕地面积减少了 5840.27 km^2，耕地主要转换为林地和人工表面；人口压力、社会经济快速发展和国家调控政策成为该区域土地利用变化的最主要驱动力。

上述研究在一定程度上丰富了成渝经济区生态系统格局与变化研究,然而,上述研究主要针对土地利用的变化,对生态系统格局与变化,尤其是区域生态系统景观指数等研究较少。正因此,为客观评价该社会经济发展对区域生态系统格局变化的影响,本章重点研究2000~2010年该区域生态系统的格局与变化,为该区域产业开发对区域生态环境影响研究提供基础数据。

2.1 生态系统格局

2.1.1 整体

2.1.1.1 生态系统构成

在2010年成渝经济区生态系统构成中,农田和森林两类生态系统面积之和占全区总面积的83.46%(表2-1),其中农田是成渝经济区中面积最大的生态系统类型,达107 408.83km^2,占总面积的51.49%。其次为森林,占全区总面积的31.97%。总而言之,2010年成渝经济区生态系统面积由大到小依次为农田>森林>灌丛>湿地>城镇>草地>其他。

表2-1 2010年成渝经济区各类生态系统类型面积构成

类型	面积/km^2	面积比例/%
森林	66 676.38	31.97
灌丛	23 469.90	11.25
草地	2 218.89	1.06
湿地	3 733.58	1.79
农田	107 408.83	51.50
城镇	3 489.67	1.67
其他	1 586.60	0.76

2.1.1.2 各生态系统分布

如图2-1所示,总体来说,2010年成渝经济区面积最大的农田,除西部地区分布较少外,其余地区均有大面积的分布,主要集中在中部平原丘陵区,空间形状完整,该地区人类活动强烈,植被覆盖较低,无高山。面积第二的森林在成渝经济区边缘集中分布,西部地区和东部的低山区的森林团聚分布特征显著,西部地区的龙门山、邛崃山、夹金山森林植被覆盖率较高。灌丛空间分布与森林相似。草地在研究区分布较少,沿着成渝经济圈的边界分布,且主要分布在西北部。湿地主要分布在河流的两侧。

(1) 农田

农田生态系统主要分布于平原丘陵发展区、眉乐内渝发展区和成都都市圈等,含旱地和水田,2010年成渝经济区农田面积合计为107 408.83km^2,占成渝经济区总面积的51.50%。

第 2 章 | 成渝经济区生态系统格局

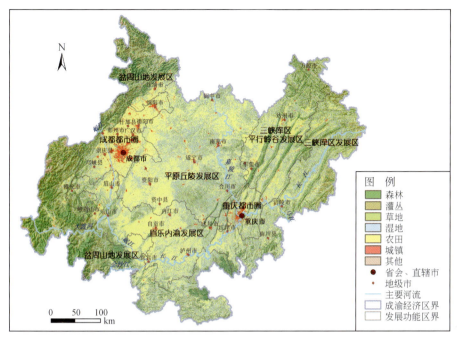

图 2-1 2010 年成渝经济区生态系统分布

农田生态系统从空间分布上看较为聚集和完整（图 2-2）。在成都都市圈、眉乐内渝发展区以水田为主要类型。平原丘陵区的西南地区主要为水田，北部和中部旱地较多。三

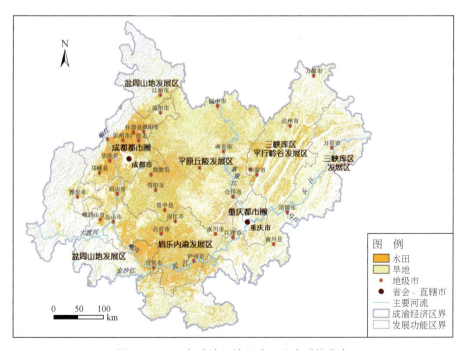

图 2-2 2010 年成渝经济区农田生态系统分布

峡库区平行岭谷发展区的农田生态系呈条带状分布，且水田较多。东部边缘的三峡库区发展区和南部的盆周山地发展区以旱地为主。

(2) 森林

2010年成渝经济区森林生态系统面积为66 676.38km²，主要分布在成渝经济区的西部和东部地区，其中盆周山地发展区、三峡库区发展区及平行岭谷发展区森林面积较大（图2-3），主要包括常绿阔叶林、落叶阔叶林、常绿针叶林、落叶针叶林、针阔混交林和灌丛等。

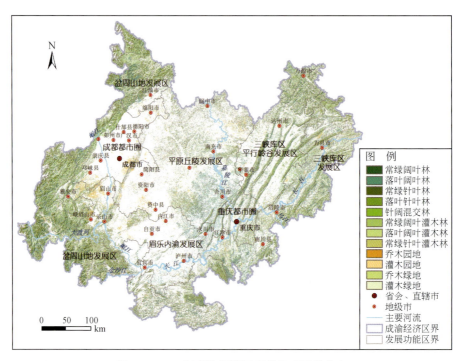

图2-3 2010年成渝经济区森林生态系统分布

阔叶林生态系统总面积为20 977.22km²，占成渝经济区总面积的10.06%，占森林总面积的30.76%。成渝经济区的东部、东南部及南部边缘山地地区的阔叶林分布较多，主要为壳斗科和樟科植物为优势种的常绿阔叶林。

针叶林生态系统总面积为43 793.51km²，占成渝经济区总面积的21%，占森林总面积的64.21%。其中常绿针叶林是成渝经济区的主要森林植被类型，其作为成渝经济区最大的森林生态系统，除成都都市圈外的其他地区均有较大的分布。其中成渝经济区的西南部分布相对集中，占比面积较大，该区地处四川盆地向云贵高原的过渡带，热量充足，干湿季节分明，干热河谷分布较广泛，云南松（*Pinus yunnanensis*）、高山松（*Pinus densata*）、冷杉（*Abies forrestii*）、云杉（*Picea asperata*）是该区针叶林主要优势树种。

针阔混交林生态系统总面积为3428.9km²，占成渝经济区总面积的1.64%，占森林总面积的5.03%。针阔混交林呈零星状分布于成渝经济区海拔较高、人为干扰较小的西部和东部边缘地区。

(3) 灌丛

灌丛的面积为 23 469.90km²。包括常绿阔叶灌木林、落叶阔叶灌木林和常绿针叶灌木林。其中常绿阔叶灌木林的面积最大，为 12 135.0186km²，占灌丛生态系统总面积的 52.69%，主要分布在成渝经济区的东部地区。落叶阔叶灌木林的面积为 10 435.29km²，占灌丛生态系统总面积的 45.31%，主要分布于西部边缘地区。常绿针叶灌木林在成渝经济区的分布较少，仅占总面积的 2%，如图 2-4 所示，主要分布于人为干扰小的西南亚高山地区。

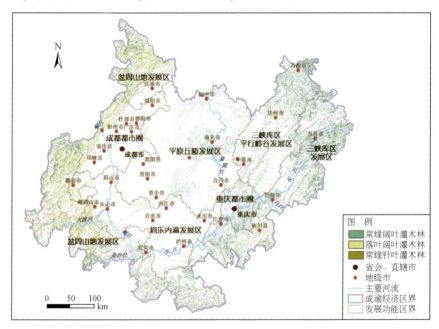

图 2-4　2010 年成渝经济区灌丛生态系统分布

(4) 草地生态系统

草地生态系统在成渝经济区的分布较少，面积仅为 2218.89km²，约占总面积的 2.05%。共分为草甸、草原、草丛和草本绿地，草原和草丛为该区主要草地类型，两者面积之和占草地生态系统总面积的 98% 以上，尤其以草丛的面积最大，占草地生态系统面积的 74.51%，空间上草丛主要分布在成渝经济区的东部地区。草原的面积位居草地生态系统中第二，占草地生态系统面积的 24.17%，西部边缘地区分布较多，如图 2-5 所示。

(5) 城镇生态系统

城镇生态系统的总面积为 3489.67km²，主要镶嵌在农田、草地等生态系统中，其中成都都市圈和重庆都市圈的城镇面积较大，在空间上呈现聚集分布特点。城镇生态系统包括居住地、工业用地、交通用地和采矿场 4 种类型，其中居住地面积最大，约占城镇生态系统总面积的 90.63%。

(6) 湿地生态系统

湿地生态系统面积为 3733.58km²，比例很小，占成渝经济区总面积比为 1.7%。湿地生态系统包括森林湿地、灌丛湿地、草本湿地、湖泊、水库/坑塘、河流、运河/水渠 7 种类型。

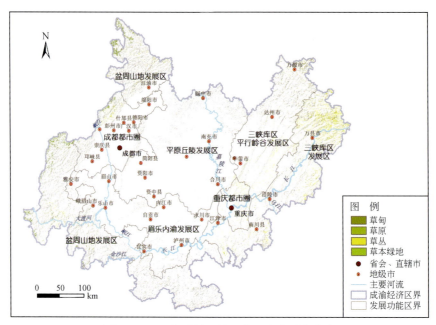

图 2-5 2010 年成渝经济区草地生态系统分布

2.1.2 分区

2.1.2.1 成都都市圈

成都都市圈 2010 年生态系统类型结构与成渝经济区的生态系统类型结构相似，以森林和农田为主要生态系统，两者面积之和占成都都市圈总面积的 86.16%。所有生态系统类型按面积由大到小依次为农田>森林>城镇>灌丛>草地>湿地>其他（表 2-2）。

表 2-2 2010 年成都都市圈各类生态系统类型面积构成

类型	面积/km²	面积比例/%
森林	3 365.80	19.35
灌丛	1 224.85	7.04
草地	266.61	1.53
湿地	254.79	1.46
农田	10 782.99	61.98
城镇	1 310.73	7.53
其他	192.57	1.11

从空间分布上看，森林生态系统集中分布在成都都市圈的西部，呈条带状分布。农田生态系统在空间分布上较为聚集和完整，除西部地区因森林覆盖率高而分布较少外，广泛分布于成都平原地区。城镇生态系统夹杂在农田、湿地、草地等类型中，且呈现出局部范围的团聚状，即在成都市、德阳市、广汉市、崇庆县等市县辖区集中连片分布（图 2-6）。

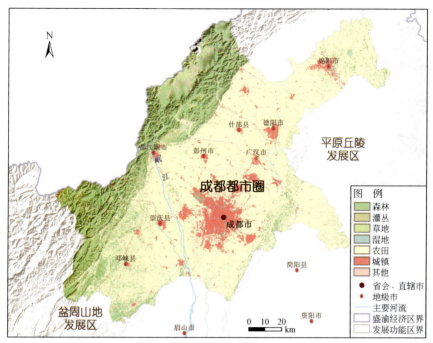

图 2-6 2010 年成都都市圈生态系统空间分布

2.1.2.2 重庆都市圈

重庆都市圈 2010 年生态系统类型结构与成渝经济区的生态系统类型结构相似，以森林和农田为主要生态系统，两者面积之和占成都都市圈总面积的 77.64%。所有生态系统类型按面积由大到小依次为农田>森林>城镇>灌丛>湿地>草地>其他（表 2-3）。

表 2-3 2010 年重庆都市圈各类生态系统类型面积构成

类型	面积/km²	面积比例/%
森林	1291.92	23.64
灌丛	522.43	9.55
草地	0.30	0.01
湿地	174.95	3.20
农田	2951.73	54.00
城镇	524.77	9.60
其他	0.04	0.00

从空间分布上看，森林生态系统呈条带状分布于重庆都市圈。农田生态系统镶嵌于带状森林生态系统之间。城镇生态系统聚集分布在中西部重庆 1 小时都市圈内。湿地生态系统横穿重庆都市圈（图 2-7）。

2.1.2.3 眉乐内渝发展区

2010 年眉乐内渝发展区主导生态系统类型为农田，面积比例高达 67.02%，该区的北

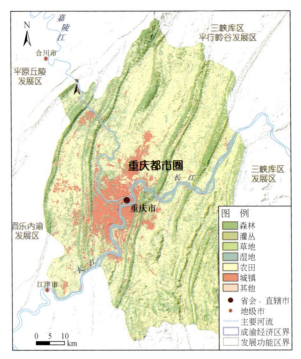

图 2-7　2010 年重庆都市圈生态系统空间分布

部、中部和东部均有大面积连片的农田分布。其次为森林和灌丛生态系统，主要分布在眉乐内渝发展区的西南边缘与盆周山地发展区临近的区域。湿地生态系统在该区域的面积较大，约为 701.66km^2，主要为河流湿地和三峡库区湿地，如图 2-8 和表 2-4 所示。

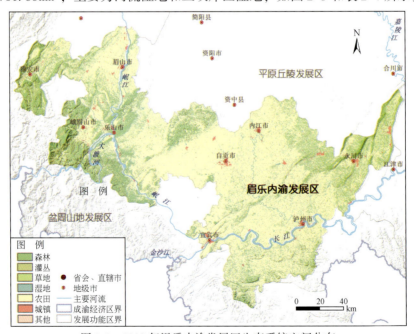

图 2-8　2010 年眉乐内渝发展区生态系统空间分布

表 2-4　眉乐内渝发展区各类生态系统类型面积构成（2010 年）

类型	面积/km²	面积比例/%
森林	7 179.30	24.41
灌丛	1 267.51	4.31
草地	22.51	0.08
湿地	701.66	2.38
农田	19 711.84	67.01
城镇	487.31	1.66
其他	43.26	0.15

2.1.2.4　三峡库区发展区

2010 年三峡库区发展区农田生态系统和森林生态系统面积所占比重均较大，分别为 9438.96km² 和 14 131.16km²。其次为灌丛生态系统，其面积占三峡库区发展区的面积比达 18.77%，该区是灌丛在七大发展区中面积比最高的区域，如图 2-9 和表 2-5 所示。

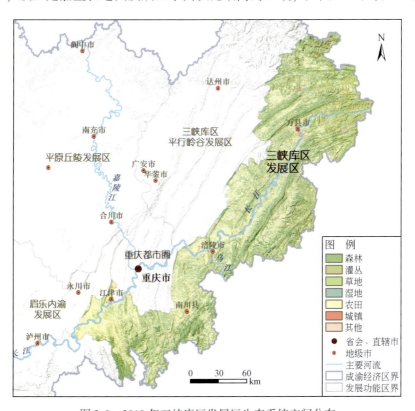

图 2-9　2010 年三峡库区发展区生态系统空间分布

表 2-5 2010 年三峡库区发展区各类生态系统类型面积构成

类型	面积/km²	面积比例/%
森林	9 438.96	30.75
灌丛	5 759.51	18.77
草地	238.42	0.78
湿地	722.92	2.36
农田	14 131.16	46.04
城镇	258.37	0.84
其他	141.28	0.46

三峡库区发展区外形上呈南北向狭长状，森林和农田生态系统面积比相差不大，从空间上看全区均有二者的分布，南部地区农田生态系统较多，北部山区森林和灌丛生态系统为优势类型。长江贯穿本区，湿地生态系统面积为 722.92km²，占本区面积比超过 2%，如图 2-9 和表 2-5 所示。

2.1.2.5 平原丘陵发展区

农田生态系统是平原丘陵发展区的优势类型，面积最大，约占本区面积的 72%。全区均有分布，西南部地区的分布较聚集，东部地区的农田多散布在森林和灌丛等其他生态系统中。城镇生态系统面积较少，仅占本区总面积的 1%，且分布较散，如图 2-10 和表 2-6 所示。

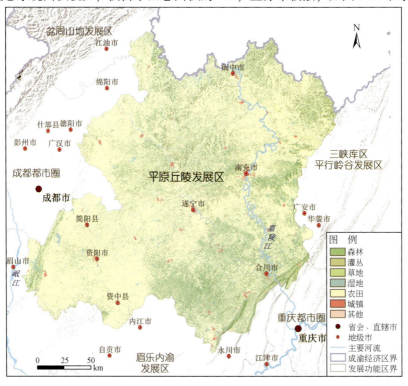

图 2-10 2010 年平原丘陵发展区生态系统空间分布

表 2-6 2010 年平原丘陵发展区各类生态系统类型面积构成

类型	面积/km²	面积比例/%
森林	10 053.63	21.27
灌丛	1831.72	3.88
草地	3.32	0.01
湿地	999.20	2.11
农田	33 837.15	71.60
城镇	473.69	1.00
其他	55.14	0.12

2.1.2.6 盆周山地发展区

盆周山地发展区位于成渝经济区的西北缘及西南缘，该区域主要分布着龙门山、邛崃山、大相岭等山脉，海拔多在 1500～3000m，以中高山为主，2010 年森林和农田生态系统为本区主要生态系统，两者面积之和约占本区总面积的 75.2%。本区经济相对落后，城镇面积较小，仅有 189.70km²，占区域总面积的 1% 以下。盆周山地发展区内的水系较少，该区湿地面积相比其他区域也较小，见表 2-7 和图 2-11。

表 2-7 2010 年盆周山发展区各类生态系统类型面积构成

类型	面积/km²	面积比例/%
森林	25 985.28	49.05
灌丛	9 851.75	18.59
草地	1 461.23	2.76
湿地	503.36	0.95
农田	13 856.94	26.15
城镇	189.70	0.36
其他	1 134.60	2.14

2.1.2.7 三峡库区平行岭谷发展区

2010 年森林和灌丛生态系统的面积之和占本区总面积的 48.69%，农田生态系统占本区总面积的 47.95%，因此森林、灌丛和农田为本区主导生态系统（表 2-8）。

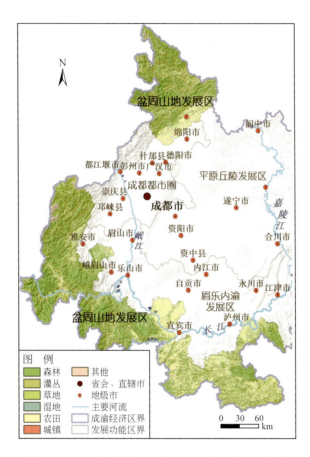

图 2-11　2010 年盆周山地发展区生态系统空间分布

表 2-8　2010 年三峡库区平行岭谷发展区各类生态系统类型面积构成

时间	面积/km²	面积比例/%
森林	9 309.46	36.85
灌丛	2 989.63	11.84
草地	219.85	0.87
湿地	374.70	1.48
农田	12 113.89	47.95
城镇	244.70	0.97
其他	10.56	0.04

从空间上看，北部地区以森林和灌丛生态系统为主，在地势相对平缓的地区少量分布着农田。南部地区农田生态系统连片分布，森林生态系统呈条带状贯穿其中（图 2-12）。

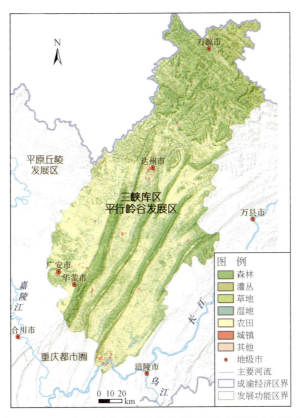

图 2-12　2010 年三峡库区平行岭谷发展区生态系统空间分布

2.2 生态系统格局变化

2.2.1 整体概况

（1）生态系统构成变化

表 2-9、表 2-10 和图 2-13 综合反映了成渝经济区 2000~2010 年的不同生态系统类型变化量。森林、城镇生态系统从 2000~2010 年逐渐增加。其中森林面积的净增加量最大，为 2720.84 km^2，2000~2005 年增加了 1437.66 km^2，2005~2010 年增加了 1283.48 km^2。城镇生态系统的净增加量紧随其后，为 2337.21 km^2，比森林面积的净增加量仅小 383.63 km^2。但从增加幅度看，城镇生态系统面积增加幅度高于森林生态系统，2000~2010 年成渝经济区经济发展迅速，城市扩张较快。农田生态系统面积从 2000~2010 年逐渐减少，其净减少量达 5840.38 km^2，且这 10 年中前 5 年和后 5 年的减少量相当。草地和湿地生态系统面积 2000~2010 年也呈现出逐渐增加的特征，但是增幅均较小。其他类型则前 5 年先减少，后 5 年增加。

表 2-9 2000～2010 年成渝经济区各类生态系统类型面积构成变化

类型	2000 年 面积/km²	面积比例/%	2005 年 面积/km²	面积比例/%	2010 年 面积/km²	面积比例/%
森林	93 315.99	44.74	94 753.35	45.43	96 036.83	46.05
草地	4 210.44	2.02	4 242.76	2.03	4 279.26	2.05
湿地	3 164.72	1.52	3 539.64	1.70	3 758.99	1.80
农田	103 563.92	49.65	100 605.54	48.23	97 723.54	46.85
城镇	2 798.93	1.34	3 933.22	1.89	5 136.14	2.46
其他	1 525.70	0.73	1 505.18	0.72	1 644.92	0.79

表 2-10 成渝经济区各生态系统类型面积变化量 （单位：km²）

时间	森林	草地	湿地	农田	城镇	其他
2000～2005 年	1437.36	32.32	374.92	−2958.38	1134.29	−20.52
2005～2010 年	1283.48	36.5	219.35	−2882	1202.92	139.74
2000～2010 年	2720.84	68.82	594.27	−5840.38	2337.21	119.22

图 2-13 成渝经济区各生态系统类型面积变化量

2000～2010 年，成渝经济区生态系统类型发生变化区域总面积为 4433.32km²。从转移矩阵上来看，10 年来，占主导趋势的主要是农田转换为城镇和森林，转移量分别为 878.71km² 和 839.29km²。另外，10 年中森林被转换为农田的面积也较大，共计达 728.87km²（表 2-11），说明该区域依然存在毁林开垦，生态工程巩固建设压力大。

表 2-11　2000~2010 年成渝经济区一级生态系统转移矩阵　（单位：km²）

2000年	2010年	转移面积/km²	占总变化面积的百分比/%	2000年	2010年	转移面积/km²	占总变化面积的百分比/%
森林	灌丛	300.15	6.77	湿地	农田	44.66	1.01
森林	草地	19.90	0.45	湿地	城镇	6.38	0.14
森林	湿地	17.59	0.40	湿地	其他	0.49	0.01
森林	农田	728.87	16.44	农田	森林	839.29	18.93
森林	城镇	38.48	0.87	农田	灌丛	379.75	8.57
森林	其他	54.95	1.24	农田	草地	9.47	0.21
灌丛	森林	249.10	5.62	农田	湿地	122.71	2.77
灌丛	草地	21.37	0.48	农田	城镇	878.71	19.82
灌丛	湿地	51.83	1.17	农田	其他	15.14	0.34
灌丛	农田	376.88	8.50	城镇	森林	16.46	0.37
灌丛	城镇	58.95	1.33	城镇	灌丛	6.36	0.14
灌丛	其他	42.39	0.96	城镇	草地	0.11	0.00
草地	森林	8.06	0.18	城镇	湿地	5.79	0.13
草地	灌丛	9.14	0.21	城镇	农田	41.54	0.94
草地	湿地	4.61	0.10	城镇	其他	0.03	0.00
草地	农田	7.30	0.16	其他	森林	5.04	0.11
草地	城镇	10.20	0.23	其他	灌丛	5.64	0.13
草地	其他	3.06	0.07	其他	草地	1.00	0.02
湿地	森林	16.79	0.38	其他	湿地	14.00	0.32
湿地	灌丛	8.80	0.20	其他	农田	9.1458	0.21
湿地	草地	0.35	0.01	其他	城镇	2.84	0.06

从空间上看，2000~2010 年成渝经济区的东部地区生态系统变化较剧烈，西部的成都都市圈变化也较大，其余地区变化较小（图 2-14）。变化剧烈的区域主要集中在以下 3 类区域。

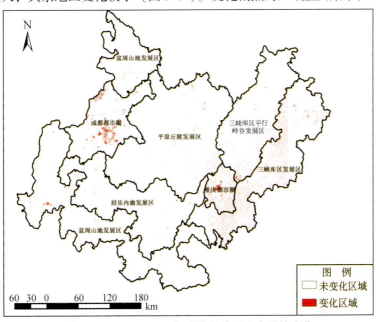

图 2-14　2000~2010 年成渝经济区生态系统变化

一是城镇生态系统扩张区,主要分布在成渝经济区的西部和中东部,主要包括成都都市圈和重庆都市圈等城镇化发展较快的区域。

二是森林、灌丛生态系统恢复区,主要分布在三峡库区发展区和三峡库区平行岭谷发展区等生态恢复区域。

三是农田生态系统扩张区,主要分布在平原丘陵区、三峡库区发展区和三峡库区平行岭谷发展区等区域。

上述特征说明近 10 年除成都和重庆两大都市圈生态系统,三峡库区的生态系统结构也发生了较大的变化。

(2) 空间分布变化

1) 农田生态系统。如图 2-15 所示,农田在大部分地区呈稳定趋势,保持不变的面积为 106 199km^2,约占成渝经济区的 50%。农田发生变化的区域面积约为 3444km^2,其中农田面积增加了 1199km^2,减少了 2245km^2。呈现增加趋势的地区面积很小且零散分布,增加趋势不明显。成渝经济区的中部地区农田面积减少明显,且在空间分布上相对聚集,成都都市圈、眉乐内渝发展区和平原丘陵发展区 3 个区的农田减少面积较大。

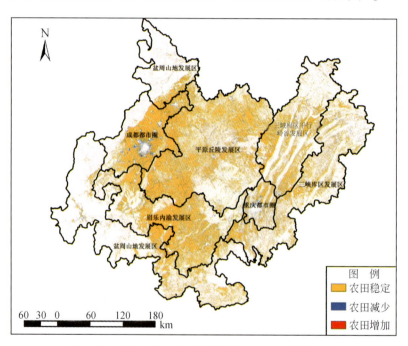

图 2-15 2000~2010 年成渝经济区农田生态系统变化

2) 森林生态系统。2000~2010 年,森林生态系统发生变化的区域面积为 2295km^2,增加和减少的区域面积基本相当。增加区域的主要转变类型为农田转变为森林,约 839.29km^2。减少区域的主要转变类型为森林被开垦为农田,面积达 728.87km^2。呈现增加趋势的地区在空间上零散分布,增加趋势甚不明显,呈现减少的区域主要分布在成渝经济区的西部边缘地区,主要集中在盆周山地发展区和成都都市圈的西侧,详见表 2-12 和图 2-16。

表 2-12　2000～2010 年成渝经济区森林生态系统类型面积变化情况

变化情况	2000 年	2010 年	面积/km²
稳定	森林	森林	65 539.42
增加	灌丛	森林	249.10
	草地	森林	8.06
	湿地	森林	16.79
	农田	森林	839.29
	城镇	森林	16.46
	其他	森林	5.04
	合计		1 134.74
减少	森林	灌丛	300.15
	森林	草地	19.90
	森林	湿地	17.59
	森林	农田	728.87
	森林	城镇	38.48
	森林	其他	54.95
	合计		1 159.94

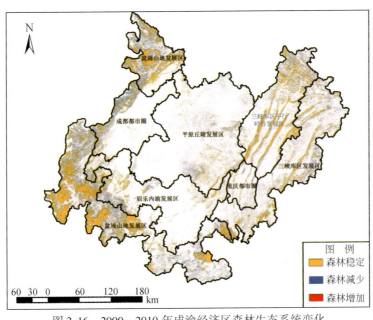

图 2-16　2000～2010 年成渝经济区森林生态系统变化

3）灌丛生态系统。相比于农田和森林生态系统，灌丛生态系统变化区域的较小，且在空间上分布较零散。从转变类型上看，灌丛和农田之间的面积转换较多，其次为森林转变为灌丛。详见表 2-13 和图 2-17。

表 2-13　2000~2010 年成渝经济区灌丛生态系统类型面积变化情况

变化情况	2000 年	2010 年	面积/km²
稳定	灌丛	灌丛	22 758.64
增加	森林	灌丛	300.15
	草地	灌丛	9.14
	湿地	灌丛	8.80
	农田	灌丛	379.75
	城镇	灌丛	6.36
	其他	灌丛	5.64
	合计		709.84
减少	灌丛	森林	249.10
	灌丛	草地	21.37
	灌丛	湿地	51.83
	灌丛	农田	376.88
	灌丛	城镇	58.95
	灌丛	其他	42.39
	合计		800.52

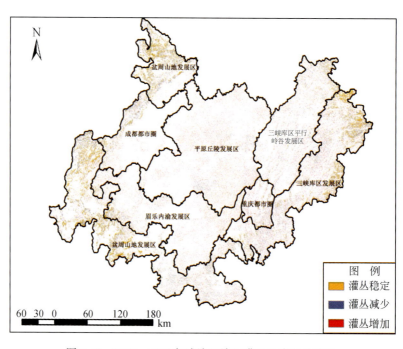

图 2-17　2000~2010 年成渝经济区灌丛生态系统变化

4）城镇生态系统。城镇生态系统的变化程度最大，变化区域的面积约为

1065.85km², 占稳定区的 42.73%。增加区域的面积远大于减少区的面积，增加区域的主要转变类型为农田转变为城镇。增加区域在空间分布上较分散，主要分布于市县辖区所在地。详见表 2-14 和图 2-18。

表 2-14　2000～2010 年成渝经济区城镇生态系统类型面积变化情况

变化情况	2000 年	2010 年	面积/km²
稳定	城镇	城镇	2494.11
增加	森林	城镇	38.48
	灌丛	城镇	58.95
	草地	城镇	10.20
	湿地	城镇	6.38
	农田	城镇	878.71
	其他	城镇	2.84
		合计	995.56
减少	城镇	森林	16.46
	城镇	灌丛	6.36
	城镇	草地	0.11
	城镇	湿地	5.79
	城镇	农田	41.54
	城镇	其他	0.03
		合计	70.29

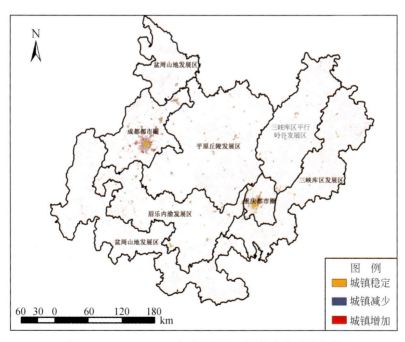

图 2-18　2000～2010 年成渝经济区城镇生态系统变化

2.2.2 分区

2.2.2.1 成都都市圈

2000～2010年，成都都市圈农田和城镇生态系统变化的绝对面积较大，城镇生态系统面积增加，农田和森林生态系统面积减少（图2-19）。

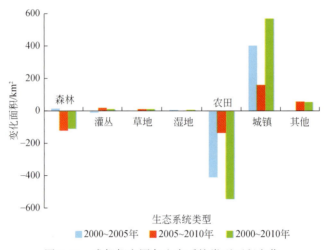

图 2-19 成都都市圈各生态系统类型面积变化

从成都都市圈生态系统转移矩阵来看，2000～2010年来，占主导趋势的主要是农田转换为城镇，森林转换为其他，分别为546.19km² 和249.10km²。另外森林转换为灌丛的面积也较大，为40.26km²。详见表2-15。

表 2-15 2000～2010 年成都都市圈生态系统转移矩阵

2000年	2010年	转移面积/km²	占总变化面积的百分比/%	2000年	2010年	转移面积/km²	占总变化面积的百分比/%
森林	灌丛	40.26	4.38	湿地	农田	0.50	0.05
森林	草地	13.24	1.44	湿地	城镇	0.26	0.03
森林	湿地	0.50	0.05	湿地	其他	0.03	0.00
森林	农田	4.43	0.48	农田	森林	3.73	0.41
森林	城镇	14.27	1.55	农田	灌丛	0.54	0.06
森林	其他	249.10	27.11	农田	草地	0.16	0.02
灌丛	森林	2.29	0.25	农田	湿地	3.13	0.34
灌丛	草地	9.24	1.00	农田	城镇	546.19	59.43
灌丛	湿地	3.19	0.35	农田	其他	0.53	0.06
灌丛	农田	2.65	0.29	城镇	森林	0.12	0.01
灌丛	城镇	1.43	0.16	城镇	灌丛	0.01	0.00
灌丛	其他	11.83	1.29	城镇	湿地	0.04	0.00

续表

2000年	2010年	转移面积/km²	占总变化面积的百分比/%	2000年	2010年	转移面积/km²	占总变化面积的百分比/%
草地	森林	0.12	0.01	城镇	农田	0.59	0.06
草地	灌丛	0.24	0.03	城镇	其他	0.00	0.00
草地	湿地	0.96	0.10	其他	森林	0.33	0.04
草地	农田	0.08	0.01	其他	灌丛	0.28	0.03
草地	城镇	8.52	0.93	其他	草地	0.15	0.02
草地	其他	0.18	0.02	其他	湿地	0.25	0.03
湿地	森林	0.05	0.01	其他	农田	0.12	0.01
湿地	灌丛	0.00	0.00	其他	城镇	0.10	0.01

2.2.2.2 重庆都市圈

2000~2010年，重庆都市圈农田、城镇和灌丛生态系统类型变化的绝对面积较大，城镇面积增加了93.29km²、农田面积减少了73.93km²、灌丛面积减少了30.91km²，其他类型变化相对较小（表2-16、图2-20）。

表2-16 2000~2010年重庆都市圈各生态系统类型面积变化情况 （单位：km²）

类型	2000~2005年	2005~2010年	2000~2010年
森林	7.66	2.94	10.60
灌丛	-22.48	-8.43	-30.91
草地	-0.23	-0.71	-0.94
湿地	1.81	2.46	4.28
农田	-62.61	-11.32	-73.93
城镇	73.40	19.89	93.29
其他	2.43	-4.83	-2.40

图2-20 重庆都市圈各生态系统类型面积变化

从重庆都市圈生态系统转移矩阵来看（表 2-17），2000~2010 年各生态系统之间的转变主要表现为农田转换成森林、灌丛和城镇，以及森林和灌丛转变成农田。其中以农田转变相对较多，主要转变为森林和城镇生态系统，面积分别为 110.25km² 和 83.91km²，其次为森林转换成其他用地，主要由森林转换成农田和灌丛，分别转换了 100.18km² 和 32.46km²，其他用地转换量因其面积较少而最小。

表 2-17 2000~2010 年重庆都市圈生态系统转移矩阵

2000 年	2010 年	转移面积/km²	占总变化面积的百分比/%	2000 年	2010 年	转移面积/km²	占总变化面积的百分比/%
森林	灌丛	32.46	5.51	湿地	农田	10.68	1.82
森林	草地	0.02	0.00	湿地	城镇	2.64	0.45
森林	湿地	3.14	0.53	农田	森林	110.25	18.72
森林	农田	100.18	17.01	农田	灌丛	58.05	9.87
森林	城镇	8.99	1.52	农田	草地	0.03	0.00
森林	其他	0.01	0.00	农田	湿地	12.68	2.15
灌丛	森林	32.99	5.60	农田	城镇	83.91	14.25
灌丛	湿地	1.72	0.29	城镇	森林	9.11	1.55
灌丛	农田	62.35	10.60	城镇	灌丛	3.12	0.53
灌丛	城镇	29.19	4.96	城镇	湿地	3.18	0.54
草地	森林	0.07	0.01	城镇	农田	16.56	2.81
草地	灌丛	0.39	0.06	其他	森林	0.03	0.01
草地	湿地	0.02	0.00	其他	灌丛	0.01	0.00
草地	农田	0.28	0.05	其他	湿地	1.12	0.19
草地	城镇	0.23	0.04	其他	农田	0.95	0.16
湿地	森林	2.95	0.50	其他	城镇	0.30	0.05
湿地	灌丛	1.32	0.22				

2.2.2.3 眉乐内渝发展区

2000~2010 年，眉乐内渝发展区各生态系统的面积变化见表 2-18 和图 2-21。农田生态系统明显减少，城镇生态系统明显增加，且增加速率呈增大态势。森林和湿地生态系统也有小面积的增加，灌丛和草地生态系统面积减少，但它们的减少量均较小。

表 2-18 2000~2010 年眉乐内渝发展区各生态系统类型面积变化情况　　（单位：km²）

类型	2000~2005 年	2005~2010 年	2000~2010 年
森林	10.75	−0.90	9.85
灌丛	0.32	−4.80	−4.48
草地	−0.24	−0.26	−0.50
湿地	12.84	3.89	16.73
农田	−51.42	−43.02	−94.45
城镇	28.56	44.64	73.20
其他	−0.81	0.45	−0.36

图 2-21 眉乐内渝发展区各生态系统类型面积变化量图

从眉乐内渝发展区生态系统转移矩阵来看（表2-19），该区生态系统发生转变的区域较小，面积仅为125.52km²。农田转换为城镇为其主要转换类型，转换面积为65.62km²，占变化总面积的50%以上，其次为农田转换为森林和湿地，转换面积为19.47km²和15.78km²，其余类型间的转换面积较小。

表 2-19　2000~2010年眉乐内渝发展区各生态系统转移矩阵

2000年	2010年	转移面积/km²	占总变化面积的百分比/%	2000年	2010年	转移面积/km²	占总变化面积的百分比/%
森林	灌丛	0.89	0.71	湿地	森林	0.40	0.32
森林	草地	0.11	0.09	湿地	农田	0.84	0.67
森林	湿地	0.20	0.16	湿地	城镇	0.18	0.14
森林	农田	5.14	4.09	农田	森林	19.47	15.51
森林	城镇	4.86	3.87	农田	灌丛	1.45	1.15
灌丛	森林	0.52	0.41	农田	湿地	15.78	12.57
灌丛	湿地	0.81	0.64	农田	城镇	65.62	52.30
灌丛	农田	1.89	1.50	农田	其他	0.82	0.65
灌丛	城镇	3.34	2.66	城镇	森林	0.37	0.30
灌丛	其他	0.24	0.19	城镇	农田	0.60	0.48
草地	森林	0.22	0.18	其他	森林	0.09	0.07
草地	湿地	0.10	0.08	其他	湿地	1.19	0.95
草地	城镇	0.21	0.17	其他	农田	0.15	0.12
草地	其他	0.03	0.02				

2.2.2.4 三峡库区发展区

2000～2010年，三峡库区发展区各生态系统的面积变化见表2-20和图2-22。农田生态系统面积明显减少，森林、湿地和城镇生态系统面积增加，且增加量较大，分别为28.10km², 35.26km²和24.44km²。与其他区域不同的是，三峡库区发展区的湿地面积近10年显著增加，主要原因是三峡工程于2009年竣工完成，淹没区的增加使区域湿地面积显著增加。

表2-20 2000～2010年三峡库区发展区各生态系统类型面积变化情况　　（单位：km²）

类型	2000～2005年	2005～2010年	2000～2010年
森林	23.59	4.51	28.10
灌丛	-0.78	1.49	0.71
草地	1.97	-1.01	0.96
湿地	13.85	21.42	35.26
农田	-46.49	-38.35	-84.84
城镇	4.37	20.07	24.44
其他	3.49	-8.12	-4.63

图2-22 三峡库区发展区各生态系统类型面积变化量图

从三峡库区发展区生态系统转移矩阵来看（表2-21），该区生态系统发生变化的区域较大，面积达2304.14km²。农田和森林生态系统面积变动比较大，农田生态系统转出总面积为849.33km²，占变化总面积的36.86%。森林转出面积为660.76km²，占变化总面积28.67%。详见表2-21。

表 2-21　2000~2010 年三峡库区发展区生态系统转移矩阵

2000 年	2010 年	转移面积/km²	占总变化面积的百分比/%	2000 年	2010 年	转移面积/km²	占总变化面积的百分比/%
森林	灌丛	187.32	8.13	湿地	农田	21.22	0.92
森林	草地	4.00	0.17	湿地	城镇	1.85	0.08
森林	湿地	7.17	0.31	农田	森林	485.14	21.06
森林	农田	456.49	19.81	农田	灌丛	280.01	12.15
森林	城镇	3.69	0.16	农田	草地	7.19	0.31
森林	其他	2.09	0.09	农田	湿地	39.89	1.73
灌丛	森林	184.04	7.99	农田	城镇	32.55	1.41
灌丛	草地	7.74	0.34	农田	其他	4.55	0.20
灌丛	湿地	21.21	0.92	城镇	森林	4.01	0.17
灌丛	农田	262.69	11.40	城镇	灌丛	2.75	0.12
灌丛	城镇	8.58	0.37	城镇	湿地	1.82	0.08
灌丛	其他	4.38	0.19	城镇	农田	14.18	0.62
草地	森林	4.48	0.19	城镇	城镇	211.04	9.16
草地	灌丛	7.35	0.32	其他	森林	2.42	0.11
草地	农田	5.99	0.26	其他	灌丛	5.27	0.23
湿地	森林	8.76	0.38	其他	湿地	3.69	0.16
湿地	灌丛	6.66	0.29	其他	农田	3.92	0.17

2.2.2.5　平原丘陵发展区

2000~2010 年，平原丘陵发展区各生态系统的面积变化见表 2-22 和图 2-23。农田生态系统面积明显减少，城镇、森林和湿地生态系统面积增加。2000~2010 年农田生态系统面积减少了 155.89km²，城镇生态系统面积增加最大，约为 82.04km²。其次为森林生态系统，面积增加量为 59.30km²。平原丘陵区的湿地面积也有所增加。

表 2-22　2000~2010 年平原丘陵发展区各生态系统类型面积变化情况　　（单位：km²）

类型	2000~2005 年	2005~2010 年	2000~2010 年
森林	42.54	16.76	59.30
灌丛	1.21	-0.43	0.79
草地	0.00	-0.13	-0.13
湿地	15.95	5.97	21.92
农田	-103.54	-52.35	-155.89
城镇	47.73	34.31	82.04
其他	-3.89	-4.12	-8.02

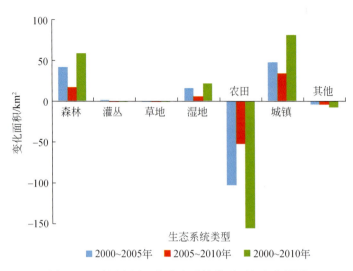

图 2-23　平原发展区各生态系统类型面积变化量图

从平原丘陵发展区生态系统转移矩阵来看（表 2-23），该区农田和森林生态系统面积发生变化比较大。其中，有约 103.18km² 的农田转换为了森林，占所有发生变化区域面积的 30% 以上；农田转换为城镇生态系统的面积为 80.24km²；同时也有 43.63km² 的森林被开垦为农田，详见表 2-23。

表 2-23　2000~2010 年平原丘陵发展区生态系统转移矩阵

2000 年	2010 年	转移面积/km²	占总变化面积的百分比/%	2000 年	2010 年	转移面积/km²	占总变化面积的百分比/%
森林	灌丛	4.40	1.31	农田	灌丛	3.08	0.92
森林	湿地	1.79	0.53	农田	湿地	18.05	5.36
森林	农田	43.63	12.96	农田	城镇	80.24	23.84
森林	城镇	2.47	0.73	农田	其他	3.23	0.96
森林	其他	0.25	0.07	城镇	森林	1.21	0.36
灌丛	森林	4.13	1.23	城镇	农田	2.19	0.65
灌丛	农田	1.03	0.31	其他	森林	2.05	0.61
灌丛	城镇	1.25	0.37	其他	湿地	5.31	1.58
湿地	森林	1.27	0.38	其他	农田	2.97	0.88
湿地	农田	1.99	0.59	其他	城镇	1.25	0.37
农田	森林	103.18	30.66	其他	其他	51.58	15.33

2.2.2.6　盆周山地发展区

2000~2010 年，盆周山地发展区各生态系统的面积变化见表 2-24 和图 2-24。该区生态系统变换与其他区域特征差别明显，主要表现在灌丛、森林和农田生态系统减少绝对面积较大，湿地、城镇及其他生态系统面积增加较大。

表 2-24 2000~2010 年盆周山地发展区各生态系统类型面积变化情况 （单位：km²）

类型	2000~2005 年	2005~2010 年	2000~2010 年
森林	−2.53	−26.94	−29.47
灌丛	−2.19	−61.56	−63.75
草地	−2.76	1.28	−1.48
湿地	8.21	42.00	50.20
农田	−25.37	−2.07	−27.44
城镇	12.99	19.20	32.19
其他	11.66	28.08	39.74

图 2-24 盆周山地发展区各生态系统类型面积变化量图

盆周山地生态系统类型发生转换的区域绝对面积较小，总计约 192km²。从盆周山地发展区生态系统转移矩阵来看（表 2-24），湿地和城镇生态系统几乎无转出，森林、灌丛和农田生态系统向其他类型转换为主要的转移类型，且在转移面积上占绝对优势的类型。其中，农田主要转换为湿地和城镇；森林主要转换为灌丛、农田和其他用地；灌丛主要转换为湿地和其他用地。森林转换为农田的面积最大，约 14.11km²。详见表 2-25。

表 2-25 2000~2010 年盆周山地发展区生态系统转移矩阵

2000 年	2010 年	转移面积/km²	占总变化面积的百分比/%	2000 年	2010 年	转移面积/km²	占总变化面积的百分比/%
森林	灌丛	12.95	6.73	草地	森林	1.75	0.91
森林	草地	2.38	1.24	草地	湿地	3.06	1.59
灌丛	草地	4.29	2.23	农田	湿地	20.92	10.87
灌丛	湿地	23.76	12.35	农田	城镇	19.22	10.00
灌丛	农田	12.87	6.70	农田	其他	5.61	2.92
灌丛	城镇	9.81	5.11	其他	湿地	2.45	1.27
灌丛	其他	25.88	13.45				

续表

2000年	2010年	转移面积/km²	占总变化面积的百分比/%	2000年	2010年	转移面积/km²	占总变化面积的百分比/%
森林	湿地	1.64	0.85	草地	其他	2.24	1.16
森林	农田	14.11	7.33	湿地	农田	1.22	0.63
森林	城镇	1.70	0.88	农田	森林	6.53	3.40
森林	其他	10.10	5.25	农田	灌丛	3.76	1.95
灌丛	森林	4.98	2.59	农田	草地	1.14	0.59

2.2.2.7 三峡库区平行岭谷发展区

2000~2010年，三峡库区平行岭谷发展区各生态系统的面积变化见表2-26和图2-25。该区变化特征与成渝经济区的变化特征一致，农田和灌丛生态系统面积减少，城镇生态系统面积增加。

表2-26　2000~2010年三峡库区平行岭谷发展区各生态系统面积变化情况　　（单位：km²）

类型	2000~2005年	2005~2010年	2000~2010年
森林	5.54	-0.67	4.87
灌丛	-2.50	-1.26	-3.76
草地	-0.82	0.07	-0.75
湿地	2.70	0.65	3.36
农田	-26.35	-27.72	-54.08
城镇	21.50	28.53	50.02
其他	-0.07	0.40	0.34

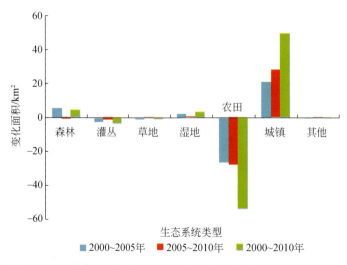

图2-25　三峡库区平行岭谷发展区各生态系统类型面积变化量图

从三峡库区平行岭谷发展区生态系统转移矩阵来看（表 2-27），该区生态系统转变主要集中在森林和农田生态系统之间。其中，农田生态系统转移为森林生态系统的面积最大，约 110.64km²，占整个变化区域的 26.47%。其次为森林向农田生态系统的转移，转移面积为 104.57km²，占整个变化区域的 24.99%。其余转移类型面积较小。详见表 2-27。

表 2-27　2000~2010 年三峡库区平行岭谷发展区生态系统转移矩阵

2000 年	2010 年	转移面积/km²	占总变化面积的百分比/%	2000 年	2010 年	转移面积/km²	占总变化面积的百分比/%
森林	灌丛	21.46	5.13	湿地	森林	3.22	0.77
森林	湿地	3.13	0.74	湿地	农田	8.19	1.96
森林	农田	104.57	24.99	农田	森林	110.64	26.45
森林	城镇	2.48	0.59	农田	灌丛	32.73	7.83
灌丛	森林	19.84	4.74	农田	湿地	12.24	2.93
灌丛	农田	33.29	7.95	农田	城镇	50.92	12.17
灌丛	城镇	5.35	1.28	城镇	森林	1.63	0.39
草地	森林	1.40	0.33	城镇	农田	7.36	1.76

2.3　生态系统景观格局

2.3.1　整体

2000~2010 年成渝经济区景观格局呈现愈加破碎（表 2-28），主要表现斑块数量和边界密度不断增加，其中斑块数量从 2000 年的 1 283 754 个增加到 2005 年的 1 290 116 个和 2010 年的 1 309 105 个，边界密度从 2000 年的 53.09m/hm² 增加到 2005 年的 53.39m/hm² 和 2010 年的 53.98m/hm²；平均斑块面积不断降低，从 2000 年的 16.26hm² 降到 2005 年的 16.18hm² 和 2010 年的 15.95hm²，致使聚集度指数不断降低，从 2000 年的 42.15 降到 2005 年的 41.46 和 2010 年的 40.60；该区景观愈加破碎化，这可能与该区域产业开发、城市化快速推进等密切相关。

表 2-28　成渝经济区一级生态系统景观格局特征及其变化

年份	斑块数量/个	平均斑块面积/hm²	边界密度/(m/hm²)	聚集度指数
2000	1 283 754	16.26	53.09	42.15
2005	1 290 116	16.18	53.39	41.46
2010	1 309 105	15.95	53.98	40.60

深入分析发现，草地和湿地生态系统的平均斑块面积变化不明显，森林和城镇平均斑块面积不断增大，农田平均斑块面积不断减小，且城镇平均斑块面积变化明显。这是该区

域产业开发、城市化和生态工程使该区域大量农田转化为林地和建设用地的结果，说明城市化、产业开发和生态工程是导致区域景观格局变化的主要驱动力（表2-29）。

表2-29　成渝经济区类斑块平均面积　　　　　　　　　　　（单位：hm²）

类型	2000年	2005年	2010年
森林	44.78	46.14	46.67
草地	5.54	5.54	5.55
湿地	5.23	5.25	5.26
农田	65.01	60.99	56.18
城镇	8.25	10.40	12.04
无植被	25.41	25.83	23.57

2.3.2　分区

成渝经济区各发展功能区的景观指数分析表明（表2-30）。各发展功能区景观指数变化因功能区和景观指数的不同而不同，各发展功能区景观指数随时间变化与整体景观指数变化不完全一致。除成都都市圈和盆周山地发展功能区外，其余发展功能区斑块数量和平均斑块面积整体均呈增加态势，而边界密度和聚集度指数整体均呈降低态势，而成都都市圈都市圈平均斑块面积和边界密度不断增大，斑块数量聚集度指数不断降低，盆周山地发展区除斑块数量不断增加外，其余3个景观指数指标均呈下降态势。平原丘陵发展区和盆周山地发展区的斑块数量和平均斑块面积均较高，而重庆都市圈的斑块数量均最小。这主要是由于斑块数量与区域面积有很大关系，而平均斑块面积与区域面积关系不大，但与区域景观类型有很大关系。

表2-30　成渝经济区各发展功能区景观指数

发展功能区	年份	斑块数量/个	平均斑块面积/hm²	边界密度/(m/hm²)	聚集度指数
成都都市圈	2000	48 117	30.11	36.16	59.75
	2005	47 080	31.28	36.95	57.08
	2010	46 919	32.98	37.08	54.73
重庆都市圈	2000	21 321	59.40	25.64	50.08
	2005	22 717	59.61	24.06	46.13
	2010	23 225	58.96	23.54	44.43
眉乐内渝发展区	2000	85 855	40.46	34.26	62.81
	2005	86 195	41.05	34.12	61.64
	2010	86 903	41.87	33.85	60.82
盆周山地发展区	2000	101 374	30.39	52.27	63.07
	2005	101 473	30.22	52.21	63.06
	2010	101 523	30.08	52.19	62.97

续表

发展功能区	年份	斑块数量/个	平均斑块面积/hm²	边界密度/(m/hm²)	聚集度指数
平原丘陵发展区	2000	137 143	47.72	34.46	64.39
	2005	137 978	48.2	34.25	63.58
	2010	137 317	48.97	34.41	62.69
三峡库区发展区	2000	95 279	52.08	32.21	54.23
	2005	98 193	52.28	31.26	52.83
	2010	100 029	52.14	30.68	51.48
三峡库区平行岭谷发展区	2000	74 807	47.73	33.77	58.54
	2005	75 745	47.94	33.35	57.96
	2010	76 270	48.28	33.12	57.02

7个功能区三期边界密度平均值从大到小依次为盆周山地发展区、成都都市圈、平原丘陵发展区、眉乐内渝发展区、三峡库区平行岭谷发展区、三峡库区发展区、重庆都市圈，说明区域产业开发越强，经济越发达，区域景观越破碎。

对各区3期景观指数分析发现，成都都市圈的斑块数量呈下降趋势，其余地区斑块数量呈增加的趋势；成都都市圈眉乐内渝发展区、平原丘陵发展区和三峡库区平行岭谷发展区平均斑块面积逐步增大，盆周山地发展区则不断降低，而其余2个发展区则先增后降，说明随着城市化的推进，成都都市圈眉乐内渝发展区、平原丘陵发展区和三峡库区平行岭谷发展区的景观多样性不断降低。

2.4 土地利用程度综合指数

土地利用程度主要反映土地利用的广度和深度，它不仅反映了土地利用过程中土地本身的自然属性，同时也反映了人类因素与自然环境因素的综合效应，在很大程度上反映了区域生态系统结构特征。土地利用程度通常采用土地利用程度综合指数定量表示。

2.4.1 整体

成渝经济区2000～2010年土地利用程度综合指数整体呈增大态势，从2000年的255.1869增加到2005年的255.3226和2010年的255.2649。2010年较2005年却略有降低，平均每年降低了0.0123，但仍较2000年有所增加，致使成渝经济区的土地利用程度综合指数在2000～2010年平均每年增加0.0078。这种变化可能与该区域产业发展及产业结构调整与优化有很大关系，随着区域产业结构调整与优化的推进，区域土地资源利用效率得到了提高，进而降低了区域土地利用程度综合指数。此外，随着近年来城市绿化建设受到各级城府的高度重视，城市园林绿地建设不断增强，绿地覆盖率不断增加，这在一定程度上降低了区域土地利用程度综合指数上升速率（表2-31）。

表 2-31　成渝经济区土地利用综合程度指数及其变化统计

土地利用综合程度指数			年度变动		
2000 年	2005 年	2010 年	2000~2005 年	2005~2010 年	2000~2010 年
255.1869	255.3266	255.2649	0.0279	−0.0123	0.0078

2.4.2　分区

成渝经济区发展功能区土地利用程度综合指数及其变化因发展功能区的不同而不同。整体以成都都市圈最高，三期平均为 294.62，重庆都市圈、平原丘陵发展功能区和眉乐内渝发展功能区紧随其后，三期平均分别为 275.09、272.59 和 270.73，盆周山地发展区最低，三期平均为 227.93。说明成渝经济区不同发展功能区区域发展和生态系统构成差异显著（表 2-32）。

表 2-32　成渝经济区土地利用综合程度指数及其变化统计

发展功能区	土地利用综合程度指数			年度变动		
	2000 年	2005 年	2010 年	2000~2005 年	2005~2010 年	2000~2010 年
成都都市圈	291.4656	295.5349	296.8528	0.8139	0.2636	0.5387
重庆都市圈	267.0392	276.8914	281.3569	1.9704	0.8931	1.4318
眉乐内渝发展区	272.4288	270.2583	269.4914	−0.4341	−0.1534	−0.2937
盆周山地发展区	228.3226	227.9333	227.5264	−0.0779	−0.0814	−0.0796
平原丘陵发展区	272.7459	272.7598	272.2637	0.0028	−0.0992	−0.0482
三峡库区发展区	236.6476	236.3579	236.2235	−0.0579	−0.0269	−0.0424
三峡库区平行岭谷发展区	253.5827	253.4709	253.9254	−0.0224	0.0909	0.0343
平均	255.1869	255.3266	255.2649	0.0279	−0.0123	0.0078

2000~2010 年，成渝经济区各发展功能区土地利用程度综合指数以重庆都市圈变化最大，从 2000 年的 267.0392 增加到 2005 年的 276.8914 和 2010 年的 281.3569，从 2000 年小于平原丘陵发展区，发展到 2005 年后，其土地利用程度综合指数仅小于成都都市圈，远高于其余发展功能区。重庆都市圈土地利用程度综合指数 10 年间平均每年增加 1.4318。成都都市圈土地利用程度综合指数紧随其后，平均每年增加 0.5387，从 2000 年的 291.4656 增加到 2005 年的 295.5349 和 2010 年的 296.8528。三峡库区平行岭谷发展区土地利用程度综合指数变化最小，平均每年增加了 0.0343。而盆周山地发展区、平原丘陵发展区和三峡库区发展区土地利用程度综合指数在此 10 年间却有不同程度的降低，且下降幅度高于三峡库区平行岭谷发展区的增加速度，说明成渝经济区不同发展功能区产业开发差显著。其土地利用程度综合指数近 300，土地实际利用程度接近达到理论可利用程度的 75% 以上，这是区域产业发展、产业结构调整与优化和生态工程建设等共同作用的结果（表 2-32）。

第3章 成渝经济区生态环境质量

虽然2000~2010年成渝经济区植被生物量呈不断增加态势，但植被覆盖度不断降低，植被斑块密度不断增大，区域植被愈加破碎化，致使区域生态质量不断降低。区域地表水环境和空气环境质量研究表明，在国家和各级政府加大环境整治背景下，虽然2005~2010年该区域四川部分的发展功能区地表水环境和空气环境质量有所好转，但地表水环境均仍较2000年有所降低，成都都市圈、眉乐内渝发展区和盆周山地发展区空气环境质量较2000年下降，致使区域平均环境质量不断下降，其原因可能与区域生态质量降低、产业开发及其产业结构等有关。区域生态质量的降低必然导致污染物降解速率和环境容量的下降，而粗放型产业的快速发展必然导致污染物排放的增加，最终导致区域生态环境质量的持续下降。

生态环境质量是指在一个具体的时间和空间范围内生态系统的总体或部分生态环境因子的组合体对人类的生存及社会经济持续发展的适宜程度（叶亚平和刘鲁君，2000）。生态环境质量评价是根据选定的指标体系和质量标准，运用恰当的方法评价某区域生态环境质量的优劣及其影响作用关系（夏军，1999）。在生态系统层次上，在特定的时间和空间范围内，根据区域特点对生态环境质量的分布格局和变化情况进行评定，可以反映出区域生态环境质量的优劣。

目前国内外应用的生态环境质量评价方法主要有综合评价法、指数评价法（许丛等，2008）、模糊评价法（朱东红等，2003；顾成林和李雪铭，2012）、人工神经网络法、物元分析法、景观生态学方法、灰色关联度分析法、"3S"结合其他方法（Liang and Weng，2011；Joseph et al.，2014；周文英和何彬彬，2014）等。评价指标体系大多包括：①自然条件，如土壤、植被、气候、水文、地质等；②生态破坏与环境污染情况，如水土流失、盐碱化、自然灾害、"三废"排放等；③社会经济和文化，如人口、收入、消费、教育状况等。

目前对于成渝经济区相关区域生态环境质量的研究较少，主要包括城市生态环境建设、重庆三峡库区及其他典型生态区的相关研究。例如，陈涛和徐瑶（2006）、宋述军等（2008）采用主成分分析法对四川省生态环境状况进行综合评价，发现四川省环境状况东部明显好于西部，盆地好于山区，三州地区生态环境压力大。卢其栋（2013）从地形、地表、气候和人文经济方面建立层次分析-主成分分析（AHP-PCA）评价方法模型，评价了四川省隆昌县生态环境状况。雷清（2009）从经济-社会-资源-环境方面，通过灰色关联度模型评价法研究重庆市，发现其生态文明情况总体处于较差或一般的状态。雷波等（2012）从空间格局、环境特性、生物特征和服务功能四个方面利用层次分析法对重庆市生态环境研究表明，重庆市存在水域环境问题严峻、大气污染较为突出、陆地生态系统功能退化等生态问题。

现有研究表明，成渝经济区面临生态景观破碎化、生态环境退化、水土流失严重、地质灾害频发、环境污染严重等生态环境问题（钟章成和邱永树，1999；苏维词等，2004）。虽然已有一些关于川渝地区生态环境质量方面的研究报道，但仍缺乏成渝经济区生态环境质量方面的综合性系统研究，尤其缺乏综合生态系统结构与状况、地表水环境和大气环境等方面的研究。基于此，本章以遥感反演数据和环境保护部门对地表水环境和大气环境的监测数据，在分别研究成渝经济区生态系统质量和环境质量的基础上，利用综合评价法对该区域生态环境质量进行综合评价，以期为成渝经济区生态保护与建设及产业发展提供科学支撑。

3.1 生态质量

3.1.1 植被覆盖度

3.1.1.1 整体概括

植被覆盖度是指单位面积内植被的垂直投影面积占区域总面积的比例，是反映地表信息的重要参数。整体来看，2000~2010年，成渝经济区植被覆盖度呈现降低趋势，这可能与此区域快速城市化建设活动有关。其中，2000年成渝经济区植被覆盖度为90%，2005年植被覆盖度为84%，整体下降了近6%，且呈现出全区域普遍下降趋势；2010年成渝经济区植被覆盖度为83%，相比2005年，植被覆盖度变化较小，但是部分区域植被覆盖度变化差异较大：眉乐内渝发展区、三峡库区发展区和重庆都市圈植被覆盖度有所增加，盆周山地发展区、平原丘陵发展区和三峡库区平行岭谷发展区植被覆盖度变化不明显，而成都都市圈植被覆盖度降低近7%。相比2000年，2010年成渝经济区植被覆盖度减小了7%，其中，成都都市圈植被覆盖度下降最明显（14%），其次为盆周山地发展区和平原丘陵发展区（均下降6%），以及眉乐内渝发展区和三峡库区岭谷发展区（均下降4%），三峡库区发展区植被覆盖度减小了3%，而重庆都市圈植被覆盖度下降最少，仅为2%，说明近年来"重庆森林工程"建设和三峡库区植被保护与恢复取得了较好效果（图3-1）。

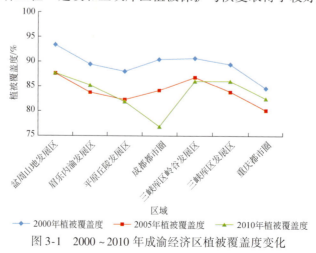

图3-1 2000~2010年成渝经济区植被覆盖度变化

3.1.1.2 生态功能区

图 3-2、图 3-3 和图 3-4 分别为 2000 年、2005 年和 2010 年成渝经济区不同功能区植被覆盖度分布情况，区域植被覆盖状况呈现出一定程度的时空差异，具体来说如下。

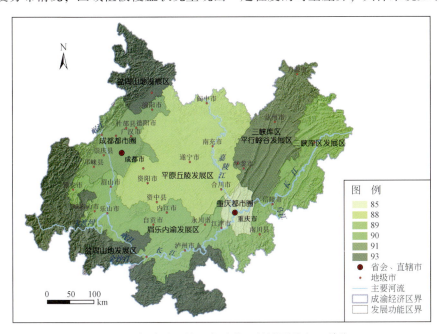

图 3-2　2000 年成渝经济区各功能区植被覆盖度（单位:%）

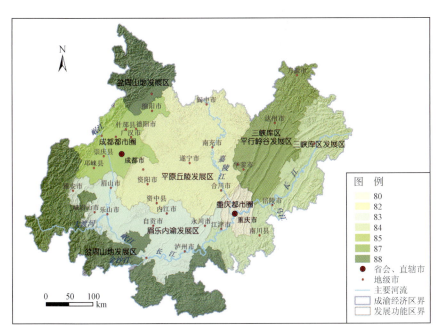

图 3-3　2005 年成渝经济区各功能区植被覆盖度（单位:%）

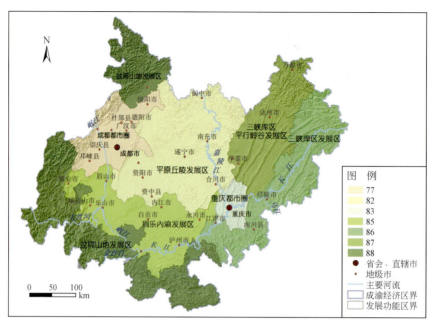

图 3-4 2010 年成渝经济区各功能区植被覆盖度（单位：%）

成都都市圈位于成渝经济区西部，2000 年植被覆盖度为 91%，2005 年下降到 84%，减少近 7%，植被覆盖状况受到明显干扰；2010 年植被覆盖度继续降低，减少至 77%，相比 2000 年，植被覆盖度下降近 14%，原生植被覆盖被人工改造的趋势非常明显，这与同时期内该区域大规模城市建设占用生态空间有很大关系。

重庆都市圈位于成渝经济区的中东部，2000 年植被覆盖度为 85%，2005 年下降到 80%，减少近 5%，植被覆盖状况在一定程度上受到城市化建设活动的影响；2010 年植被覆盖度增加至 83%，相比 2000 年，植被覆盖度下降仅 2%，可见，2008 年开始的"重庆森林工程"建设对区域植被恢复与面积增加起到明显促进作用。

平原丘陵发展区位于成渝经济区的北部，2000 年植被覆盖度为 88%，2005 年下降到 82%，减少近 6%，植被覆盖受到明显干扰；2010 年植被覆盖度未明显变化（仍为 82%），相比 2000 年，植被覆盖度下降近 6%。可见，2000～2010 年，该区域原生植被面积受到一定程度的影响，但减小趋势后期得到控制。

眉乐内渝发展区位于成渝经济区的中部，2000 年植被覆盖度为 90%，2005 年下降到 84%，减少近 6%，植被覆盖状况受到明显干扰；2010 年植被覆盖度小幅增加至 85%，相比 2000 年，植被覆盖度下降近 5%。可见，该评估期内区域原生植被面积虽然受到一定程度的影响，但后期有所恢复。

盆周山地发展区位于成渝经济区的南部和西北部，2000 年植被覆盖度为 94%，2005 年下降到 88%，减少近 6%，植被覆盖状况受到明显影响；2010 年植被覆盖度未明显变化（仍为 88%），相比 2000 年，植被覆盖度下降近 6%。可见，该评估期内区域原生植被面积虽然受到一定程度的影响，但减小趋势后期得到控制。

三峡库区平行岭谷发展区位于成渝经济区的东北部，2000 年植被覆盖度为 91%，

2005年下降到87%，减少近4%，植被覆盖状况受到一定程度的干扰；2010年植被覆盖度继续小幅减少至86%，相比2000年，植被覆盖度下降近5%。可见，评估期内该区域原生植被分布虽然受到一定程度的影响，但后期有所减缓。

三峡库区发展区位于成渝经济区的东部，2000年植被覆盖度为90%，2005年下降到84%，减少近6%，植被覆盖状况受到明显影响；2010年植被覆盖度继续小幅减少至86%，相比2000年，植被覆盖度下降近4%。可见，评估期内该区域原生植被面积虽然受到一定程度的影响，但后期有所恢复。

3.1.2 植被破碎化程度

3.1.2.1 整体

植被斑块密度是指单位植被面积上的斑块数量，一般用于反映植被景观的异质性及其破碎化程度。整体来看，2000~2010年，成渝经济区植被斑块密度有所增大，植被破碎化趋势明显，这可能与此区域快速城市化建设活动有关。其中，2000年成渝经济区植被斑块密度为0.0355个/m²，2005年植被斑块密度为0.0529个/m²，整体扩大了近49%，且呈现出全区域普遍增大趋势；2010年成渝经济区植被斑块密度为0.0576个/m²，相比2005年，植被斑块密度变化较小，但是部分区域植被覆盖度变化差异较大：三峡库区平行岭谷发展区、三峡库区发展区和重庆都市圈植被斑块密度增大明显，盆周山地发展区、眉乐内渝发展区和平原丘陵发展区植被斑块密度变化较小，而成都都市圈植被斑块密度减小近11%。相比2000年，2010年成渝经济区植被斑块密度扩大近62%，其中，重庆都市圈植被斑块密度增加最明显（1.76倍），其次为三峡库区发展区和三峡库区岭谷发展区，其植被斑块密度分别扩大了1.67倍和1.13倍，而眉乐内渝发展区、平原丘陵发展区和成都都市圈植被斑块密度小幅增大（30%~35%），盆周山地发展区植被斑块密度增加最小（仅19%），说明近年来"重庆森林工程"和三峡库区建设对植被破碎化有较大影响（图3-5）。

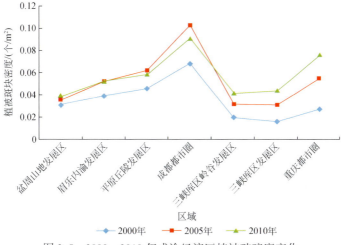

图3-5 2000~2010年成渝经济区植被破碎度变化

3.1.2.2 分区

图 3-6、图 3-7 和图 3-8 分别为 2000 年、2005 年和 2010 年不同功能区植被斑块密度分布格局，不同功能区植被斑块密度差异明显，具体如下。

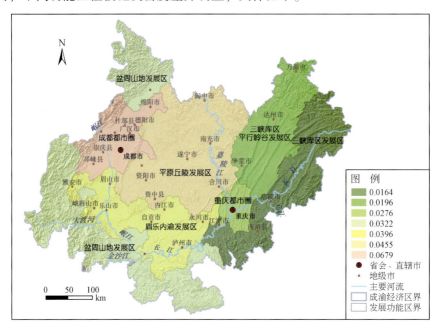

图 3-6　2000 年成渝经济区不同区域植被斑块密度（单位：个/m²）

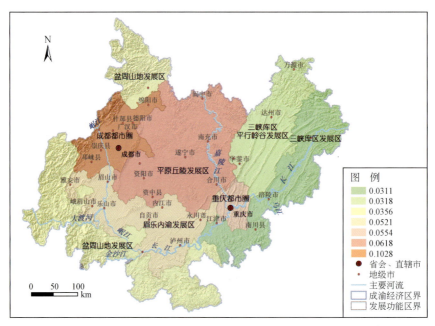

图 3-7　2005 年成渝经济区不同区域植被斑块密度（单位：个/m²）

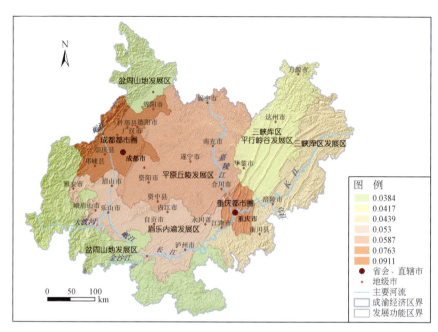

图 3-8　2010 年成渝经济区不同区域植被斑块密度（单位：个/m²）

2000 年重庆都市圈植被斑块密度为 0.0276 个/m²，2005 年增大到 0.0554 个/m²，扩大近 1 倍，植被破碎化现象明显；2010 年植被覆盖度增加至 0.0763 个/m²，相比 2000 年，植被覆盖度扩大了近 176%。可见，虽然 2008 年开始的"重庆森林工程"建设对区域植被恢复起到明显作用，但是大量工程建设同时增大了植被景观异质性和植被破碎化风险。

2000 年成都都市圈植被斑块密度为 0.0679 个/m²，2005 年扩大到 0.1028 个/m²，增加近 51%，说明植被异质性受到明显影响；2010 年植被覆盖度斑块密度有所降低，减少至 0.0911 个/m²，相比 2000 年，植被斑块密度增大 34%，说明同时期内该区域大规模城市建设活动不仅占用了大量生态空间，而且对植被异质性和破碎化趋势有一定程度的影响。

2000 年平原丘陵发展区植被斑块密度为 0.0455 个/m²，2005 年增大到 0.0618 个/m²，扩大近 36%，说明已呈现一定程度的植被破碎化；2010 年植被斑块密度减小到 0.0587 个/m²，相比 2000 年，植被斑块密度增加近 30%。可见，2000~2010 年，该区域原生植被异质性有一定程度的影响，但破碎化趋势后期得到控制。

2000 年眉乐内渝发展区植被斑块密度为 0.0396 个/m²，2005 年增加到 0.0521 个/m²，扩大近 32%，已呈现一定程度的植被破碎化现象；2010 年植被斑块密度小幅增加至 0.0530 个/m²，相比 2000 年，植被斑块密度增大近 34%。可见，该评估期间区域植被景观虽然有一定程度的破碎化趋势，但后期有所减缓。

2000 年盆周山地发展区植被斑块密度为 0.0322 个/m²，2005 年增大到 0.0356 个/m²，扩大近 11%，植被破碎化现象不明显；2010 年植被斑块密度为 0.0384 个/m²，相比 2000 年，植被斑块密度增大近 19%。可见，该评估期间区域原生植被分布虽然受到一定程度的影响，但破碎化趋势较小。

2000 年三峡库区平行岭谷发展区植被斑块密度为 0.0196 个/m²，2005 年增大到

0.0318个/m²，扩大近62%，植被异质性分布受到明显干扰；2010年植被斑块密度继续扩大至0.0417个/m²，相比2000年，植被斑块密度增大近113%。可见，评估期间该区域原生植被异质性明显增加，景观破碎化趋势明显。

2000年三峡库区发展区植被斑块密度为0.0164个/m²，2005年增大到0.0311个/m²，扩大近90%，说明植被异质性分布受到显著影响；2010年植被斑块密度持续增大至0.0439个/m²，相比2000年，植被斑块密度增大近168%。可见，评估期间该区域原生植被异质性显著增加，景观破碎化趋势较明显。

3.1.3 生物量

3.1.3.1 整体

生物量是生态系统现存有机物总量，反映了生态系统生产力及其结构和功能高低的直接表现，因此将其作为生态空间质量的直接指标。整体来看，2000~2010年，成渝经济区单位面积生物量呈现增加趋势，说明区域植被生产能力有所提高（图3-9）。其中，2000年成渝经济区单位面积生物量为1671t/hm²，2005年生物量为2193t/hm²，整体增加了近19%，且呈现出全区域普遍增加趋势；2010年成渝经济区单位面积生物量为2282t/hm²，相比2005年，植被生物量变化较小，但是部分区域单位面积生物量变化差异较大：成都都市圈植被生物量增加最为明显（近44%），其次为眉乐内渝发展区和平原丘陵发展区（增加幅度均为34%），重庆都市圈生物量增加24%，而三峡库区发展区和三峡库区平行岭谷发展区单位面积生物量增加较少（14%），盆周山地发展区植被生物量变化不明显（不足5%）。相比2000年，2010年成渝经济区植被生物量增加24%，其中，平原丘陵发展区增加幅度最高（55%），其次为眉乐内渝发展区和重庆都市圈，单位面积生物量分别增加55%和45%，三峡库区岭谷发展区以及三峡库区发展区植被生物量增加幅度减小，分别为27%和21%，成都都市圈生物量增加了14%，而盆周山地发展区单位面积生物量仅增加了1%（图3-10~图3-12）。

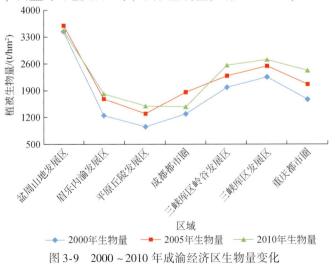

图3-9 2000~2010年成渝经济区生物量变化

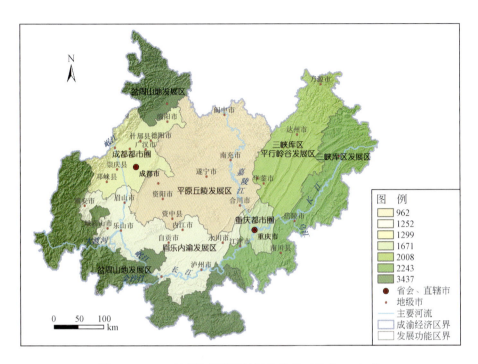

图 3-10　2000 年成渝经济区植被生物量（单位：t/hm²）

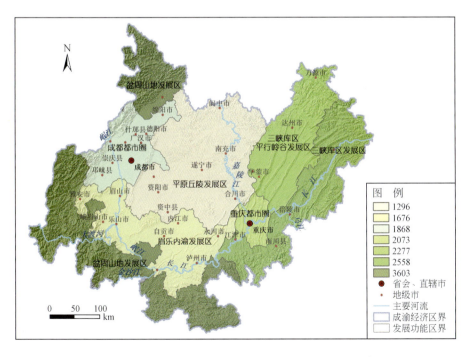

图 3-11　2005 年成渝经济区植被生物量（单位：t/hm²）

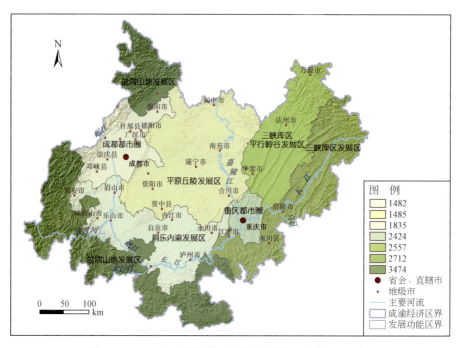

图 3-12　2010 年成渝经济区植被生物量（单位：t/hm²）

3.1.3.2　分区

图 3-10、图 3-11 和图 3-12 分别为 2000 年、2005 年和 2010 年不同功能区单位面积生物量格局，不同功能区植被生物量时空差异明显，具体来说如下。

2000 年盆周山地发展区植被生物量为 3437t/hm²，2005 年增长到 3603t/hm²，增加仅 5%，植被生物量变化稍小；2010 年植被生物量为 3474t/hm²，相比 2000 年，单位面积植被生物量增长仅 1%。可见，评估期间该区域植被生物量未明显变化。

2000 年三峡库区平行岭谷发展区植被生物量为 2008t/hm²，2005 年增长到 2277t/hm²，增加了近 13%，植被生产力有一定幅度提升；2010 年植被单位面积生物量继续增长至 2557t/hm²，相比 2000 年，植被生物量增大了近 27%，说明该评估期间本区域植被生产力有小幅度变化。

2000 年三峡库区发展区植被生物量为 2243t/hm²，2005 年增长到 2558t/hm²，增加了近 14%，说明植被生产力有一定幅度提升；2010 年植被单位面积生物量增长至 2712t/hm²，相比 2000 年，植被生物量增大近 21%。可见，评估期间该区域植被生产力呈小幅度增长。

2000 年重庆都市圈植被生物量为 1671t/hm²，2005 年增长到 2073t/hm²，增加了近 24%，植被生产力有一定幅度提升；2010 年植被生物量增加至 2424t/hm²，相比 2000 年，植被生物量增长了近 45%。可见，2008 年开始的"重庆森林工程"建设对区域植被恢复起到明显作用，植物生产力有了明显提高。

2000 年成都都市圈植被生物量为 1300t/hm²，2005 年增长到 1868t/hm²，增加了近 44%，说明该时期植被生产力有明显提升；但是，2010 年单位面积植被生物量有所降低，减少至 1483t/hm²，相比 2000 年，植被生物量仅增加 14%，说明同时期内该区域城市建设活动对植被生长状况有一定程度的影响。

2000 年平原丘陵发展区植被生物量为 962t/hm^2，2005 年增长到 1296t/hm^2，扩大近 35%，植物生产力有较大提高；2010 年植被生物量增长到 1486t/hm^2，相比 2000 年，植被单位面积生物量增加了近 54%。可见，2000~2010 年，该区域植被生产力有明显提升。

2000 年眉乐内渝发展区植被生物量为 1252t/hm^2，2005 年增长到 1676t/hm^2，增加了近 34%，说明该区域植被生产力有较大提高；2010 年植被生物量继续增加至 1835t/hm^2，相比 2000 年，植被生产力增加了近 47%，说明该评估期间区域植被生产力呈明显增长趋势。

3.2 环境质量

3.2.1 地表水环境

3.2.1.1 整体

评价结果显示，2000 年成渝经济区河流水质监测断面一类至三类水质断面比例为 61.22%，2005 年为 51.75%，2010 年为 38.77%，表明成渝经济区河流水环境在不断恶化（图 3-13 ~ 图 3-15 和表 3-1）。

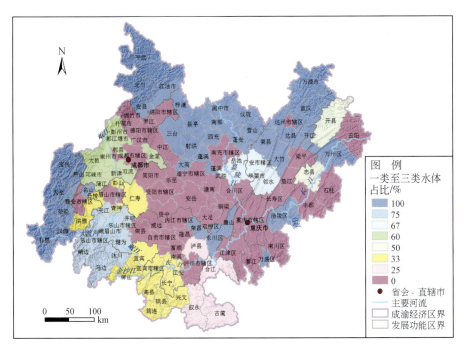

图 3-13　2000 年成渝经济区地表水环境状况空间分布

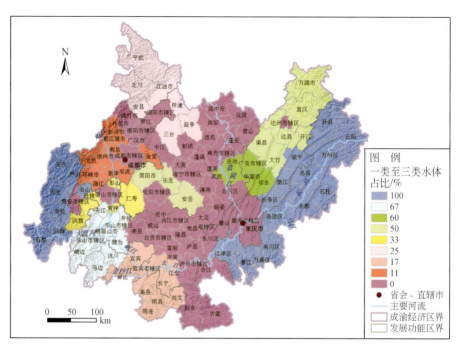

图 3-14　2005 年成渝经济区地表水环境状况空间分布

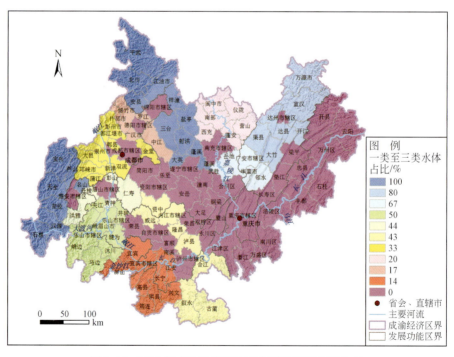

图 3-15　2010 年成渝经济区地表水环境状况空间分布

3.2.1.2 分区

2000年一类至三类水质监测断面占该地区总监测断面比例变化范围为40.93%~100.00%，其中眉乐内渝发展区相对较低，而重庆都市圈相对较高。2005年一类至三类水质监测断面占该地区总监测断面比例变化范围为10.04%~100.00%，其中成都都市圈相对较低，而三峡库区发展区和重庆都市圈相对较高。与2000年相比，2005年一类至三类水质监测断面占该地区总监测断面比例显著增加的是三峡库区发展区，其中重庆都市圈无变化，其余发展区均有不同程度的降低，显著降低的是成都都市圈和平原丘陵发展区。2010年一类至三类水质监测断面占该地区总监测断面比例变化范围为0~60.78%，其中三峡库区发展区相对较低，而盆周山地发展区相对较高。与2005年相比，成都都市圈和平原丘陵发展区有显著增加，而三峡库区发展区和重庆都市圈有显著降低。2010年与2000年相比，全部分区的一类至三类水质监测断面占该地区总监测断面比例都下降，其中三峡库区发展区、重庆都市圈和平原丘陵发展区下降较多（表3-1）。

表3-1 成渝经济区地表水环境状况（一类至三类水质断面比例） （单位:%）

分区	2000年	2005年	2010年	变动比例		
				2000~2005年	2005~2010年	2000~2010年
成都都市圈	51.54	10.04	35.26	-80.51	251.16	-31.59
眉乐内渝发展区	40.93	25.49	33.17	-37.72	30.13	-18.96
盆周山地发展区	67.01	45.83	60.78	-31.62	32.62	-9.30
平原丘陵发展区	63.44	17.04	39.27	-73.14	130.46	-38.10
三峡库区发展区	36.36	100.00	0.00	175.00	-100.00	-100.00
三峡库区平行岭谷发展区	69.23	63.85	58.46	-7.78	-8.45	-15.56
重庆都市圈	100.00	100.00	44.44	0.00	-55.56	-55.56
面积加权平均值	61.22	51.75	38.77	-15.47	-25.08	-36.67

3.2.2 空气环境

3.2.2.1 整体

2000年、2005年和2010年的大气空气污染指数（API）分别为254.36、141.21和111.12，大气API呈持续降低，且降低态势不断加大，表明成渝经济区大气环境质量在逐渐好转，且好转态势不断加快，这可能与国家对大气质量愈加重视和综合整治有关（表3-2）。

表3-2 成渝经济区大气质量评价结果

发展功能区	2000年	2005年	2010年	2000~2005年变化率/%	2005~2010年变化率/%	2000~2010年变化率/%
成都都市圈	60.61	66.93	122.17	10.43	82.53	101.57
眉乐内渝发展区	156.53	180.42	178.36	15.26	-1.14	13.95

续表

发展功能区	2000年	2005年	2010年	2000~2005年变化率/%	2005~2010年变化率/%	2000~2010年变化率/%
盆周山地发展区	65.46	156.47	78.06	139.03	-50.11	19.25
平原丘陵发展区	152.48	79.27	97.00	-48.01	22.37	-36.39
三峡库区发展区	164.30	41.19	107.30	-74.93	160.50	-34.69
三峡库区平行岭谷发展区	135.81	147.51	101.91	8.62	-30.91	-24.96
重庆都市圈	1045.33	316.66	93.04	-69.71	-70.62	-91.10
面积加权平均值	254.36	141.21	111.12	-44.48	-21.31	-56.31

3.2.2.2 分区

2000年大气API变化范围为60.61~1045.33，其中成都都市圈API相对较低，而重庆都市圈相对较高。2005年大气API变化范围为41.19~316.66，其中三峡库区发展区相对较低，重庆都市圈相对较高。与2000年相比，平原丘陵发展区、三峡库区发展区和重庆都市圈有显著降低，但是盆周山地发展区却有显著增加。2010年大气API变化范围为78.06~178.36，其中盆周山地发展区相对较低，而眉乐内渝发展区相对较高。与2005年相比，盆周山地发展区和重庆都市圈有显著降低，而成都都市圈、三峡库区发展区有显著增加（表3-2）。

3.3 生态环境质量指数

3.3.1 生态质量指数

对成渝经济区不同发展功能区2000年、2005年和2010年生态质量指数评估发现，该区域所有发展功能区生态质量均呈现不同程度的下降，致使成渝经济区整体生态质量指数从2000年的0.66下降到2005年的0.54和2010年的0.53，10年共下降了19.70%。其中以成都都市圈生态质量指数下降得最多，从2000年的0.45下降到2010年的0.11，10年共下降了75.56%；重庆都市圈和平原丘陵发展区次之，分别从2000年的0.54和0.45下降到2010年的0.40和0.34，分别共下降了25.92%和24.44%，眉乐内渝发展区生态质量指数下降的最小，从2000年的0.54下降到2010年0.47，10年下降了12.96%。深入分析发现，该区域2000~2005年生态质量指数下降幅度远高于2005~2010年，整体平均下降了18.18%，其中2000~2005年以成都都市圈下降幅度最大，从2000年的0.45下降到2005年的0.26，盆周山地发展区下降幅度最小，从2000年的0.92下降到2005年的0.81，下降了11.96%（表3-3）。

表 3-3　成渝经济区生态质量指数

发展功能区	2000 年	2005 年	2010 年	2000~2005 年变动比例/%	2005~2010 年变动比例/%	2000~2010 年变动比例/%
成都都市圈	0.45	0.26	0.11	-42.22	-57.69	-75.56
眉乐内渝发展区	0.54	0.43	0.47	-20.37	9.30	-12.96
盆周山地发展区	0.92	0.81	0.79	-11.96	-2.47	-14.13
平原丘陵发展区	0.45	0.31	0.34	-31.11	9.68	-24.44
三峡库区发展区	0.75	0.62	0.63	-17.33	1.61	-0.16
三峡库区平行岭谷发展区	0.73	0.64	0.63	-12.33	-1.56	-13.70
重庆都市圈	0.54	0.39	0.40	-27.78	2.56	-25.93
面积加权平均值	0.66	0.54	0.53	-18.18	-1.85	-19.70

2005~2010 年依然以成都都市圈下降幅度最大，盆周山地下降幅度最小，但眉乐内渝发展区、平原丘陵发展区、三峡库区发展区和重庆都市圈生态质量却在 2005~2010 年有不同程度的提高，尤其是眉乐内渝发展区和平原丘陵发展区，它们的生态质量指数分别提高了 9.30% 和 9.68%（表 3-3）。这可能与这些区域非常重视生态保护与建设及退耕还林、天然林保护等生态工程成效的滞后性有关。然而盆周山地发展区生态质量的下降呈现持续下降，说明近年来产业开发对盆周山地发展区生态质量的降低作用远高于该区域退耕还林、天然林保护等生态保护与建设的成效，区域生态安全受到威胁，生态保护与建设的压力持续增大。

3.3.2　环境质量指数

评价结果显示，2000 年、2005 年和 2010 年成渝经济区的环境质量指数分别为 0.77、0.69 和 0.68，表明成渝经济区的环境质量在持续恶化。2000 年，成渝经济区环境质量指数变化范围为 0.66~0.87，其中重庆都市圈相对较高，而三峡库区发展区相对较低。2005 年，成渝经济区环境质量指数变化范围为 0.53~0.99，其中三峡库区发展区相对较高，而成都都市圈相对较低。2005 年与 2000 年相比，三峡库区发展区环境质量有显著改善，而平原丘陵区和成都都市圈有显著下降。2010 年成渝经济区环境质量指数变化范围为 0.48~0.79，其中盆周山地发展区相对较高，而三峡库区发展区相对较低。与 2005 年相比，成都都市圈和平原丘陵发展区有显著改善，而三峡库区发展区和重庆都市圈有显著下降。2010 年与 2000 年相比，所有分区环境质量指数都在下降，其中下降较为显著的是三峡库区发展区和重庆都市圈（表 3-4）。

表 3-4　成渝经济区环境质量指数

发展功能区	2000 年	2005 年	2010 年	2000~2005 年变动比例/%	2005~2010 年变动比例/%	2000~2010 年变动比例/%
成都都市圈	0.75	0.53	0.65	-29.33	22.64	-13.33
眉乐内渝发展区	0.69	0.57	0.63	-17.39	10.53	-8.70

续表

发展功能区	2000年	2005年	2010年	2000~2005年变动比例/%	2005~2010年变动比例/%	2000~2010年变动比例/%
盆周山地发展区	0.83	0.68	0.79	-18.07	16.18	-4.82
平原丘陵发展区	0.80	0.56	0.68	-30.00	21.43	-15.00
三峡库区发展区	0.66	0.99	0.48	50.00	-51.52	-27.27
三峡库区平行岭谷发展区	0.83	0.77	0.77	-7.23	0.00	-7.23
重庆都市圈	0.87	0.89	0.70	2.30	-21.35	-19.54
面积加权平均值	0.77	0.69	0.68	-10.39	-1.45	-11.96

3.3.3 生态环境质量指数

对成渝经济区不同发展功能区生态环境质量指数研究发现，该区域不同发展功能区在2000~2010年均呈现不同程度的下降，其中下降幅度最大的为成都都市圈，从2000年的0.60下降到2005年的0.40和2010年的0.38，10年共下降36.67%，其次为重庆都市圈和三峡库区发展区，分别从2000年的0.70和0.70下降到2010年的0.55和0.56，分别共下降了21.43%和20.00%，盆周山地发展区下降幅度最小，但也下降了近10%。其中2000~2005年仅三峡库区发展区生态环境质量有所提高，而2005~2010年眉乐内渝发展区、盆周山地发展区和平原丘陵发展区生态环境质量指数均有所提高，这可能与该区域生态建设工程及政府对三峡库区水生态环境高度重视等有关。但该区域区域生态环境质量指数在10年间整体平均下降了15.28%，且表现为经济越发达，生态环境质量指数下降幅度越大。说明该区域产业开发依然是资源开发型的低端产业为主，高新技术产业比重偏低。因此，该区域今后产业发展的重点将是产业结构调整与优化，严控污染物排放总量控制，淘汰部分高污染、高能耗、低附加值的产业，改善和提高区域生态环境质量（表3-5）。

表3-5 成渝经济区生态环境质量指数

发展功能区	2000年	2005年	2010年	2000~2005年变动比例/%	2005~2010年变动比例/%	2000~2010年变动比例/%
成都都市圈	0.60	0.40	0.38	-33.33	-5	-36.67
眉乐内渝发展区	0.61	0.50	0.55	-18.03	10.00	-9.84
盆周山地发展区	0.87	0.74	0.79	-14.94	6.76	-9.16
平原丘陵发展区	0.62	0.44	0.51	-29.03	15.90	-17.74
三峡库区发展区	0.70	0.81	0.56	15.71	-30.86	-20.00
三峡库区平行岭谷发展区	0.78	0.70	0.70	-10.26	-0.00	-10.26
重庆都市圈	0.70	0.64	0.55	-8.57	-14.06	-21.43
面积加权平均值	0.72	0.61	0.61	-15.28	-0.00	-15.28

第 4 章 成渝经济区生态环境胁迫

尽管实施退耕还林、天然林保护、生态公益林保护等重大生态工程，但由于高强度的产业开发和快速城市化，成渝经济区生态环境胁迫整体仍呈不断增大态势，只是随着生态工程成效的逐渐凸显，该区域生态环境胁迫增长速率有所减缓。具体表现为草地退化、湿地退化、土壤侵蚀等自然胁迫不断增大。除大气SO_2和粉尘排放强度、废水排放强度和酸雨pH有所好转外，其余如人口密度、化肥使用强度、COD（化学需氧量）排放强度、酸雨降雨量、酸雨频率和城市扩张等人为胁迫持续增强，致使区域生态环境胁迫综合指数持续增大，只是增大速率有所放缓，说明该区域生态环境整治成效较明显，但生态环境恶化态势并未得到根本解决，区域生态环境整治形势依然严峻，产业结构急需调整与优化。

生态环境胁迫指的是人类活动对自然资源和生态环境构成的压力。人类的生存与发展既依赖于自然环境，又显著地影响和改变着自然环境（SCEP and William，1970）。作为复合生态系统的组成部分，自然环境不仅为人类提供粮食、药品和工农业生产所需的原料与工具，而且维持着地球生物化学循环和生物物种的多样性与物种进化，更重要的是，为人类持续供给生物生存所必需的空气、水以及活动空间（Holdren and Ehrlich 1974；Ehrlich et al.，1977）。然而，随着生产力水平的提高和社会经济的发展，人类干预自然生态环境的能力和规模空前提高。人口膨胀、资源稀缺、环境污染、生态破坏和生物多样性丧失不仅引起一系列重大生态问题，还严重威胁着人类社会、经济和生态的和谐可持续发展（王菱等，1992；苏志珠，1998；傅伯杰和陈利顶，1999；苗鸿等，2001）。

胁迫最早用于逆境生理研究，指生物处于不利环境的总称。Odum 等（1979）认为胁迫是生态系统正常状态的偏移或改变。Knight 和 Swaney（1981）则认为，胁迫就是作用于生态系统并且使系统产生相应反应的刺激，并认为并非所有的胁迫都影响生态系统的生存力和可持续性，其实许多生态系统依靠某些胁迫而维持。这些胁迫循环发生，已经成为自然生态系统的重要组成部分，可称为"正向胁迫"（Paine，1979；Sprugel and Bormann，1981），然而一般来说，胁迫通常指给生态系统造成负面影响（退化和转化）的"逆向胁迫"（孙刚等，1999；柏超等，2014）。

生态环境胁迫研究早期研究主要集中于生物对胁迫的反应及响应机理研究，如刁丰秋等（1997）的盐胁迫对大麦叶片类囊体膜组成和功能的影响研究；葛才林等（2002）的重金属胁迫对水稻叶片过氧化氢酶活性和同工酶表达的影响研究。此类研究难以表征宏观的生态环境胁迫的状况。此后社会生态和环境生态领域将生态胁迫应用于宏观评估，如官冬杰和苏维词（2007）的重庆都市圈生态系统健康胁迫因子及胁迫效应研究；文琦等

(2008）的银川市水资源胁迫与生态系统健康状况研究；石长金等（2005）的蜚克图河流域上游生态系统胁迫因子研究；柏超等（2014）的广东省生态环境胁迫综合评价研究。此类研究对区域宏观生态环境胁迫状况评估均具有一定的理论和实践意义。

宏观生态环境胁迫研究则主要采用定性为主、定量为辅的多因子评估法开展。苗鸿等（2001）认为，人类活动对生态环境的胁迫反映了人类社会子系统对自然环境子系统的作用过程，主要包括两个方面：①资源胁迫，即人类对自然资源的过度开发导致资源枯竭；②环境胁迫，由于人类生产和生活而输出的污染物超出了自然生态系统净化消纳的能力，进而造成生态环境恶化。鉴于成渝经济区自然环境、自然资源、人类活动、社会经济、生态环境等问题空间异质性显著，致使不同时期、不同区域面临截然不同的生态环境胁迫类型与胁迫强度。

以往专门研究成渝经济区生态环境胁迫的报道较缺乏，只有少量川渝两地的研究报道，如田宏等（1999）开展的四川盆地避旱时段的诊断分析及干旱胁迫分型研究。官冬杰和苏维词（2007）从地质地貌结构、河谷型气候、土壤性状、植被与生物多样性、人类活动等方面研究了重庆都市圈生态系统健康胁迫因子及胁迫效应特征。吴兆娟等（2011）开展了三峡工程胁迫下的重庆库区耕地利用变化及其机制研究；王轶浩等（2013）研究了重庆酸雨区马尾松林凋落物的特征及对干旱胁迫的响应。

基于中国缺乏对成渝经济区生态环境胁迫的系统研究，而区域生态环境胁迫研究对区域产业发展与生态环境整治具有重要的指导作用。本书在对成渝经济区草地退化、湿地退化、土壤侵蚀、人口密度、化肥使用强度等人为和自然胁迫评估的基础上，对该区域生态环境胁迫进行综合评估。

4.1 自 然 胁 迫

4.1.1 草地退化

4.1.1.1 整体

评价结果显示，2000年、2005年和2010年成渝经济区草地总面积分别为463.51×10^3 hm^2、465.36×10^3 hm^2和471.06×10^3 hm^2（表4-1）。2000年、2005年和2010年成渝经济区中度以上退化草地面积分别为13.85×10^3 hm^2、42.81×10^3 hm^2和53.02×10^3 hm^2，占当年草地总面积的比例分别为2.99%、9.20%和11.25%（表4-1）。

表4-1 成渝经济区不同年份和退化程度的草地面积及比例

级别	面积/10^3 hm^2			比例/%		
	2000年	2005年	2010年	2000年	2005年	2010年
未退化	252.54	98.18	123.60	54.48	21.10	26.24
轻度	197.12	324.37	294.44	42.53	69.70	62.51
中度	3.98	14.51	16.97	0.86	3.12	3.60

续表

级别	面积/10³hm²			比例/%		
	2000 年	2005 年	2010 年	2000 年	2005 年	2010 年
重度	8.93	25.92	33.75	1.93	5.57	7.16
极重度	0.94	2.38	2.30	0.20	0.51	0.49
草地总面积	463.51	465.36	471.06	100	100	100

2005 年与 2000 年相比，轻度退化和未退化的草地面积比例所有下降，而中度、重度和极重度退化的草地面积有所增加；2010 年与 2005 年相比，轻度和未退化的草地面积比例有所下降，同时重度、中度和极重度退化的草地面积有所上升。可见，从 2000 年以来占草地面积比例最大的未退化草地面积发生了较大变化，可能由于利用方式不合理转化为轻度、中度、重度甚至极重度退化的草地（表 4-1）。

从空间分布格局来看，2000 年、2005 年和 2010 年退化草地都主要分布在西部、西南部、西北部和东北部的山地区域（图 4-1～图 4-3）。一方面是因为成渝经济区草地主要分布在这些山地区域，因此退化草地也分布在此；另一方面这些区域属于盆周山地地带，生存环境恶劣、生态环境脆弱，也可能是该区草地退化的原因。

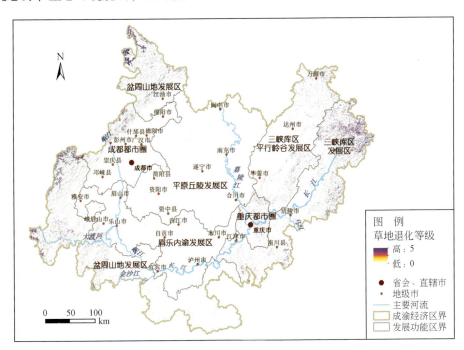

图 4-1　2000 年成渝经济区草地退化分布图

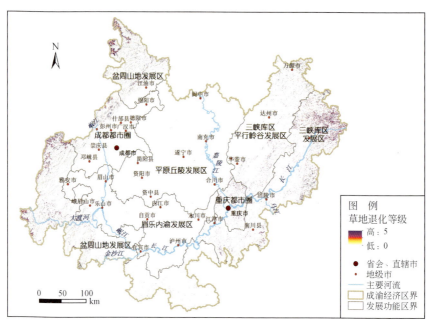

图 4-2　2005 年成渝经济区草地退化分布图

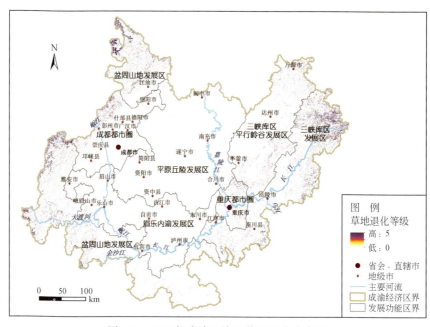

图 4-3　2010 年成渝经济区草地退化分布图

4.1.1.2　分区

评估结果显示，成渝经济区的草地主要分布在三峡库区发展区、盆周山地发展区和三峡库区平行岭谷发展区。草地面积最少的为平原丘陵发展区和眉乐内渝发展区（表 4-2）。

表 4-2 成渝经济区各功能区不同年份不同等级的草地退化面积 （单位：$10^3 \mathrm{hm}^2$）

退化程度	年份	盆周山地发展区	眉乐内渝发展区	平原丘陵发展区	成都都市圈	三峡库区平行岭谷发展区	三峡库区发展区	重庆都市圈	合计
草地总面积	2000	178.35	2.58	1.34	25.34	43.97	194.64	17.29	463.51
	2005	178.52	2.39	1.47	25.35	45.21	195.01	17.41	465.36
	2010	182.46	2.46	1.43	28.59	45.82	193.56	16.74	471.06
未退化	2000	123.93	1.52	0.33	12.29	27.98	81.43	5.06	252.54
	2005	41.28	0.55	0.21	7.41	16.59	30.18	1.96	98.18
	2010	40.71	0.84	0.16	0.72	16.09	60.70	4.38	123.60
轻度	2000	47.71	0.99	1.01	8.3	15.89	111.23	11.99	197.12
	2005	109.22	1.74	1.22	10.6	28.36	158.18	15.05	324.37
	2010	111.35	1.45	1.23	10.65	29.11	128.98	11.67	294.44
中度	2000	2.11	0.03	0.00	0.96	0.03	0.78	0.07	3.98
	2005	8.76	0.03	0.04	1.26	0.13	4.12	0.17	14.51
	2010	10.9	0.08	0.01	3.79	0.31	1.57	0.31	16.97
重度	2000	4.30	0.04	0.00	3.27	0.08	1.09	0.15	8.93
	2005	17.83	0.08	0.00	5.24	0.14	2.42	0.21	25.92
	2010	18.58	0.11	0.03	12.16	0.29	2.24	0.34	33.75
极重度	2000	0.29	0.01	0.00	0.49	0.01	0.12	0.02	0.94
	2005	1.42	0.00	0.00	0.84	0.00	0.10	0.02	2.38
	2010	0.9	0.00	0.00	1.26	0.02	0.07	0.05	2.30

2000 年未退化的草地面积共计 $252.54 \times 10^3 \mathrm{hm}^2$。盆周山地发展区的未退化草地的面积最大，为 $123.93 \times 10^3 \mathrm{hm}^2$；平原丘陵发展区的未退化草地的面积最小，为 $0.33 \times 10^3 \mathrm{hm}^2$。中度以上退化最严重的功能区为盆周山地发展区和成都都市圈，其退化面积分别为 $6.7 \times 10^3 \mathrm{hm}^2$ 和 $4.72 \times 10^3 \mathrm{hm}^2$；最轻的为平原丘陵发展区，为 $0.08 \times 10^3 \mathrm{hm}^2$（表 4-2）。

2005 年未退化的草地面积共计 $98.18 \times 10^3 \mathrm{hm}^2$。盆周山地发展区的未退化草地的面积最大，为 $41.28 \times 10^3 \mathrm{hm}^2$；平原丘陵发展区的未退化草地的面积最小，为 $0.21 \times 10^3 \mathrm{hm}^2$。中度以上退化最严重的功能区为盆周山地发展区和成都都市圈，其退化面积分别为 $28.01 \times 10^3 \mathrm{hm}^2$ 和 $7.34 \times 10^3 \mathrm{hm}^2$；最轻的为平原丘陵发展区，其退化面积分别为 $0.04 \times 10^3 \mathrm{hm}^2$（表 4-2）。

2010 年未退化的草地面积共计 $123.60 \times 10^3 \mathrm{hm}^2$。三峡库区发展区的未退化草地的面积最大，为 $60.70 \times 10^3 \mathrm{hm}^2$；平原丘陵发展区的未退化草地的面积最小，为 $0.16 \times 10^3 \mathrm{hm}^2$。中度以上退化最严重的功能区为盆周山地发展区和成都都市圈，其退化面积分别为 $30.38 \times 10^3 \mathrm{hm}^2$ 和 $17.21 \times 10^3 \mathrm{hm}^2$；最轻的为平原丘陵发展区，其退化面积分别为 $0.04 \times 10^3 \mathrm{hm}^2$（表 4-2）。

4.1.2 湿地退化

4.1.2.1 整体

评价结果显示，2000 年、2005 年和 2010 年成渝经济区湿地面积分别为 $3.16 \times 10^5 \mathrm{hm}^2$、

3.54×10^5 hm² 和 3.76×10^5 hm²。2005 年与 2000 年相比，大约有 89.39% 的湿地保持不变，而 0.15% 的湿地退化，同时新增了 10.76% 的湿地；2010 年与 2005 年相比，大约有 94.15% 的湿地保持不变，而 0.23% 的湿地退化，同时新增了 6.08% 的湿地；2010 年与 2000 年相比，大约有 84.14% 的湿地保持不变，而 0.30% 的湿地退化，同时新增了 16.16% 的湿地；湿地面积净变化率结果显示，2005 年比 2000 年增加 10.61%，2010 年比 2005 年增加 5.85%，而 2010 年比 2000 年增加了 15.86%（表4-3）。可见，从 2000 年以来成渝经济区绝大部分湿地保持不变，虽然有一部分湿地消失，同时新增的湿地面积大于消失的湿地面积，因此湿地总面积持续增加（表4-3）。

表 4-3 成渝经济区不同年份湿地变化情况

变化区间	面积/10³ hm²			变化率/%			净变化率/%
	新增湿地	退化湿地	不变湿地	新增湿地	退化湿地	不变湿地	
2000~2005 年	38 035.26	-543.24	315 928.45	10.76	-0.15	89.39	10.61
2005~2010 年	22 805.64	-870.57	353 093.12	6.08	-0.23	94.15	5.85
2000~2010 年	60 569.10	-1142.01	315 329.66	16.16	-0.30	84.14	15.86

从空间分布格局来看，新增湿地主要分布于三峡库区发展区，其次分布于盆周山地发展区、重庆都市圈和平原丘陵发展区，成都都市圈新增湿地最少，退化湿地主要分布于眉乐内渝发展区、平原丘陵发展区和成都都市圈。而不变湿地主要分布于眉乐内渝发展区和平原丘陵发展区，二者之和约占不变湿地总数的 50% 以上，从图 4-4~图 4-6 中可以看出。

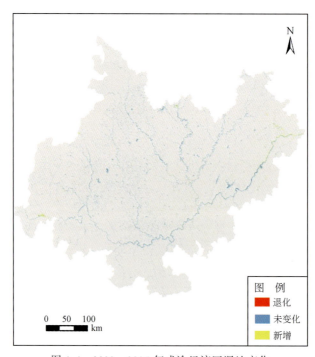

图 4-4 2000~2005 年成渝经济区湿地变化

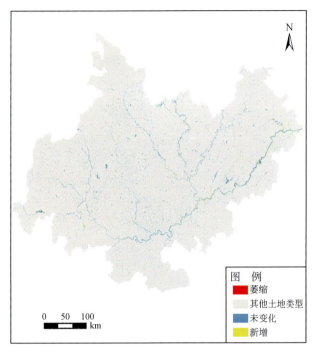

图 4-5　2005～2010 年成渝经济区湿地变化

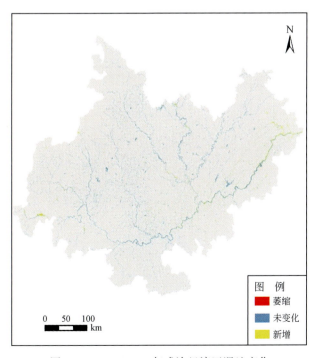

图 4-6　2000～2010 年成渝经济区湿地变化

4.1.2.2 分区

评价结果显示，2000~2005 年新增湿地面积共计 $37.76\times10^3\mathrm{hm}^2$，其中新增面积最多的是三峡库区发展区，新增面积最少的是成都都市圈；2005~2010 年新增湿地面积共计 $23.93\times10^3\mathrm{hm}^2$，其中新增面积最多的是三峡库区发展区，新增面积最少的是成都都市圈；2000~2010 年新增湿地面积共计 $60.40\times10^3\mathrm{hm}^2$，其中新增面积最多的是三峡库区发展区，新增面积最少的是成都都市圈（表 4-4）。

2000~2005 年湿地退化面积共计 $0.53\times10^3\mathrm{hm}^2$，其中退化面积最多的是眉乐内渝发展区，退化面积最少的是重庆都市圈；2005~2010 年湿地退化面积共计 $0.85\times10^3\mathrm{hm}^2$，其中退化面积最多的是平原丘陵发展区，退化面积最少的是三峡库区平行岭谷发展区；2000~2010 年湿地退化面积共计 $1.14\times10^3\mathrm{hm}^2$，其中退化面积最多的是平原丘陵发展区，退化面积最少的是三峡库区发展区（表 4-4）。

2000~2005 年湿地保持不变的面积共计 $315.55\times10^3\mathrm{hm}^2$，其中保持面积不变最多的是平原丘陵发展区，保持面积不变最少的是重庆都市圈；2005~2010 年新增湿地面积共计 $352.45\times10^3\mathrm{hm}^2$，其中保持面积不变最多的是平原丘陵发展区，保持面积不变最少的是重庆都市圈；2000~2010 年新增湿地面积共计 $314.96\times10^3\mathrm{hm}^2$，其中保持面积不变最多的是平原丘陵发展区，保持面积不变最少的是重庆都市圈（表 4-4）。

2000~2005 年湿地面积净变化率为 10.55%，其中净变化率最高的是三峡库区发展区，净变化率最少的是成都都市圈；2005~2010 年湿地面积净变化率为 5.89%，其中净变化率最高的是三峡库区发展区，净变化率最少的是成都都市圈；2000~2010 年湿地面积净变化率为 15.84%，其中净变化率最高的是三峡库区发展区，净变化率最少的是成都都市圈（表 4-4）。

表 4-4 成渝经济区各功能区不同年份的湿地变化情况

退化程度	变化区间	盆周山地发展区	眉乐内渝发展区	平原丘陵发展区	成都都市圈	三峡库区平行岭谷发展区	三峡库区发展区	重庆都市圈	合计
新增湿地 /$10^3\mathrm{hm}^2$	2000~2005 年	4.01	2.94	4.20	0.51	1.8	20.53	3.77	37.76
	2005~2010 年	1.82	1.08	2.07	0.27	1.43	13.36	2.90	22.93
	2000~2010 年	5.83	3.95	6.26	0.77	3.22	33.77	6.60	60.40
退化湿地 /$10^3\mathrm{hm}^2$	2000~2005 年	−0.01	−0.24	−0.13	−0.11	−0.03	−0.01	0.00	−0.53
	2005~2010 年	−0.17	−0.12	−0.18	−0.17	−0.02	−0.12	−0.07	−0.85
	2000~2010 年	−0.18	−0.30	−0.31	−0.28	−0.04	−0.01	−0.002	−1.14
不变湿地 /$10^3\mathrm{hm}^2$	2000~2005 年	44.52	66.20	94.59	25.09	35.78	38.43	10.94	315.55
	2005~2010 年	48.36	69.02	98.61	25.43	37.56	58.83	14.64	352.45
	2000~2010 年	44.35	66.14	94.41	24.92	35.78	38.43	10.93	314.96
净变化率 /%	2000~2005 年	8.25	3.91	4.13	1.58	4.7	34.81	25.62	10.55
	2005~2010 年	3.31	1.37	1.87	0.36	3.63	18.37	16.2	5.89
	2000~2010 年	11.31	5.23	5.93	1.95	8.17	46.77	37.63	15.84

4.1.3 土壤侵蚀

4.1.3.1 整体

评价结果显示，2000 年、2005 年和 2010 年成渝经济区处于中度以上水土流失的面积分别约为 $0.14 \times 10^4 \text{hm}^2$、$1.23 \times 10^4 \text{hm}^2$ 和 $3.04 \times 10^4 \text{hm}^2$，占全区面积比例分别约为 0.01%、0.06% 和 0.15%（表4-5）。2000 年、2005 年和 2010 年成渝经济区土壤平均侵蚀模数分别为 0.01t/hm^2、0.07t/hm^2 和 0.18t/hm^2（表4-6）。2000 年、2005 年和 2010 年成渝经济区土壤侵蚀总量分别为 $25.42 \times 10^4 \text{t}$、$152.65 \times 10^4 \text{t}$ 和 $371.41 \times 10^4 \text{t}$，其中 99.85% 以上的区域居于微度和轻度侵蚀，说明该区域水土保持状况较好，但水土流失治理形势依然严峻（表4-7）。

表 4-5 成渝经济区不同年份侵蚀等级特征

土壤侵蚀等级	侵蚀标准 /(t/hm²)	面积/hm²			比例/%		
		2000 年	2005 年	2010 年	2000 年	2005 年	2010 年
微度	<5	20 664 843	20 622 411	20 525 067	99.942 79	99.738	99.267
轻度	5~25	10 388	41 981	121 163	0.050 24	0.203	0.586
中度	25~50	1 128	7 857	20 666	0.005 46	0.038	0.100
强烈	50~80	209	2 366	5 847	0.001 01	0.011	0.028
极强烈	80~150	95	1 219	2 672	0.000 46	0.006	0.013
剧烈	>150	9	838	1 257	0.000 04	0.004	0.006
合计	—	20 676 672	20 676 672	20 676 672	100	100	100

表 4-6 成渝经济区不同年份和侵蚀等级成渝经济区平均侵蚀模数 （单位：t/hm²）

土壤侵蚀等级	侵蚀标准	2000 年平均侵蚀模数	2005 年平均侵蚀模数	2010 年平均侵蚀模数
微度	<5	0.00	0.01	0.03
轻度	5~25	10.35	11.20	11.12
中度	25~50	33.49	34.37	34.33
强烈	50~80	60.66	62.00	61.56
极强烈	80~150	102.61	105.31	104.81
剧烈	>150	169.36	307.77	358.85
平均	—	0.01	0.07	0.18

2005 年与 2000 年相比，微度土壤侵蚀面积比例有所下降，但是其他侵蚀程度的土壤面积比例有所增加，表明 2005 年比 2000 年成渝经济区土壤侵蚀情况更加严重；2010 年与 2005 年相比，微度土壤侵蚀面积比例有所下降，而其他侵蚀程度的土壤面积比例有所增

加，表明与2005年相比，2010年成渝经济区土壤侵蚀情况更加严重（表4-6）。

在分别计算三期土壤侵蚀量的过程中，土壤可蚀性因子与坡度坡长因子可在一定的年限内视为不变的，而降雨侵蚀力、植被覆盖和经营管理因子以及土壤保持措施因子则是随着时间变化而不同。

2010年土壤侵蚀量显著高于2000年和2005年。这主要是由于2010年的降雨侵蚀力R值显著高于2005年和2000年，即2010年导致侵蚀的降雨量高于2005年和2000年。同时，由于2000年的降雨侵蚀力低于2005年，即2000年导致侵蚀的降雨量低于2005年，从而导致2005年土壤侵蚀量大于2000年（表4-6）。

其次，由于2010年的植被覆盖度与2000年和2005年分别相比明显下降，同时2005年的植被覆盖度与2000年分别相比也有所下降，从而导致计算出的植被覆盖和经营管理因子的值明显增加，最终也会引起土壤侵蚀量逐期增加，成渝经济区土壤侵蚀主要由轻度侵蚀、中度侵蚀、微度侵蚀和剧烈侵蚀造成，此四类侵蚀类型产生的侵蚀量占总侵蚀量的80%以上，尤其是轻度侵蚀，其产生的侵蚀量占总侵蚀量的30%以上（表4-7）。

表4-7 成渝经济区不同年份侵蚀等级土壤侵蚀量

土壤侵蚀等级	侵蚀标准/(t/hm²)	侵蚀模数/(万t/a)			侵蚀量百分比/%		
		2000年	2005年	2010年	2000年	2005年	2010年
微度	<5	8.50	25.34	56.57	33.44	16.60	15.23
轻度	5~25	10.75	47.01	134.78	42.29	30.80	36.29
中度	25~50	3.78	27.00	70.94	14.87	17.69	19.10
强烈	50~80	1.27	14.67	36.00	5.00	9.61	9.69
极强烈	80~150	0.97	12.84	28.01	3.81	8.41	7.54
剧烈	>150	0.15	25.79	45.11	0.59	16.89	12.15
合计	—	25.42	152.65	371.41	100.00	100.00	100.00

从空间分布来看，2000年土壤侵蚀较为严重的区域主要分布在东北部重庆市的云阳县境内长江两岸地区和万州区；南部泸州市的叙永县；西部德阳市的什邡县和绵竹县，绵阳市的平武县和北川县，成都市的都江堰市、崇州市、彭州市和大邑县，雅安市的芦山县、天全县、宝兴县、汉源县、荥经县和石棉县（图4-7）。

2005年土壤侵蚀情况整体有所恶化，其中较为严重的区域主要分布在东部重庆市的云阳县境内长江两岸地区、开县、忠县、丰都县和万州区；西部德阳市的什邡县和绵竹县，绵阳市的平武县和北川县，成都市的都江堰市、崇州市、彭州市和大邑县，雅安市的芦山县、天全县、宝兴县、汉源县、荥经县和石棉县（图4-8）。

| 第 4 章 | 成渝经济区生态环境胁迫

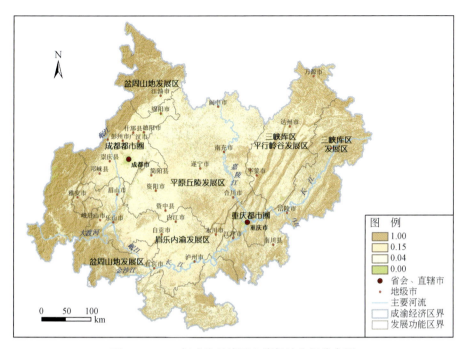

图 4-7 2000 年成渝经济区土壤侵蚀空间分布图

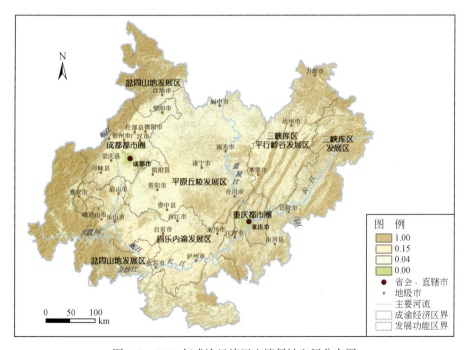

图 4-8 2005 年成渝经济区土壤侵蚀空间分布图

2010 年土壤侵蚀情况整体较为严重,其中较为严重的区域主要分布在东部重庆市的云阳县境内长江两岸地区、开县、忠县、丰都县和石柱县和万州区；南部宜宾市辖区及其宜宾县和屏山县；西部绵阳市的江油市、北川县、安县和平武县，德阳市的什邡县和绵竹市，成都市辖区及其崇州市、彭州市、都江堰市、大邑县和金堂县，眉山市的洪雅县，雅安市辖区及其芦山县、天全县、宝兴县、汉源县、荥经县和石棉县，乐山市的峨眉山市、犍为县、沐川县和马边彝族自治县（图4-9）。

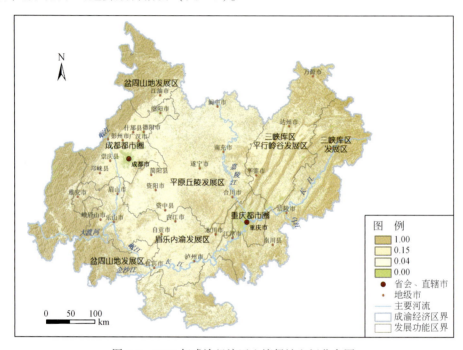

图4-9 2010年成渝经济区土壤侵蚀空间分布图

4.1.3.2 分区

评价结果显示，2000年、2005年和2010年侵蚀总量最大的三个区域为盆周山地发展区、成都都市圈和三峡库区发展区，共计占整个区域侵蚀总量比例的90%以上；重庆都市圈、平原丘陵发展区和三峡库区平行岭谷发展区的侵蚀总量从2000~2010年有所上升，但所占的整个区域侵蚀总量比例却一直下降，其中重庆都市圈的侵蚀总量在2010年时仅占0.19%；眉乐内渝发展区的侵蚀总量所占整个区域侵蚀总量的比例波动很小，2000~2010年保持在1.5%左右（表4-8）。

表4-8 成渝经济区不同年份各功能区的土壤侵蚀总量

分区	侵蚀总量/(万 t/a)			变动比例/%		
	2000年	2005年	2010年	2000~2005年	2005~2010年	2000~2010年
盆周山地发展区	16.31	117.37	201.96	619.62	72.07	1138.26
眉乐内渝发展区	0.40	1.80	5.64	350.00	213.33	1310.00

续表

分区	侵蚀总量/(万t/a)			变动比例/%		
	2000年	2005年	2010年	2000~2005年	2005~2010年	2000~2010年
平原丘陵发展区	0.64	2.11	4.05	229.69	91.94	532.81
成都都市圈	4.34	13.21	143.94	204.38	989.63	3216.59
三峡库区平行岭谷发展区	0.48	0.76	1.82	58.33	139.47	279.17
三峡库区发展区	2.94	16.52	13.14	461.90	−20.46	346.94
重庆都市圈	0.31	0.78	0.72	151.61	−7.69	132.26
合计	25.42	152.55	371.27	500.63	143.36	1361.69

各功能区的平均侵蚀模数与侵蚀量基本呈正相关。平均侵蚀模数最高的为盆周山地发展区，在2000年、2005年和2010年分别为0.031t/hm²、0.225t/hm²和0.388t/hm²；平均侵蚀模数最低的为平原丘陵发展区，在2000年、2005年和2010年分别为0.001t/hm²、0.004t/hm²和0.009t/hm²（表4-9）。

表4-9 成渝经济区不同年份各功能区的土壤平均侵蚀侵蚀模数

分区	侵蚀总量/(t/hm²)			变动比例/%		
	2000年	2005年	2010年	2000~2005年	2005~2010年	2000~2010年
盆周山地发展区	0.031	0.225	0.388	625.81	72.44	1151.61
眉乐内渝发展区	0.001	0.006	0.019	500.00	216.67	1800.00
平原丘陵发展区	0.001	0.004	0.009	300.00	125.00	800.00
成都都市圈	0.025	0.076	0.831	204.00	993.42	3224.00
三峡库区平行岭谷发展区	0.002	0.003	0.007	50.00	133.33	250.00
三峡库区发展区	0.010	0.055	0.043	450.00	−21.82	330.00
重庆都市圈	0.006	0.014	0.013	133.33	−7.14	116.67
平均	0.011	0.055	0.187	400	240	1600

各功能区中微度侵蚀所占的面积比例最大，然后依次为轻度、中度、强烈、极强烈和剧烈。各功能区的侵蚀面积占整个区域的比例最大的为盆周山地发展区，其次为平原丘陵发展区、三峡库区发展区、眉乐内渝发展区、三峡库区平行岭谷发展区和成都都市圈，最小的为重庆都市圈（表4-10）。其中，成都都市圈的侵蚀面积仅为平原丘陵发展区的37%，但其2000年、2005年和2010年侵蚀总量却分别是平原丘陵发展区的6.8倍、6.3倍和35.5倍（表4-8），说明产业开发、土地开发对区域水土流失有显著影响，故该区域在土地开发过程中应加大水土流失防治力度。

表 4-10　各功能区不同年份的土壤侵蚀面积　　　　　　（单位：10^3hm^2）

侵蚀程度	年份	盆周山地发展区	眉乐内渝发展区	平原丘陵发展区	成都都市圈	三峡库区平行岭谷发展区	三峡库区发展区	重庆都市圈	总计
微度	2000	5 201.71	2 941.26	4 708.44	1 730.69	2 509.61	3 025.44	546.59	20 663.74
微度	2005	5 165.77	2 941.01	4 708.46	1 727.04	2 509.63	3 022.89	546.52	20 621.32
微度	2010	5 139.89	2 939.62	4 708.19	1 657.36	2 509.18	3 023.21	546.54	20 523.99
轻度	2000	6.88	0.08	0.05	2.17	0.10	1.08	0.03	10.39
轻度	2005	33.34	0.30	0.02	5.14	0.08	3.02	0.06	41.96
轻度	2010	52.05	1.57	0.29	63.97	0.50	2.70	0.05	121.13
中度	2000	0.93	0.00	0.00	0.16	0.00	0.04	0.00	1.13
中度	2005	6.96	0.02	0.00	0.59	0.00	0.27	0.02	7.86
中度	2010	11.01	0.11	0.00	9.21	0.02	0.31	0.01	20.67
强烈	2000	0.19	0.00	0.00	0.02	0.00	0.00	0.00	0.21
强烈	2005	2.10	0.00	0.00	0.12	0.00	0.13	0.01	2.36
强烈	2010	3.82	0.02	0.00	1.86	0.00	0.14	0.01	5.85
极强烈	2000	0.09	0.00	0.00	0.00	0.00	0.00	0.00	0.09
极强烈	2005	0.99	0.00	0.00	0.08	0.00	0.14	0.01	1.22
极强烈	2010	1.99	0.01	0.00	0.56	0.00	0.10	0.01	2.67
剧烈	2000	0.01	0.00	0.00	0.00	0.00	0.00	0.00	0.01
剧烈	2005	0.65	0.02	0.00	0.05	0.00	0.12	0.00	0.84
剧烈	2010	1.06	0.02	0.00	0.08	0.00	0.11	0.00	1.26

4.1.4　石漠化

对成渝经济区石漠化问题研究发现，成渝经济区石漠化土地主要分布于盆周山地发展区，约占区域石漠化面积的98%以上，且该发展区石漠化面积呈不断增加的趋势；以重庆都市圈石漠化面积最小，其余三个功能区石漠化面积在2000~2010年变化不大，说明该区域石漠化治理的重点区域为盆周山地发展区（表4-11和图4-10）。

表 4-11　成渝经济区石漠化变化

发展功能区	石漠化面积/km²			石漠化面积变化/(km²/a)		
	2000 年	2005 年	2010 年	2000~2005 年	2005~2010 年	2000~2010 年
成都都市圈	3.48	3.48	3.57	0.00	0.02	0.02
眉乐内渝发展区	0.10	0.10	0.10	0.00	0.00	0.00
盆周山地发展区	344.56	345.05	345.47	0.10	0.08	0.18

续表

发展功能区	石漠化面积/km²			石漠化面积变化/(km²/a)		
	2000年	2005年	2010年	2000~2005年	2005~2010年	2000~2010年
平原丘陵发展区	1.94	1.94	1.95	0.00	0.00	0.00
三峡库区发展区	0.00	0.00	0.00	0.00	0.00	0.00
三峡库区平行岭谷发展区	0.07	0.07	0.07	0.00	0.00	0.00
重庆都市圈	0.00	0.00	0.00	0.00	0.00	0.00
总计	350.15	350.64	351.16	0.10	0.10	0.2

对区域荒漠化变化发现，该区域石漠化面积不断增加，且增加速率基本一致，从2000年的350.15 km²增加到2005年的350.64 km²和2010年的351.16 km²，主要贡献来自盆周山地发展区石漠化面积的不断增加，其次为成都都市圈，其石漠化面积在此10年间有所增加，其余发展区石漠化面积变化不大（图4-10~图4-12和表4-11）。说明该区域石漠化综合治理成果较显著，不少发展区石漠化面积几乎没有变化，且该区域石漠化治理的重点在盆周山地发展区。由于盆周山地发展区既是生物多样性保护区，也是重要的水源涵养和水土保持功能区，故盆周山地发展区石漠化治理的成败不仅关系整个区域生态安全，还决定了区域生物多样性保护的成败。

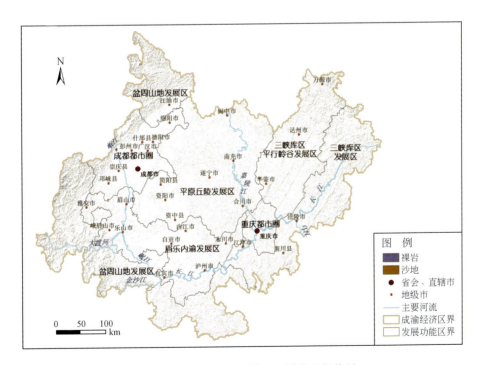

图4-10　2000年成渝经济区石漠化空间格局

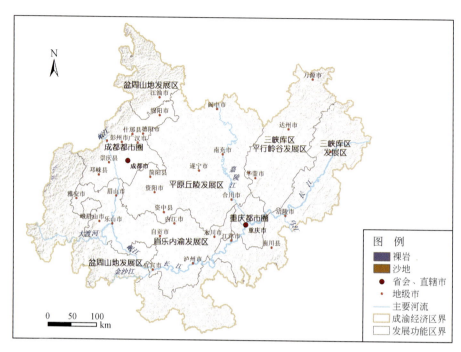

图 4-11　2005 年成渝经济区石漠化空间格局

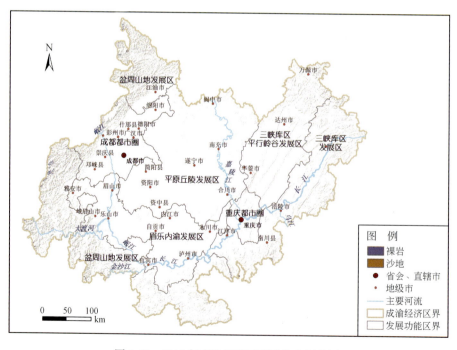

图 4-12　2010 年成渝经济区石漠化空间格局

4.2 人为胁迫

4.2.1 人口密度

4.2.1.1 整体

根据 2000 年、2005 年和 2010 年成渝地区各区县的人口统计数据和土地利用面积统计数据，计算得到成渝经济区各区县的人口密度图（图 4-13）。

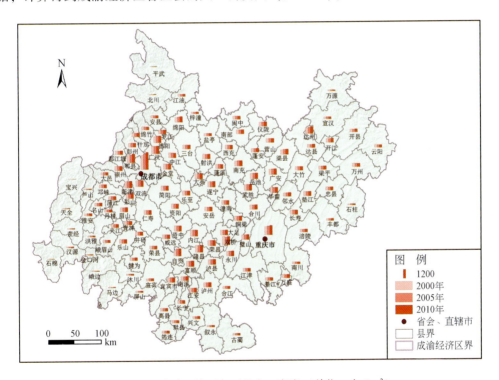

图 4-13 成渝经济区各区县人口密度（单位：人/km²）

2000 年人口密度在 1000 人/km² 以上的人口稠密地区包括成都市辖区、重庆市双桥区、重庆市辖区、成都市郫县和德阳市广汉市，这些地区的人口密度分别达到 2006.08 人/km²、1202.70 人/km²、1153.87 人/km²、1075.34 人/km² 和 1058.55 人/km²，而雅安市的宝兴县、石棉县、天全县、荥经县、芦山县，绵阳市的平武县、北川县，乐山市的峨边县、马边县和金口河区的人口密度都在 100 人/km² 以内，相对而言是人口分布较为稀疏的区域（图 4-13、表 4-12 和表 4-13）。

表 4-12 成渝经济区人口密度 1000 以上的区县 （单位：人/km²）

2000 年			2005 年			2010 年		
地级市	县级	人口密度	地级市	县级	人口密度	地级市	县级	人口密度
成都市	成都市辖区	2006.08	成都市	成都市辖区	2261.73	成都市	成都市辖区	2460.61
重庆市区	双桥区	1202.70	重庆市区	重庆市辖区	1258.52	重庆市区	重庆市辖区	1340.18
重庆市区	重庆市辖区	1153.87	成都市	郫县	1141.55	成都市	郫县	1255.71
成都市	郫县	1075.34	重庆市区	双桥区	1116.28	重庆市区	双桥区	1186.05
德阳市	广汉市	1058.55	德阳市	广汉市	1070.78	德阳市	广汉市	1098.54
			自贡市	自贡市辖区	1022.25	自贡市	自贡市辖区	1039.22
						德阳市	德阳市辖区	1022.07

表 4-13 成渝经济区人口密度不足 100 的区县 （单位：人/km²）

2000 年			2005 年			2010 年		
地级市	县级	人口密度	地级市	县级	人口密度	地级市	县级	人口密度
乐山市	金口河区	93.65	乐山市	金口河区	91.97	乐山市	金口河区	89.13
雅安市	芦山	90.18	雅安市	芦山	89.42	乐山市	马边	88.12
雅安市	荥经	74.80	雅安市	荥经	80.91	雅安市	荥经	84.50
乐山市	马边	73.02	乐山市	马边	76.54	绵阳市	北川	77.82
乐山市	峨边	60.54	雅安市	天全	60.75	乐山市	峨边	62.63
雅安市	天全	59.73	乐山市	峨边	59.83	雅安市	天全	61.66
绵阳市	北川	56.20	绵阳市	北川	55.77	雅安市	石棉	45.67
雅安市	石棉	44.30	雅安市	石棉	44.85	绵阳市	平武	31.80
绵阳市	平武	31.30	绵阳市	平武	31.80	雅安市	宝兴	19.27
雅安市	宝兴	17.66	雅安市	宝兴	19.27			

2005 年人口密度在 1000 人/km² 以上的人口稠密地区包括成都市辖区、重庆市辖区、成都市郫县、重庆市双桥区、德阳市广汉市和自贡市辖区，这些地区的人口密度分别达到 2261.72 人/km²、1258.52 人/km²、1141.55 人/km²、1116.28 人/km²、1070.78 人/km² 和 1022.25 人/km²。这些地区在 2000~2005 年人口密度大都有不同程度的增长，重庆市双桥区作为中国三大重型汽车之一，建有上海汽车集团股份有限公司依维柯红岩重型汽车生产基地，随着产业结构的调整，人口密度稍有降低，但仍然是成渝地区人口最稠密的地区之一。雅安市的宝兴县、石棉县、天全县、荥经县、芦山县，绵阳市的平武县、北川县，乐山市的峨边县、马边县和金口河区仍然是人口密度不足 100 人/km² 的人口分布较为稀疏区域（图 4-13、表 4-12 和表 4-13）。

2010 年人口密度在 1000 人/km² 以上的人口稠密地区包括成都市辖区、重庆市辖区、成都市郫县、重庆市双桥区、德阳市广汉市、自贡市辖区和德阳市辖区，这些地区的人口密度分别达到 2460.61 人/km²、1340.18 人/km²、1255.71 人/km²、1186.05 人/km²、1098.54 人/km²、1039.22 人/km² 和 1022.07 人/km²，雅安市的宝兴县、石棉县、天全县、荥经县，绵阳市的平武县、北川县，乐山市的峨边县、马边县和金口河区仍然是人口密度不足 100 人/km² 的人口分布较为稀疏区域（图 4-13、表 4-12 和表 4-13）。

4.2.1.2 分区

根据 2000 年、2005 年和 2010 年成渝经济区各发展功能区的人口统计数据和土地面积统计数据，计算得到成渝经济区各发展功能区的人口密度图（图 4-14）。成渝经济区各发展功能区人口密度呈现不断增大态势，尤其以重庆都市圈人口密度增长速度最快，平均每年增加近 19 人/km²，成都都市圈次之，平均每平方公里每年增加 7.2 人，再次为三峡库区平行岭谷发展区，平均每平方公里每年增加 5.0 人，盆周山地发展区人口密度增长速度最小，平均每年每平方公里增加 1.3 人，说明该区域发展极不平衡，区域均衡发展压力较大（表 4-14 和图 4-14）。

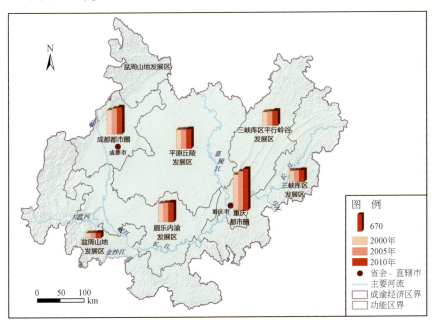

图 4-14　成渝经济区各发展功能区人口密度（单位：人/km²）

表 4-14　成渝经济区各发展功能区人口密度统计表　　（单位：人/km²）

功能区	2000 年	2005 年	2010 年
盆周山地发展区	184.92	189.63	197.55
眉乐内渝发展区	585.41	602.39	618.15
平原丘陵发展区	630.27	634.98	649.51
成都都市圈	733.69	771.59	805.73
三峡库区平行岭谷发展区	537.70	558.00	587.46
三峡库区发展区	371.31	374.67	385.11
重庆都市圈	1153.87	1258.52	1340.18

成渝经济区各发展功能区的人口密度研究表明，2000年、2005年和2010年各功能区人口密度都以重庆都市圈最大，分别为1153.87人/km²、1258.52人/km²、1340.18人/km²；成都都市圈次之，分别为733.69人/km²、771.59人/km²、805.73人/km²；盆周山地发展区最小，分别为184.92人/km²、189.63人/km²、197.55人/km²，各功能区从2000年到2010年人口密度都呈不同程度的增加（表4-14和图4-14）。

4.2.2 化肥使用强度

4.2.2.1 整体

根据2000年、2005年和2010年成渝地区各区县化肥施用量和土地面积统计数据，计算得到成渝地区2000年、2005年和2010年各区县的化肥施用强度，将各区县化肥施用强度属性数据与各区县空间数据相关联，得到成渝地区各区县的化肥施用强度图（图4-15）。

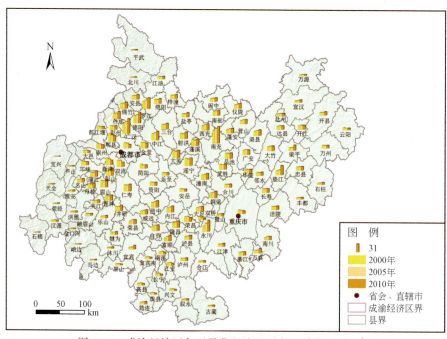

图4-15 成渝经济区各区县化肥施用强度（单位：t/km²）

2000年化肥施用强度位居前5位的地区为南充市辖区、德阳市广汉市、成都市郫县、德阳市罗江和遂宁市辖区，这些地区的化肥施用强度分别达到47.62t/km²、41.61t/km²、31.43t/km²、28.23t/km²和27.60t/km²，而雅安市的宝兴县、石棉县、乐山市的峨边县、金口河区，绵阳市的平武县的化肥施用强度都比较小，位居后5位，其中雅安市宝兴县的化肥使用强度最小，仅为0.58t/km²（图4-15、表4-15和表4-16）。

表 4-15　成渝经济区化肥施用强度位居前 5 位的区县　　（单位：t/km²）

2000 年			2005 年			2010 年		
地级市	县级	化肥施用强度	地级市	县级	化肥施用强度	地级市	县级	化肥施用强度
南充市	南充市辖区	47.62	南充市	南充市辖区	55.66	南充市	南充市辖区	61.74
德阳市	广汉市	41.61	德阳市	广汉市	46.22	德阳市	广汉市	56.01
成都市	郫县	31.43	德阳市	罗江	32.67	重庆市区	永川区	42.07
德阳市	罗江	28.23	德阳市	德阳市辖区	31.31	德阳市	罗江	40.68
遂宁市	遂宁市辖区	27.60	重庆市区	永川区	30.81	德阳市	德阳市辖区	39.65

表 4-16　成渝经济区化肥施用强度位居后 5 位的区县　　（单位：t/km²）

2000 年			2005 年			2010 年		
地级市	县级	施用强度	地级市	县级	施用强度	地级市	县级	施用强度
雅安市	宝兴	0.58	雅安市	宝兴	0.64	雅安市	宝兴	0.73
雅安市	石棉	1.12	雅安市	石棉	1.23	雅安市	石棉	1.22
乐山市	峨边	1.18	乐山市	峨边	1.27	乐山市	峨边	1.59
乐山市	金口河区	1.93	绵阳市	平武	2.04	雅安市	天全	2.36
绵阳市	平武	2.04	乐山市	金口河区	2.06	乐山市	金口河区	2.54

2005 年化肥施用强度位居前 5 位的地区为南充市辖区，德阳市广汉市、罗江，德阳市辖区和重庆市永川区，这些地区的化肥施用强度分别达到 55.66t/km²、46.22t/km²、32.67t/km²、31.31t/km² 和 30.81t/km²，而雅安市的宝兴县、石棉县，乐山市的峨边县、金口河区，绵阳市的平武县的化肥施用强度都比较小，位居后 5 位，其中雅安市宝兴的化肥使用强度最小，仅为 0.64t/km²（图 4-15、表 4-15 和表 4-16）。

2010 年化肥施用强度（t/km²）位居前 5 位的地区为南充市辖区、德阳市广汉市、重庆市永川区、德阳市罗江和德阳市辖区，这些地区的化肥施用强度分别达到 61.74t/km²、56.01t/km²、42.07t/km²、40.68t/km² 和 39.65t/km²，而雅安市的宝兴县、石棉县、天全县，乐山市的峨边县、金口河区的化肥施用强度都比较小，位居后 5 位，其中雅安市宝兴的化肥使用强度最小，仅为 0.73t/km²（图 4-15、表 4-15 和表 4-16）。

4.2.2.2　分区

根据 2000 年、2005 年和 2010 年成渝地区各区县化肥施用量和土地面积统计数据，计算得到成渝地区 2000 年、2005 年和 2010 年各发展功能区的化肥施用强度，将各发展功能区化肥施用强度属性数据与各区县空间数据相关联，得到成渝地区各发展功能区的化肥施用强度图（图 4-16）。

成渝经济区各发展功能区的化肥施用强度研究表明，成渝地区各发展功能区的化肥施用强度与该区域的农业经济发展和耕作方式等紧密相关，不同功能区化肥施用强

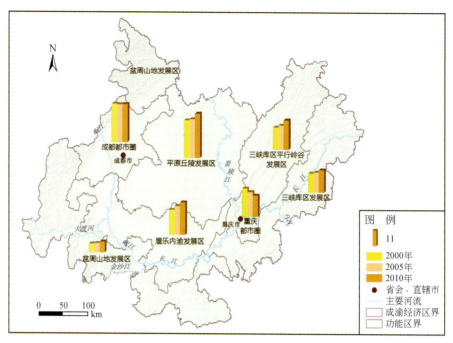

图 4-16　成渝经济区各发展功能区化肥施用强度（单位：t/km^2）

度变化不尽相同，2000年、2005年和2010年各发展功能区化肥施用强度都以成都都市圈最大，分别为 $20.99t/km^2$、$20.97t/km^2$、$21.88t/km^2$；重庆都市圈次之，分别为 $14.09t/km^2$、$12.34t/km^2$、$10.57t/km^2$；盆周山地发展区最小，分别为 $4.76t/km^2$、$5.04t/km^2$、$5.54t/km^2$，除重庆都市圈化肥使用强度有所降低外，其余功能区化肥使用强度均增强。整体成都都市圈化肥施用强度最高，平原丘陵发展区次之，盆周山地发展区最低（图4-16和表4-17）。

表 4-17　成渝经济区各发展功能区化肥施用强度统计表　　　（单位：t/km^2）

功能区	2000 年	2005 年	2010 年
盆周山地发展区	4.76	5.04	5.54
眉乐内渝发展区	12.93	14.41	16.07
平原丘陵发展区	18.18	18.35	20.93
成都都市圈	20.99	20.97	21.88
三峡库区平行岭谷发展区	12.27	13.14	15.85
三峡库区发展区	9.60	10.23	11.69
重庆都市圈	14.09	12.34	10.57

4.2.3 大气污染

4.2.3.1 单位土地面积 SO_2 排放量

(1) 整体

根据2000年、2005年和2010年成渝地区各区县 SO_2 排放量和土地面积统计数据,计算得到成渝经济区2000年、2005年和2010年各区县的 SO_2 排放量,将各区县 SO_2 排放量属性数据与各区县空间数据相关联,得到成渝地区各区县的 SO_2 排放量图(图4-17)。

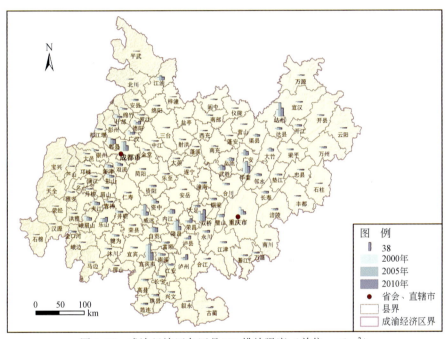

图4-17 成渝经济区各区县 SO_2 排放强度(单位:t/km^2)

2000年单位土地面积 SO_2 排放量位居前5位的地区为宜宾市辖区、广安市华蓥市、重庆市双桥区、内江市隆昌和成都市辖区,这些地区的 SO_2 排放量分别达到 $70.73t/km^2$、$46.26t/km^2$、$43.67t/km^2$、$42.33t/km^2$ 和 $40.75t/km^2$,而绵阳市平武县和北川县,雅安市的宝兴县、芦山县,乐山市马边县的 SO_2 排放量都比较小,位居后5位,其中绵阳市平武县的 SO_2 排放量最小,仅为 $0.16t/km^2$(图4-17、表4-18和表4-19)。

2005年单位土地面积 SO_2 排放量位居前5位的地区为宜宾市辖区、达州市辖区、广安市华蓥市、内江市威远和隆昌,这些地区的 SO_2 排放量分别达到 $75.32t/km^2$、$61.66t/km^2$、$52.95t/km^2$、$50.33t/km^2$ 和 $44.88t/km^2$,而雅安市的宝兴县、石棉县、天全县、芦山县,绵阳市的平武县的 SO_2 排放量都比较小,位居后5位,其中雅安市宝兴县的 SO_2 排放量最小,仅为 $0.09t/km^2$(图4-17、表4-18和表4-19)。

表 4-18　单位土地面积 SO_2 排放量最大的 5 个区县　　（单位：t/km^2）

2000 年			2005 年			2010 年		
地级市	县级	SO_2 排放量	地级市	县级	SO_2 排放量	地级市	县级	SO_2 排放量
宜宾市	宜宾市辖区	70.73	宜宾市	宜宾市辖区	75.32	重庆市区	双桥区	50.84
广安市	华蓥市	46.26	达州市	达州市辖区	61.66	达州市	达州市辖区	36.83
重庆市区	双桥区	43.67	广安市	华蓥市	52.95	宜宾市	宜宾市辖区	35.14
内江市	隆昌	42.33	内江市	威远	50.33	广安市	华蓥市	30.33
成都市	成都市辖区	40.75	内江市	隆昌	44.88	成都市	成都市辖区	22.84

表 4-19　单位土地面积 SO_2 排放量最小的 5 个区县　　（单位：t/km^2）

2000 年			2005 年			2010 年		
地级市	县级	排放量	地级市	县级	排放量	地级市	县级	排放量
绵阳市	平武	0.16	雅安市	宝兴	0.09	绵阳市	平武	0.17
雅安市	宝兴	0.33	绵阳市	平武	0.19	雅安市	宝兴	0.18
绵阳市	北川	0.43	雅安市	天全	0.23	雅安市	天全	0.45
雅安市	芦山	0.71	雅安市	石棉	0.27	绵阳市	北川	0.50
乐山市	马边	0.73	雅安市	芦山	0.29	雅安市	汉源	0.55

2010 年单位土地面积 SO_2 排放量位居前 5 位的地区为重庆市双桥区、达州市辖区、宜宾市辖区、广安市华蓥市和成都市辖区，这些地区的 SO_2 排放量分别达到 50.84t/km^2、36.83t/km^2、35.14t/km^2、30.33t/km^2 和 22.84t/km^2，而雅安市的宝兴县、天全县、汉源县，绵阳市的平武县和北川县的 SO_2 排放量都比较小，位居后 5 位，其中绵阳市平武县的 SO_2 排放量最小，仅为 0.17t/km^2。成渝地区各区县的 SO_2 排放量主要来源于生活和工业，近年来，成渝地区各区县单位土地面积 SO_2 排放量总体上呈减少趋势（图 4-17、表 4-18 和表 4-19）。

（2）分区

根据 2000 年、2005 年和 2010 年成渝经济区各发展功能区的 SO_2 排放量统计数据和土地面积统计数据，计算得到成渝经济区各发展功能区的 SO_2 排放量，将 SO_2 排放量属性数据与各发展功能区空间数据相关联，得到成渝经济区各发展功能区的 SO_2 排放量图（图 4-18）。

成渝经济区各发展功能区的 SO_2 排放强度研究表明，成渝地区各区的 SO_2 排放量主要来源于生活和工业，2000 年、2005 年和 2010 年各功能区 SO_2 排放强度都以重庆都市圈最大，分别为 32.30t/km^2、20.37t/km^2、11.55t/km^2；眉乐内渝发展区次之，分别为 13.98t/km^2、14.19t/km^2、11.42t/km^2；盆周山地发展区最小，分别为 3.17t/km^2、3.05t/km^2、3.02t/km^2，近年来，成渝地区各分区单位土地面积 SO_2 排放量总体上呈减少趋势，重庆都市圈排放最多，减少也最快，2000~2010 年三峡库区发展区和三峡库区平行岭谷发展区总体上有所增加（图 4-18 和表 4-20）。

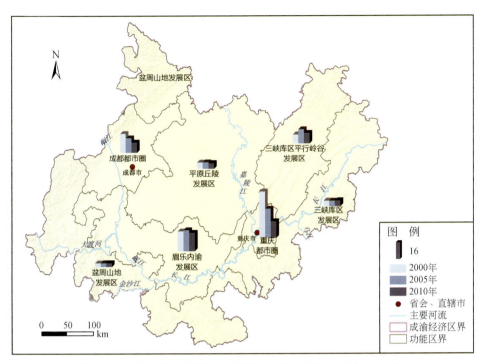

图 4-18 成渝经济区各发展功能区 SO_2 排放强度（单位：t/km^2）

表 4-20 成渝经济区各发展功能区 SO_2 排放量统计表 （单位：t/km^2）

功能区	2000 年	2005 年	2010 年
盆周山地发展区	3.17	3.05	3.02
眉乐内渝发展区	13.98	14.19	11.42
平原丘陵发展区	5.96	5.84	5.88
成都都市圈	12.32	8.64	6.94
三峡库区平行岭谷发展区	10.74	16.70	11.28
三峡库区发展区	4.00	3.91	4.09
重庆都市圈	32.30	20.37	11.55

4.2.3.2 单位土地面积烟粉尘排放量

(1) 整体

根据 2000 年、2005 年和 2010 年成渝经济区各区县烟粉尘排放量和土地面积统计数据，计算得到成渝经济区 2000 年、2005 年和 2010 年各区县的烟粉尘排放量，将各区县烟粉尘排放量属性数据与各区县空间数据相关联，得到成渝地区各区县的烟粉尘排放量图（图 4-19）。

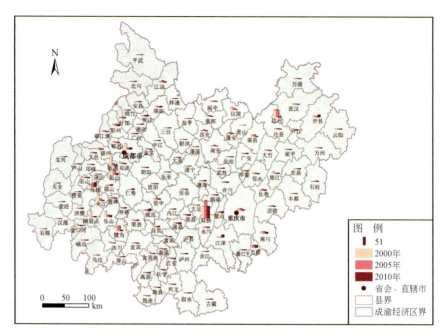

图 4-19　成渝经济区各区县烟尘排放强度（单位：t/km²）

2000 年成渝经济区单位土地面积烟尘排放量位居前 5 位的地区为重庆市双桥区、成都市新津、达州市辖区、乐山市夹江和峨眉山市，这些地区的烟尘排放量分别达到 69.57t/km²、68.03t/km²、43.32t/km²、38.28t/km² 和 36.31t/km²，而重庆市江津区、南充市营山县、雅安市辖区和雅安市宝兴县、汉源县的烟尘排放量都比较小，位居后 5 位，其中重庆市江津区的烟尘排放量最小，仅为 0.004t/km²（图 4-19、表 4-21 和表 4-22）。

表 4-21　成渝经济区单位土地面积烟尘排放量最大的 5 个区县（单位：t/km²）

2000 年			2005 年			2010 年		
地级市	县级	烟尘排放量	地级市	县级	烟尘排放量	地级市	县级	烟尘排放量
重庆市区	双桥区	69.57	重庆市区	双桥区	102.07	重庆市区	双桥区	68.13
成都市	新津	68.03	达州市	达州市辖区	43.32	眉山市	丹棱	21.91
达州市	达州市辖区	43.32	乐山市	犍为	28.69	重庆市区	江津区	12.41
乐山市	夹江	38.28	眉山市	彭山	28.22	重庆市区	万盛区	11.70
乐山市	峨眉山市	36.31	重庆市区	万盛区	14.24	重庆市辖县	开县	11.39

表 4-22　成渝经济区单位土地面积 SO₂ 排放量最小的 5 个区县（单位：t/km²）

2000 年			2005 年			2010 年		
地级市	县级	烟尘排放量	地级市	县级	烟尘排放量	地级市	县级	烟尘排放量
重庆市区	江津区	0.004	重庆市区	江津区	0.004	雅安市	宝兴	0.009
南充市	营山	0.017	重庆市辖县	大足	0.015	雅安市	汉源	0.015

续表

2000 年			2005 年			2010 年		
地级市	县级	烟尘排放量	地级市	县级	烟尘排放量	地级市	县级	烟尘排放量
雅安市	汉源	0.020	雅安市	汉源	0.016	乐山市	金口河区	0.026
雅安市	雅安市辖区	0.088	重庆市辖县	丰都	0.036	绵阳市	平武	0.047
雅安市	宝兴	0.092	绵阳市	平武	0.050	南充市	西充	0.050

2005 年单位土地面积烟尘排放量位居前 5 位的地区为重庆市双桥区、达州市辖区、乐山市犍为、眉山市彭山和重庆市万盛区，这些地区的烟尘排放量分别达到 102.07t/km²、43.32t/km²、28.69t/km²、28.22t/km² 和 14.24t/km²，而重庆市江津区、重庆市辖县大足县和丰都县、雅安市汉源县和绵阳市平武县的烟尘排放量都比较小，位居后 5 位，其中重庆市江津区的烟尘排放量最小，仅为 0.004t/km²（图 4-20、表 4-21 和表 4-22）。

2010 年单位土地面积烟尘排放量位居前 5 位的地区为重庆市双桥区、眉山市丹棱、重庆市江津区、重庆市万盛区和重庆市辖县开县，这些地区的烟尘排放量分别达到 68.13t/km²、21.91t/km²、12.41t/km²、11.70t/km² 和 11.39t/km²，而雅安市宝兴县、汉源县，乐山市金河口区，南充市西充和绵阳市平武县的烟尘排放量都比较小，位居后 5 位，其中雅安市宝兴县的烟尘排放量最小，仅为 0.009t/km²。

(2) 分区

根据 2000 年、2005 年和 2010 年成渝经济区各发展功能区烟粉尘排放量和土地面积统计数据，计算得到成渝经济区 2000 年、2005 年和 2010 年各功能区的烟粉尘排放量，将各功能区烟粉尘排放量属性数据与各功能区空间数据相关联，得到成渝经济区各功能区的烟粉尘排放量图（图 4-20）。

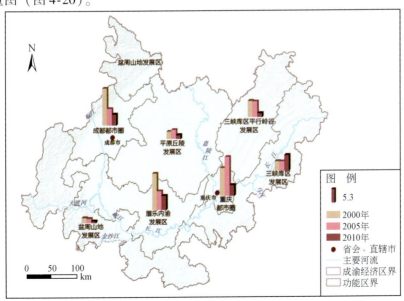

图 4-20 成渝经济区各发展功能区粉尘排放强度（单位：t/km²）

成渝经济区各发展功能区的粉尘排放强度研究表明，成渝地区各区的烟粉尘排放量主要来源于工业烟粉尘、生活烟粉尘和其他来源烟粉尘。近年来，成渝地区各分区单位土地面积烟粉尘排放量总体上呈减小趋势，重庆都市圈先增加后减少，三峡库区发展区总体上从2000~2010年有所减少，说明该区域大气环境治理成效较显著（表4-23）。尤其是成都都市圈，从2000年的10.10t/km²减少到2010年的3.03t/km²，其次为眉乐内渝发展区，从2000年的9.97t/km²减少到2010年的3.88t/km²，重庆都市圈减少幅度相对较少，仅从2000年的7.70t/km²减少到2010年的3.03t/km²，而三峡库区发展区却从2000年的2.61t/km²增加到2010年的4.31t/km²，其粉尘减排压力更大（图4-20和表4-23）。

表4-23 成渝经济区各发展功能区粉尘排放强度统计表 （单位：t/km²）

功能区	2000年	2005年	2010年
盆周山地发展区	3.22	1.22	0.56
眉乐内渝发展区	9.97	5.09	3.88
平原丘陵发展区	2.05	2.49	1.12
成都都市圈	10.10	4.52	3.03
三峡库区平行岭谷发展区	4.54	4.34	1.18
三峡库区发展区	2.61	2.54	4.31
重庆都市圈	7.70	10.68	3.03

4.2.4 水污染

4.2.4.1 单位土地面积COD排放量

（1）整体

根据2000年、2005年和2010年各区县COD排放量和土地面积统计数据，计算得到成渝经济区2000年、2005年和2010年各区县的COD排放量图。分析可知，2000年单位土地面积COD排放量位居前5位的地区为成都市辖区、南充市辖区、眉山市仁寿县、资阳市安岳和重庆市辖区，这些地区的COD排放量分别达到21 249.39t/km²、8928.08t/km²、7760.53t/km²、7621.41t/km²和7346.46t/km²，而重庆市双桥区、雅安市的宝兴县、石棉县、乐山市金口河区、重庆市万盛区的COD排放量都比较小，位居后5位，其中重庆市双桥区的COD排放量最小，仅为89.52t/km²（图4-21、表4-24和表4-25）。

第 4 章 | 成渝经济区生态环境胁迫

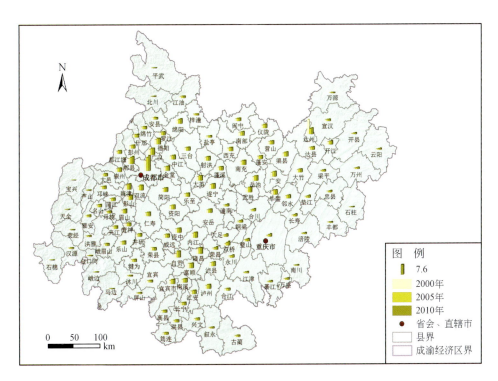

图 4-21　成渝经济区各区县 COD 排放强度（单位：t/km²）

表 4-24　成渝经济区单位土地面积 COD 排放量最大的 5 个区县（单位：t/km²）

2000 年			2005 年			2010 年		
地级市	县级	COD 排放量	地级市	县级	COD 排放量	地级市	县级	COD 排放量
成都市	成都市辖区	21 249.39	成都市	成都市辖区	28 537.41	成都市	成都市辖区	32 608.79
南充市	南充市辖区	8 928.08	南充市	南充市辖区	11 167.58	重庆市区	重庆市辖区	15 873.26
眉山市	仁寿	7 760.53	重庆市区	重庆市辖区	10 959.74	南充市	南充市辖区	11 785.10
资阳市	安岳	7 621.41	眉山市	仁寿	9 232.34	资阳市	安岳	9 748.82
重庆市区	重庆市辖区	7 346.46	资阳市	安岳	9 113.98	眉山市	仁寿	9 712.87

表 4-25　成渝经济区单位土地面积 COD 排放量最小的 5 个区县（单位：t/km²）

2000 年			2005 年			2010 年		
地级市	县级	排放量	地级市	县级	排放量	地级市	县级	排放量
重庆市区	双桥区	89.52	重庆市区	双桥区	133.08	重庆市区	双桥区	192.31
雅安市	宝兴	273.26	乐山市	金口河区	325.50	乐山市	金口河区	324.76
乐山市	金口河区	278.23	雅安市	宝兴	355.09	雅安市	宝兴	365.58
重庆市区	万盛区	541.73	雅安市	芦山	710.18	雅安市	芦山	731.16
雅安市	石棉	581.29	雅安市	石棉	710.77	雅安市	石棉	745.18

2005年单位土地面积COD排放量位居前5位的地区为成都市辖区、南充市辖区、重庆市辖区、眉山市仁寿和资阳市安岳,这些地区的COD排放量分别达到28 537.41t/km²、11 167.58t/km²、10 959.74t/km²、9232.34t/km²和9113.98t/km²,而重庆市双桥,乐山市金口河区,雅安市的宝兴县、石棉县、芦山县的COD排放量都比较小,位居后5位,其中重庆市双桥区的COD排放量最小,仅为133.08t/km²(图4-21、表4-24和表4-25)。

2010年单位土地面积COD排放量位居前5位的地区为成都市辖区、重庆市辖区、南充市辖区、资阳市安岳和眉山市仁寿,这些地区的COD排放量分别达到32 608.79t/km²、15 873.26t/km²、11 785.10t/km²、9748.82t/km²和9712.87t/km²,而重庆市双桥区,乐山市金口河区,雅安市的宝兴县、石棉县、芦山县的COD排放量都比较小,位居后5位,其中重庆市双桥区的COD排放量最小,仅为192.31t/km²。成渝地区各区县的单位土地面积COD排放量与该区域的生产生活用水、单位污水的COD含量和污水处理强度等紧密相关。近年来,各区县单位土地面积COD排放量除少数地区有所减少而外,大多数地区仍呈增长趋势(图4-21、表4-24和表4-25)。

(2)分区

根据2000年、2005年和2010年成渝经济区各发展功能区的COD排放量统计数据和土地面积统计数据,计算得到成渝经济区各发展功能区的COD排放量图(图4-22)。

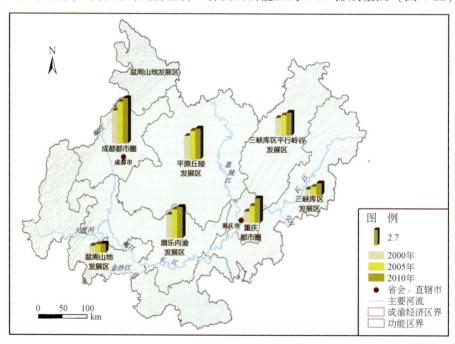

图4-22 成渝经济区各发展功能区COD排放强度(单位:t/km²)

成渝经济区各发展功能区的COD排放量研究表明,2000年、2005年和2010年各功能区COD排放量都以重庆都市圈最大,分别为11.18t/km²、18.98t/km²、14.74t/km²;成都都市圈次之,分别为11.76t/km²、2.91t/km²、10.88t/km²;盆周山地发展区最小,分别为1.04t/km²、1.34t/km²、1.48t/km²,各功能区单位土地面积COD排放量呈不断增长趋势,均以重庆都市圈最高,盆周山地发展区最低(图 4-22 和表 4-26)。

表 4-26 成渝经济区各发展功能区 COD 排放强度统计表　　　(单位:t/km²)

功能区	2000 年	2005 年	2010 年
盆周山地发展区	1.04	1.34	1.48
眉乐内渝发展区	6.66	6.87	7.36
平原丘陵发展区	18.00	3.03	3.70
成都都市圈	11.76	2.91	10.88
三峡库区平行岭谷发展区	2.56	3.03	3.41
三峡库区发展区	1.64	1.97	1.97
重庆都市圈	11.18	18.98	14.74

4.2.4.2　单位土地面积废水排放量

(1) 整体

根据成渝经济区 2000 年、2005 年和 2010 年各区县废水排放量统计数据,2000 年单位土地面积废水排放量位居前 5 位的地区为重庆市双桥区、重庆市辖区、成都市郫县和宜宾市辖区,这些区县废水排放量分别为 173 311.57t/km²、125 333.76t/km²、110 467.65t/km²、74691.73t/km² 和 53 630.88t/km²,而雅安市石棉县和宝兴县、乐山市马边县、绵阳市北川县和平武县的单位土地面积废水排放量都比较小,位居后 5 位,其中绵阳市平武县的单位土地面积废水排放量最小,仅为 541.65t/km²(图 4-23、表 4-27 和表 4-28)。

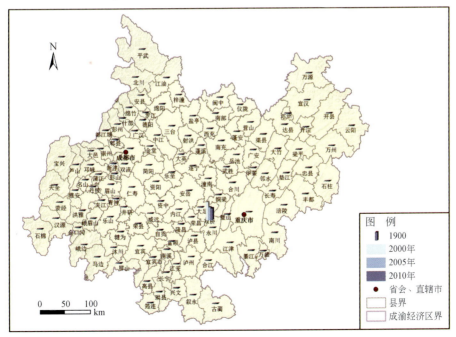

图 4-23　成渝经济区各区县废水排放强度(单位:t/km²)

表 4-27　成渝经济区单位土地面积废水排放量最大的 5 个区县（单位：t/km²）

2000 年			2005 年			2010 年		
地级市	县级	废水排放量	地级市	县级	废水排放量	地级市	县级	废水排放量
重庆市区	双桥区	173 311.57	成都市	成都市辖区	138 499.88	重庆市区	双桥区	112 919.88
重庆市区	重庆市辖区	125 333.76	重庆市区	双桥区	123 260.92	成都市	成都市辖区	83 289.52
成都市	成都市辖区	110 467.65	重庆市区	重庆市辖区	81 166.88	宜宾市	宜宾市辖区	61 667.53
成都市	郫县	74 691.73	成都市	郫县	68 375.49	成都市	郫县	59 601.05
宜宾市	宜宾市辖区	53 630.88	宜宾市	宜宾市辖区	64 331.79	德阳市	德阳市辖区	49 826.62

表 4-28　成渝经济区单位土地面积废水排放量最小的 5 个区县（单位：t/km²）

2000 年			2005 年			2010 年		
地级市	县级	废水排放量	地级市	县级	废水排放量	地级市	县级	废水排放量
绵阳市	平武	541.65	雅安市	宝兴	831.45	雅安市	宝兴	776.96
雅安市	宝兴	620.27	绵阳市	平武	866.95	绵阳市	平武	951.32
绵阳市	北川	1014.61	绵阳市	北川	1446.2	乐山市	峨边	1997.02
乐山市	马边	1619.63	乐山市	马边	1976.8	雅安市	天全	2134.02
雅安市	石棉	1703.06	雅安市	天全	2105.79	绵阳市	北川	2200.83

2005 年单位土地面积废水排放量位居前 5 位的地区为成都市辖区、重庆市双桥区、重庆市辖区、成都市郫县和宜宾市辖区，这些区县废水排放量分别为 138 499.88t/km²、123 260.92t/km²、81 16.88t/km²、68 375.49t/km² 和 64 3111.79t/km²，而雅安市天全县和宝兴县、平山市马边县、绵阳市北川县和平武县废水排放量都比较小，位居后 5 位，其中以雅安市宝兴的废水排放量强度最小，为 831.45t/km²（图 4-23、表 4-27 和表 4-28）。

2010 年单位土地面积废水排放量位居前 5 位的地区为重庆市双桥区、成都市辖区、宜宾市辖区、宜宾市郫县和德阳市辖区，这些地区的废水排放量分别达到 112 919.88t/km²、83 289.52t/km²、61 667.53t/km²、59 601.05t/km² 和 49 826.62t/km²，而绵阳市的北川县和平武县、雅安市的天全县和宝兴县、乐山市峨边的废水排放量都比较小，位居后 5 位，其中雅安市宝兴县的废水排放量最小为 776.96t/km²。成渝地区各区县的单位土地面积废水排放量与该区域的生产生活用水、单位污水的废水含量和污水处理强度等紧密相关。近年来，各区县单位土地面积废水排放量除少数地区有所减少外，大多数地区仍呈增长趋势（图 4-23、表 4-27 和表 4-28），说明该区域废水治理压力大，循环利用潜力大。

（2）分区

根据 2000 年、2005 年和 2010 年成渝经济区各发展功能区的废水排放量统计数据和土地面积统计数据，计算得到成渝经济区各发展功能区的废水排放量，将废水排放量属性数据与各发展功能区空间数据相关联，得到成渝经济区各发展功能区的废水排放量图（图 4-24）。

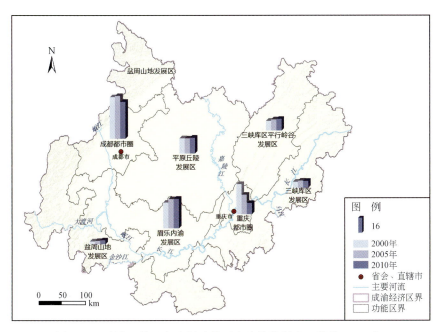

图 4-24　成渝经济区各发展功能区废水排放强度（单位：t/km²）

成渝经济区各发展功能区的废水排放量研究表明，2000 年、2005 年和 2010 年各功能区废水排放量都以重庆都市圈最大，分别为 4.87t/km²、11.31t/km²、10.11t/km²；成都都市圈次之，分别为 2.35t/km²、2.06t/km²、4.93t/km²；盆周山地发展区最小，分别为 0.24t/km²、0.44t/km²、0.47t/km²，成渝经济区废水排放量整体呈先增加后下降态势，但三期均以重庆都市圈最高，成都都市圈次之，盆周山地发展区最低，这与产业开发强度、人口密度等密切相关（表 4-29）。

表 4-29　成渝经济区各发展功能区废水排放量统计表　　　（单位：t/km²）

功能区	2000 年	2005 年	2010 年
盆周山地发展区	0.24	0.44	0.47
眉乐内渝发展区	1.48	2.07	2.30
平原丘陵发展区	0.81	0.95	1.07
成都都市圈	2.35	2.06	4.93
三峡库区平行岭谷发展区	0.58	0.92	1.01
三峡库区发展区	0.42	0.94	0.95
重庆都市圈	4.87	11.31	10.11

4.2.5　酸雨

4.2.5.1　酸雨降雨量

评价结果显示，2000 年、2005 年和 2010 年成渝经济区酸雨降雨量分别为 805.54mm、

1030.90mm 和 1198.91mm。2000 年各分区的酸雨降雨量为 544.86～1453.14mm，其中成都都市圈较高，而三峡库区发展区较低。2005 年各分区的酸雨降雨量为 867.05～1326.03mm，其中成都都市圈较高，三峡库区发展区较低。与 2000 年相比，成渝经济区酸雨降雨量增加了 27.98%，其中三峡库区发展区和眉乐内渝发展区增加较多，而成都都市圈有所减少。2010 年各分区的酸雨降雨量为 881.20～1567.27mm，其中三峡库区平行岭谷发展区较少，盆周山地发展区较多。与 2005 年相比，成渝经济区酸雨降雨量增加了 16.30%，其中重庆都市圈和盆周山地发展区增加较多，而三峡库区平行岭谷发展区减少较多。2010 年与 2000 年相比，酸雨降雨量平均增加 48.83%，其中增加较多的是重庆都市圈和三峡库区发展区，减少较多的是成都都市圈（表 4-30 和图 4-25～图 4-27）。

表 4-30 成渝经济区酸雨降雨量

分区	酸雨降雨量/mm			变动比例/%		
	2000 年	2005 年	2010 年	2000～2005 年	2005～2010 年	2000～2010 年
成都都市圈	1453.14	1326.03	1212.81	-8.75	-8.54	-16.54
眉乐内渝发展区	736.21	1105.11	1259.74	50.11	13.99	71.11
盆周山地发展区	907.63	1063.29	1446.78	17.15	36.07	59.40
平原丘陵发展区	618.06	873.84	893.40	41.38	2.24	44.55
三峡库区发展区	544.86	867.05	1131.19	59.13	30.46	107.61
三峡库区平行岭谷发展区	710.75	1005.05	881.20	41.41	-12.32	23.98
重庆都市圈	668.11	975.91	1567.27	46.07	60.60	134.58
平均	805.54	1030.90	1198.91	27.98	16.30	48.83

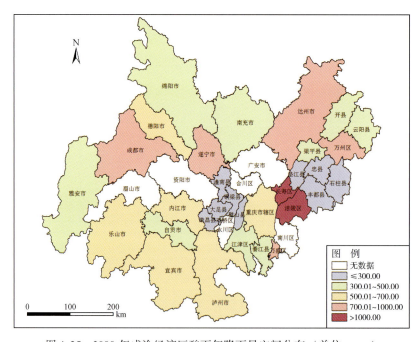

图 4-25 2000 年成渝经济区酸雨年降雨量空间分布（单位：mm）

第4章 成渝经济区生态环境胁迫

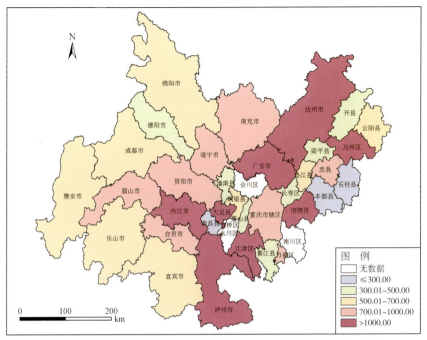

图 4-26 2005 年成渝经济区酸雨年降雨量空间分布（单位：mm）

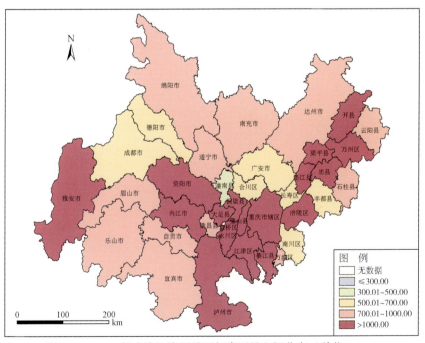

图 4-27 2010 年成渝经济区酸雨年降雨量空间分布（单位：mm）

4.2.5.2 酸雨 pH

评价结果显示，2000 年、2005 年和 2010 年成渝经济区酸雨 pH 分别为 5.40、5.33 和

5.40。2000 年各分区的酸雨 pH 为 5.17~5.95，其中成都都市圈较高，盆周山地发展区较低。2005 年各分区的酸雨 pH 为 4.90~6.19，其中成都都市圈最高，盆周山地发展区最低。与 2000 年相比，成渝经济区酸雨 pH 下降了 1.30%，其中重庆都市圈和盆周山地发展区下降较多，而成都都市圈和平原丘陵发展区有所增加。2010 年各分区的酸雨 pH 为 4.86~6.24，其中成都都市圈较高，盆周山地发展区较低。与 2005 年相比，成渝经济区酸雨 pH 增加了 1.25%，其中平原丘陵发展区和三峡库区平行岭谷发展区增加较多，而眉乐内渝发展区减少较多。2010 年与 2000 年相比，酸雨 pH 平均增加了 0.08%，其中增加较多的是平原丘陵发展区，减少较多的是三峡库区发展区（表 4-31 和图 4-28~图 4-30）。

表 4-31　成渝经济区酸雨 pH

分区	pH			变动比例/%		
	2000 年	2005 年	2010 年	2000~2005 年	2005~2010 年	2000~2010 年
成都都市圈	5.95	6.19	6.24	4.34	0.81	4.87
眉乐内渝发展区	5.27	5.39	5.07	2.28	-5.90	-3.80
盆周山地发展区	5.17	4.90	4.86	-5.22	-0.82	-6.00
平原丘陵发展区	5.23	5.43	5.91	3.82	8.84	13.00
三峡库区发展区	5.34	5.07	4.90	-5.07	-3.35	-8.24
三峡库区平行岭谷发展区	5.42	5.27	5.78	-2.77	9.68	6.64
重庆都市圈	5.40	5.09	5.04	-5.74	-0.98	-6.67
平均	5.40	5.33	5.40	-1.30	1.31	0.00

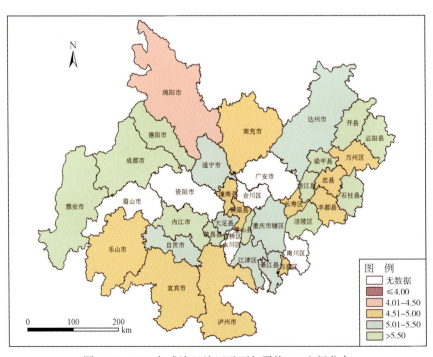

图 4-28　2000 年成渝经济区酸雨年平均 pH 空间分布

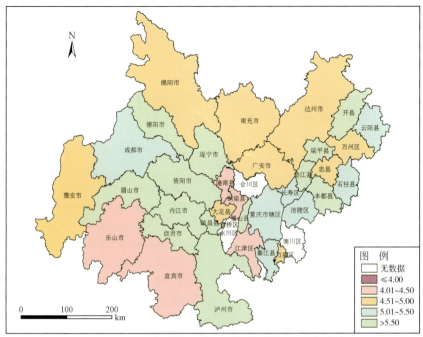

图 4-29 2005 年成渝经济区酸雨年平均 pH 空间分布

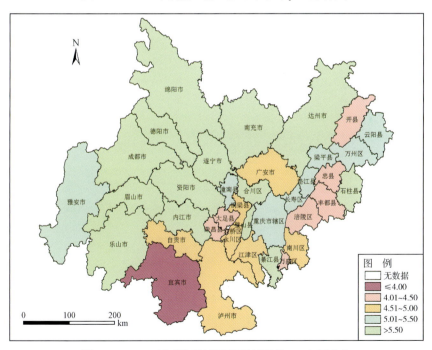

图 4-30 2010 年成渝经济区酸雨年平均 pH 空间分布

4.2.5.3 酸雨频率

评价结果显示，2000 年、2005 年和 2010 年成渝经济区酸雨频次分别为 16.71、27.80

和 27.63。2000 年各分区的酸雨频次为 5.72~26.42，其中成都都市圈较低，盆周山地发展区较高。2005 年各分区的酸雨频次为 11.71~44.91，其中成都都市圈较低，三峡库区发展区较高。与 2000 年相比，成渝经济区酸雨频次增加了 66.37%，其中三峡库区发展区和成都都市圈增加较多，而眉乐内渝和平原丘陵发展区增加较少。2010 年各分区的酸雨频次为 4.90~49.64，其中成都都市圈较低，三峡库区发展区较低。与 2005 年相比，成渝经济区酸雨频次减少了 0.61%，其中成都都市圈和三峡库区平行岭谷发展区减少较多，而眉乐内渝发展区增加较多。2010 年与 2000 年相比，酸雨频次平均增加 65.35%，增加较多的是三峡库区发展区和重庆都市圈，减少较多的是成都都市圈（表 4-32 和图 4-31~图 4-33）。

表 4-32　成渝经济区酸雨频次

分区	酸雨频次			变动比例/%		
	2000 年	2005 年	2010 年	2000~2005 年	2005~2010 年	2000~2010 年
成都都市圈	5.72	11.71	4.90	104.72	-58.16	-14.36
眉乐内渝发展区	19.20	21.49	32.28	11.93	50.21	68.13
盆周山地发展区	26.42	32.25	34.50	22.07	6.98	30.58
平原丘陵发展区	13.39	15.89	14.47	18.67	-8.94	8.07
三峡库区发展区	14.73	44.91	49.64	204.89	10.53	237.00
三峡库区平行岭谷发展区	19.49	33.03	20.05	69.47	-39.30	2.87
重庆都市圈	18.00	35.33	37.56	96.28	6.31	108.67
平均	16.71	27.80	27.63	66.37	-0.61	65.35

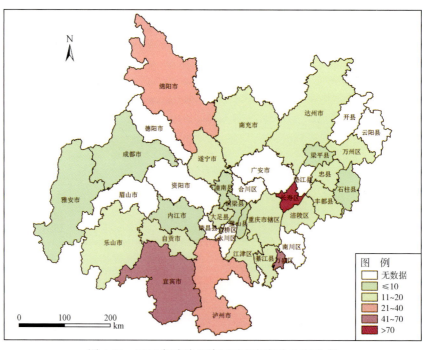

图 4-31　2000 年成渝经济区酸雨年频次空间分布

第 4 章 成渝经济区生态环境胁迫

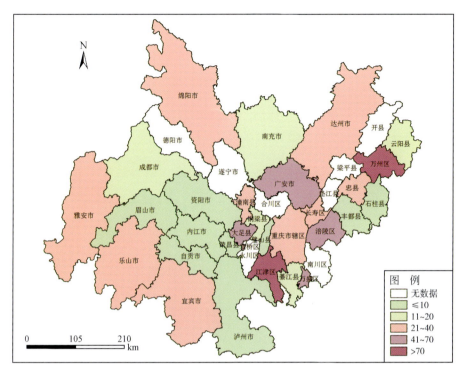

图 4-32　2005 年成渝经济区酸雨年频次空间分布（单位：次）

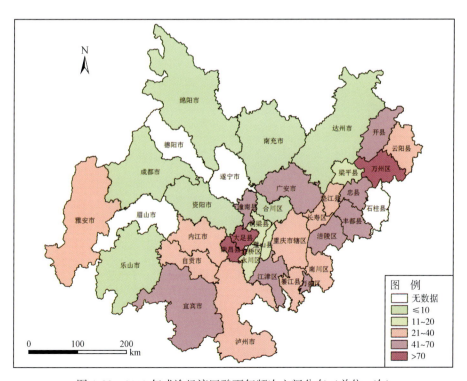

图 4-33　2010 年成渝经济区酸雨年频次空间分布（单位：次）

4.2.6 城市扩张

4.2.6.1 整体

根据2000年、2005年和2010年成渝经济区遥感解译得到的各区县城乡居住地、工业用地和交通用地等建成区面积,结合土地面积统计数据,计算得到成渝地区2000年、2005年和2010年各区县的城市扩张指数,将各区县城市扩张指数属性数据与各区县空间数据相关联,得到成渝经济区各区县的城市扩张指数图(图4-34)。

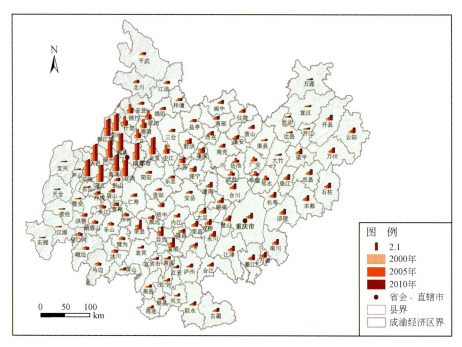

图4-34 成渝经济区各区县城市扩张指数(单位:%)

2000年城市扩张指数最大的5个区县为成都市双流区、成都市大邑、成都市崇州市、成都市彭州市和成都市辖区,这些地区的城市扩张指数都为1.86%,而雅安市的宝兴县、石棉县、名山县、天全县、汉源县的城市扩张指数都比较小,位居后5位,这些区县的城市扩张指数均约为0.08%(图4-31、表4-33和表4-34)。

表4-33 成渝经济区城市扩张指数最大的5个区县　　　　　　　　(单位:%)

2000年			2005年			2010年		
地级市	县级	城市扩张指数	地级市	县级	城市扩张指数	地级市	县级	城市扩张指数
成都市	双流	1.86	成都市	双流	4.00	成都市	双流	4.24
成都市	大邑	1.86	成都市	大邑	4.00	成都市	大邑	4.24

续表

	2000 年			2005 年			2010 年	
地级市	县级	城市扩张指数	地级市	县级	城市扩张指数	地级市	县级	城市扩张指数
成都市	崇州市	1.86	成都市	崇州市	4.00	成都市	崇州市	4.24
成都市	彭州市	1.86	成都市	彭州市	4.00	成都市	彭州市	4.24
成都市	成都市辖区	1.86	成都市	成都市辖区	4.00	成都市	成都市辖区	4.24

表 4-34　成渝经济区城市扩张指数最小的 5 个区县　　　　　　（单位:%）

	2000 年			2005 年			2010 年	
地级市	县级	城市扩张指数	地级市	县级	城市扩张指数	地级市	县级	城市扩张指数
雅安市	名山	0.08	雅安市	名山	0.10	雅安市	名山	0.18
雅安市	天全	0.08	雅安市	天全	0.10	雅安市	天全	0.18
雅安市	宝兴	0.08	雅安市	宝兴	0.10	雅安市	宝兴	0.18
雅安市	汉源	0.08	雅安市	汉源	0.10	雅安市	汉源	0.18
雅安市	石棉	0.08	雅安市	石棉	0.10	雅安市	石棉	0.18

2005 年城市扩张指数最大的 5 个区县为成都市双流区、成都市大邑县、成都市崇州市、成都市彭州市和成都市辖区，这些地区的城市扩张指数都为 4%，而雅安市的宝兴县、石棉县、名山县、天全县、汉源县的城市扩张指数都比较小，位居后 5 位，这些区县的城市扩张指数均约为 0.1%（图 4-31、表 4-33 和表 4-34）。

2010 年城市扩张指数最大的 5 个区县为成都市双流区、成都市大邑、成都市崇州市、成都市彭州市和成都市辖区，这些地区的城市扩张指数都为 4.24%，而雅安市的宝兴县、石棉县、名山县、天全县、汉源县的城市扩张指数都比较小，位居后 5 位，这些区县的城市扩张指数均约为 0.18%（图 4-31、表 4-33 和表 4-34）。

4.2.6.2　分区

根据 2000 年、2005 年和 2010 年成渝经济区遥感解译得到的各功能区城乡居住地、工业用地和交通用地等建成区面积，结合土地面积统计数据，计算得到成渝地区 2000 年、2005 年和 2010 年各功能区的城市扩张指数图（图 4-35）。分析表明，2000 年、2005 年和 2010 年成渝经济区各功能区城市扩张指数不断增加，其中以成都都市圈最大，分别为 1.43%、3.27%、3.09%；盆周山地发展区最小，分别为 0.22%、0.38%、0.51%。但城市扩张指数增长幅度以重庆市区域最大，平均增长了近 2 倍。说明重庆市 2000~2010 年城市化进程较快（表 4-35）。

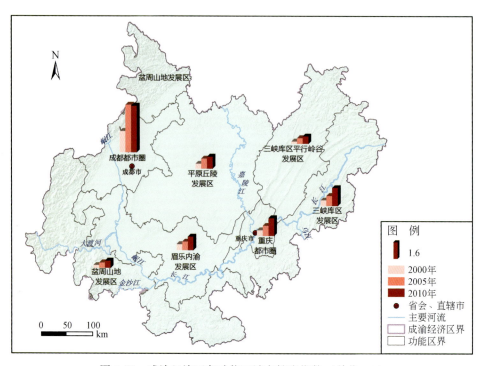

图 4-35 成渝经济区各功能区城市扩张指数（单位:%）

表 4-35 成渝经济区各发展功能区城市扩张指数统计表 （单位:%）

功能区	2000 年	2005 年	2010 年
盆周山地发展区	0.22	0.38	0.51
眉乐内渝发展区	0.38	0.57	0.87
平原丘陵发展区	0.36	0.72	0.88
成都都市圈	1.43	3.27	3.09
三峡库区平行岭谷发展区	0.19	0.49	0.58
三峡库区发展区	0.39	0.71	1.25
重庆都市圈	0.39	0.71	1.25

4.2.7 生态环境胁迫综合指数

对成渝经济区生态环境胁迫综合指数分析发现，该区域生态环境胁迫综合指数呈逐年增加态势，其中以 2000～2005 年增长幅度最大，平均增长了 50.92%，2005～2010 年仅增长了 4.84%，致使 10 年间共增长了 58.23%（表 4-36）。

表 4-36 成渝经济区各发展功能区城市扩张指数统计表

发展功能区	生态环境胁迫综合指数			变化率/%		
	2000 年	2005 年	2010 年	2000~2005 年	2005~2010 年	2000~2010 年
成都都市圈	0.31	0.38	0.62	22.58	63.16	100.00
眉乐内渝发展区	0.20	0.29	0.30	45.00	3.45	50.00
盆周山地发展区	0.22	0.39	0.43	77.27	10.26	5.45
平原丘陵发展区	0.27	0.28	0.29	3.70	3.57	7.41
三峡库区发展区	0.14	0.29	0.29	107.14	0.00	107.14
三峡库区岭谷发展区	0.14	0.25	0.23	78.57	-8.00	64.29
重庆都市圈	0.36	0.48	0.40	33.33	-16.67	11.11
平均	0.23	0.34	0.37	45.45	9.38	59.09

就发展功能区而言，除重庆都市圈和三峡库区平行岭谷区 2005~2010 年生态环境胁迫综合指数有所降低外，其余发展功能区生态环境综合指数均呈持续增加态势。各发展功能区生态环境胁迫综合指数以成都都市圈最高，从 2000 年的 0.31 增加到 2005 年的 0.38 和 2010 年的 0.62；重庆都市圈次之，从 2000 年的 0.36 增加到 2005 年的 0.48 和 2010 年的 0.40；三峡库区平行岭谷发展区最低，从 2000 年的 0.14 增加到 2005 年的 0.25 和 2010 年的 0.23。10 年间增长幅度以三峡库区发展区最高，10 年间增长了近 1 倍，其次为成都都市圈，平原丘陵发展区增长幅度最小（表 4-36）。2005~2010 年三峡库区及其周边区域生态环境综合指数有所降低，这可能与中国政府对三峡库区水生态安全高度重视，对该区域企业排污减排及生态环境防治措施到位和生态环建建设力度增强等有关。同时三期生态环境胁迫综合指数还说明，随着国家生态环境整治力度的增长，各生态功能区生态环境胁迫综合指数增长态势有所减弱，区域生态环境恶化速率呈减缓态势，但区域局部治理整体恶化态势依然明显。

第 5 章 成渝经济区开发强度

2000~2010 年，随着成渝经济区土地开发强度、能源利用强度、水资源开发强度等资源开发强度的持续增强，经济活动强度也随之不断增强，进而促进了土地城市化、人口城市化和经济城市化在内的区域城市化建设的快速推进，最终使得该区域综合开发强度不断增强，但不同发展功能区各类开发强度空间异质性显著，整体呈现以成都都市圈和重庆都市圈为最高中心，盆周山地发展区为最低中心的发展格局。

作为国家重点开发区，成渝经济区已成为继长三角、京津冀、珠三角之后的中国第四个经济增长极。鉴于在制定区域和资源开发规划及城市和行业发展规划，以及调整产业结构和生产力格局等经济建设和社会发展决策时，必须进行环境影响论证。为深入研究成渝经济区产业开发与生态环境格局与质量、生态环境质量、生态承载力、生态胁迫等因子的定量关系，本章研究了成渝经济区整体及不同发展功能区的资源和经济开发，以及城市化格局与变化情况，为定量评价城市开发强度对区域生态环境格局与质量、生态环境质量、生态承载力和生态环境胁迫等因子的数量关系提供科学数据支撑。

通常情况下，土地开发强度越高，土地利用经济效益就越高，反之，如果土地开发强度不足，即土地利用不充分，或因土地用途确定不当而导致开发强度不足，都会减弱土地的使用价值。关于土地开发强度的定义目前国内并没有明确解释和规定，因此，通常根据研究目的和需要对这一概念加以解释和定义。国内大多数研究中，土地开发强度是城市土地利用的主要控制指标（王献香，2008），也有研究者认为土地开发强度＝土地容积率＝地块内建筑总面积/地块面积（张博，2010）。建设用地包括商业、工矿、仓储、公用设施、公共建筑、住宅、交通运输、水利设施的用地和特殊用地，建设用地指数又称建设用地率，是指区域内建设用地面积占研究区域总土地面积的比重。土地利用程度主要反映土地利用的广度和深度，它不仅反映了土地利用过程中土地本身的自然属性，同时也反映了人类因素与自然环境因素的综合效应；土地利用综合指数是定量表示土地利用程度的指标。为方便对成渝经济区内各功能区不同年份的经济活动进行对比，本章中的单位土地面积 GDP 使用扣除价格变动因素的可比价 GDP 进行计算，同时分别对三大产业的增加值密度进行计算和对比，考察成渝经济区的产业体系现状和变化情况。最后通过经济活动综合强度指数对成渝经济区的经济活动强度进行综合评价。

5.1 资源开发

5.1.1 土地开发强度

5.1.1.1 建设用地指数

(1) 整体

根据 2000 年、2005 年和 2010 年成渝经济区遥感解译得到的各区县城乡居住地、工业用地和交通用地等建设用地面积,以及土地面积统计数据,计算得到成渝经济区 2000 年、2005 年和 2010 年各区县的建设用地指数,将各区县建设用地指数属性数据与各区县空间数据相关联,得到成渝经济区各区县的建设用地指数图(图 5-1)。

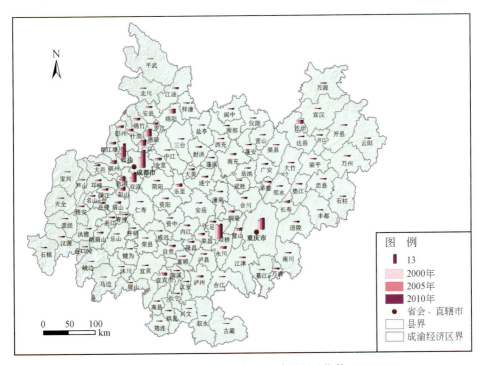

图 5-1 成渝经济区各区县建设用地指数

2000 年单位土地面积建设用地指数最大的 5 个区县为重庆市双桥区、成都市辖区、重庆市辖区、德阳市辖区、成都市双流区,这些地区的建设用地指数分别达到 20.14、14.99、13.64、7.84 和 6.18,而宜宾市屏山、泸州市古蔺、绵阳市平武、雅安市宝兴、乐山市马边的建设用地指数都比较小,位居后 5 位,其中宜宾市屏山的建设用地指数最小,仅为 0.05(图 5-1、表 5-1 和表 5-2)。

表 5-1　成渝经济区单位土地面积建设用地指数最大的 5 个区县

2000 年			2005 年			2010 年		
地级市	县级	建设用地指数	地级市	县级	建设用地指数	地级市	县级	建设用地指数
重庆市	双桥区	20.14	成都市	成都市辖区	23.74	成都市	成都市辖区	26.06
成都市	成都市辖区	14.99	重庆市	双桥区	18.68	重庆市	双桥区	20.80
重庆市	重庆市辖区	13.64	重庆市	重庆市辖区	16.08	成都市	郫县	19.82
德阳市	德阳市辖区	7.84	成都市	郫县	14.71	重庆市	重庆市辖区	16.71
成都市	双流	6.18	成都市	双流	11.31	成都市	双流	13.41

表 5-2　成渝经济区单位土地面积建设用地指数最小的 5 个区县

2000 年			2005 年			2010 年		
地级市	县级	建设用地指数	地级市	县级	建设用地指数	地级市	县级	建设用地指数
宜宾市	屏山	0.05	宜宾市	屏山	0.05	宜宾市	屏山	0.05
泸州市	古蔺	0.07	泸州市	古蔺	0.07	泸州市	古蔺	0.07
绵阳市	平武	0.08	绵阳市	平武	0.08	绵阳市	平武	0.08
雅安市	宝兴	0.09	雅安市	宝兴	0.09	雅安市	宝兴	0.10
乐山市	马边	0.12	乐山市	马边	0.12	乐山市	马边	0.12

2005 年单位土地面积建设用地指数最大的 5 个区县为成都市辖区、重庆市双桥区、重庆市辖区、成都市郫县、成都市双流，这些地区的建设用地指数分别达到 23.74、18.68、16.08、14.71 和 11.31，而宜宾市屏山、泸州市古蔺、绵阳市平武、雅安市宝兴、乐山市马边的建设用地指数都比较小，位居后 5 位，其中宜宾市屏山的建设用地指数最小，仅为 0.05（图 5-1、表 5-1 和表 5-2）。

2010 年单位土地面积建设用地指数最大的 5 个区县为成都市辖区、重庆市双桥区、成都市郫县、重庆市辖区、成都市双流区，这些地区的建设用地指数分别达到 26.06、20.80、19.82、16.71 和 13.41，而宜宾市屏山、泸州市古蔺、绵阳市平武、雅安市宝兴、乐山市马边的建设用地指数都比较小，位居后 5 位，其中宜宾市屏山的建设用地指数最小，仅为 0.05。建设用地指数最大的区域主要集中在成渝市辖区及其周边郊县，从 2000 年到 2005 年和 2010 年，各区县建设用地指数都有不同程度的增长，成都市辖区增长最快，建设用地指数从 2000 年的 14.99 增加大 2010 年的 26.06（图 5-1、表 5-1 和表 5-2）。

(2) 分区

根据 2000 年、2005 年和 2010 年成渝经济区遥感解译得到的各功能区城乡居住地、工业用地和交通用地等建设用地面积和土地面积统计数据，计算得到成渝经济区 2000 年、2005 年和 2010 年各功能区的建设用地指数，将各功能区建设用地指数属性数据与各区县空间数据相关联，得到成渝经济区各区县的建设用地指数图（图 5-2）。

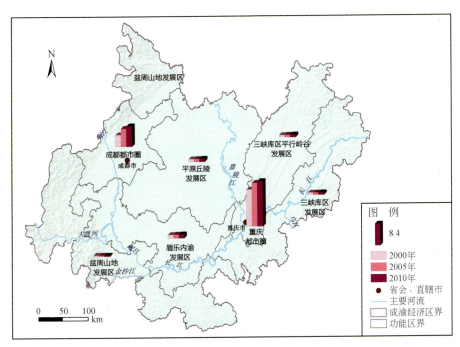

图 5-2 成渝经济区各发展功能区建设用地指数（单位:%）

成渝经济区各发展功能区的建设用地指数研究表明，2000 年、2005 年和 2010 年各功能区建设用地指数以重庆都市圈最大，分别为 13.64、16.08、16.71；成都都市圈次之，分别为 3.71、5.94、6.88；盆周山地发展区最小，分别为 0.32、0.34、0.39（表5-3）。

表 5-3 成渝经济区各发展功能区建设用地指数统计表

发展功能区	2000 年	2005 年	2010 年
盆周山地发展区	0.32	0.34	0.39
眉乐内渝发展区	1.30	1.38	1.54
平原丘陵发展区	1.61	1.67	1.83
成都都市圈	3.71	5.94	6.88
三峡库区平行岭谷发展区	1.10	1.22	1.36
三峡库区发展区	0.80	0.81	0.87
重庆都市圈	13.64	16.08	16.71

5.1.1.2 交通网络密度

(1) 整体

根据 2000 年、2005 年和 2010 年成渝经济区各区县等级以上公路长度统计数据和土地面积统计数据，计算得到成渝经济区 2000 年、2005 年和 2010 年各区县的交通网络密度，将各区县交通网络密度属性数据与各区县空间数据相关联，得到成渝经济区各区县的交通网络密度图（图5-3）。

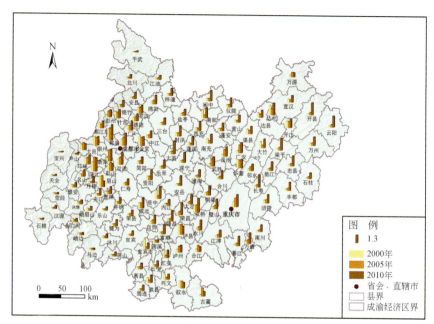

图 5-3　成渝经济区各区县交通网络密度

2000 年交通网络密度最大的 5 个区县为成都市郫县、眉山市辖区、宜宾市辖区、成都市金堂、达州市辖区，这些地区的交通网络密度分别达到 1.99、1.82、1.73、1.70 和 1.67，而雅安市宝兴、天全、汉源，绵阳市平武，重庆市石柱等县的交通网络密度都比较小，位居后 5 位，其中又以雅安市宝兴县的交通网络密度最小，仅为 0.09（图 5-3、表 5-4 和表 5-5）。

表 5-4　成渝经济区单位国土面积建交通网络密度最大的 5 个区县

2000 年			2005 年			2010 年		
地级市	县级	网络交通密度	地级市	县级	网络交通密度	地级市	县级	网络交通密度
成都市	郫县	1.99	成都市	蒲江	2.40	成都市	郫县	2.65
眉山市	眉山市辖区	1.82	成都市	郫县	2.11	重庆市	双桥区	2.38
宜宾市	宜宾市辖区	1.73	成都市	新津	1.98	成都市	蒲江	2.29
成都市	金堂	1.70	眉山市	眉山市辖区	1.91	遂宁市	大英	2.26
达州市	达州市辖区	1.67	泸州市	泸县	1.66	重庆市	长寿区	2.15

表 5-5　成渝经济区单位国土面积交通网络密度最小的 5 个区县

2000 年			2005 年			2010 年		
地级市	县级	网络交通密度	地级市	县级	网络交通密度	地级市	县级	网络交通密度
雅安市	宝兴	0.09	雅安市	天全	0.11	雅安市	宝兴	0.17
绵阳市	平武	0.15	雅安市	宝兴	0.11	绵阳市	平武	0.23
雅安市	天全	0.18	绵阳市	平武	0.12	雅安市	天全	0.24
重庆市	石柱	0.20	雅安市	石棉	0.15	雅安市	石棉	0.25
雅安市	汉源	0.21	雅安市	芦山	0.18	乐山市	马边	0.27

2005年交通网络密度最大的5个区县为成都市蒲江、郫县、新津,眉山市辖区、泸州市泸县,这些地区的交通网络密度分别达到2.40、2.11、1.98、1.91和1.66,而雅安市宝兴、天全、石棉、芦山和绵阳市的平武的交通网络密度都比较小,位居后5位,其中雅安市宝兴的交通网络密度最小,仅为0.11(图5-3、表5-4和表5-5)。

2010年交通网络密度最大的5个区县为成都市郫县、重庆市双桥区、成都市蒲江、遂宁市大英和重庆市长寿区,这些地区的交通网络密度分别达2.65、2.38、2.29、2.26和2.15,而雅安市宝兴、天全、石棉、绵阳市平武和乐山市马边的交通网络密度都比较小,位居后5位,其中雅安市宝兴的交通网络密度最小,仅为0.17。成渝地区各区县近年来的交通网络发展迅速,以成都为中心的成都平原是成渝地区交通网络最发达的区域,近年来重庆及其郊县相对而言交通网络发展更快(图5-3、表5-4和表5-5)。

(2)分区

根据2000年、2005年和2010年成渝经济区各区县等级以上公路长度统计数据和土地面积统计数据,计算得到成渝经济区2000年、2005年和2010年各发展功能区的交通网络密度图。成渝经济区各发展功能区交通网络密度呈不断增大态势,其中2000年交通网络密度均以成都都市圈最大,达1.01,重庆都市圈次之,三峡库区发展区最小。而2005年和2010年则均以重庆都市圈最大,分别为1.50和2.09;成都都市圈次之,分别为1.22和1.62;盆周山地发展区最小,分别为0.39和0.64(图5-4和表5-6)。

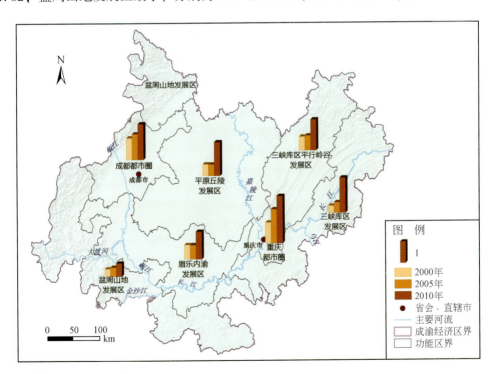

图5-4 成渝经济区各发展功能区交通网络密度

表 5-6　成渝经济区各发展功能区交通网络密度统计表

发展功能区	2000 年	2005 年	2010 年
盆周山地发展区	0.36	0.39	0.64
眉乐内渝发展区	0.63	0.60	1.86
平原丘陵发展区	0.52	0.55	1.55
成都都市圈	1.01	1.22	1.62
三峡库区平行岭谷发展区	0.74	0.76	1.51
三峡库区发展区	0.32	0.48	1.56
重庆都市圈	0.92	1.50	2.09

5.1.1.3　土地利用程度综合指数

(1) 整体

根据 2000 年、2005 年和 2010 年成渝地区遥感解译得到的各区县土地覆被数据和土地利用程度分级赋值，计算得到成渝地区 2000 年、2005 年和 2010 年各区县的土地利用程度综合指数（图 5-5）。

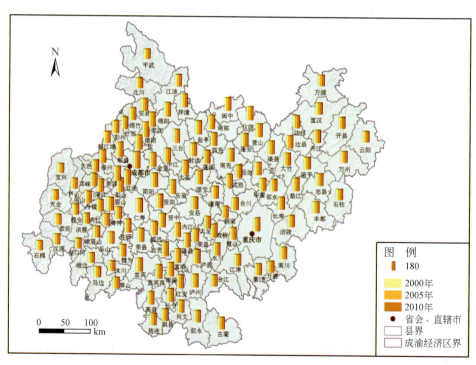

图 5-5　成渝经济区各区县土地利用程度综合指数

2000 年土地利用程度综合指数最大的 5 个区县为成都市辖区、德阳市辖区、成都市郫县、德阳市广汉市和成都市双流，这些地区的土地利用程度综合指数分别为329、303.58、302.13、301.74、299.01，而雅安市宝兴、石棉、天全，绵阳市平武和乐山市金口河区的土地利用程度综合指数都比较小，位居后5位，其中土地利用程度综合指数最小的为雅安市宝兴，仅为192.63（图5-5、表5-7和表5-8）。

表5-7 成渝经济区土地利用程度综合指数最大的5个区县　　　　（单位:%）

2000年			2005年			2010年		
地级市	县级	综合指数	地级市	县级	综合指数	地级市	县级	综合指数
成都市	成都市辖区	329.00	成都市	成都市辖区	344.99	成都市	成都市辖区	350.96
德阳市	德阳市辖区	303.58	成都市	郫县	312.57	成都市	郫县	318.55
成都市	郫县	302.13	德阳市	德阳市辖区	304.58	德阳市	德阳市辖区	306.28
德阳市	广汉市	301.74	德阳市	广汉市	302.75	德阳市	广汉市	302.45
成都市	双流	299.01	成都市	双流	300.35	成都市	双流	301.73

表5-8 成渝经济区土地利用程度综合指数最小的5个区县　　　　（单位:%）

2000年			2005年			2010年		
地级市	县级	综合指数	地级市	县级	综合指数	地级市	县级	综合指数
雅安市	宝兴	192.63	雅安市	宝兴	192.49	雅安市	宝兴	192.25
雅安市	石棉	200.87	雅安市	石棉	200.66	雅安市	石棉	200.41
绵阳市	平武	204.88	绵阳市	平武	204.68	绵阳市	平武	204.06
雅安市	天全	206.00	雅安市	天全	206.03	乐山市	金口河区	205.83
乐山市	金口河区	206.20	乐山市	金口河区	206.20	雅安市	天全	206.04

2005年土地利用程度综合指数最大的5个区县为成都市辖区、成都市郫县、德阳市辖区、德阳市广汉市和成都市双流，这些地区的土地利用程度综合指数分别为344.99、312.57、304.58、302.75、300.35，而雅安市宝兴、石棉、天全，绵阳市平武和乐山市金口河区的土地利用程度综合指数都比较小，位居后5位，其中土地利用程度综合指数最小的为雅安市宝兴，仅为192.49（图5-5和表5-7、表5-8）。

2010年土地利用程度综合指数最大的5个区县为成都市辖区、成都市郫县、德阳市辖区、德阳市广汉市和成都市双流，这些地区的土地利用程度综合指数分别为350.96、318.55、306.28、302.45、301.73，而雅安市宝兴、石棉、天全，绵阳市平武和乐山市金口河区的土地利用程度综合指数都比较小，位居后5位，其中土地利用程度综合指数最小的为雅安市宝兴，仅为192.25（图5-5和表5-7、表5-8）。

(2) 分区

成渝经济区各发展功能区土地利用程度综合指数研究表明，2000年、2005年和2010年各发展功能区土地利用程度变化不大，但以成都都市圈最大，分别为291.47、295.53、296.85；盆周山地发展区最小，分别为228.32、227.93、227.53，但重庆都市圈变化幅度最大,十年增长了14.32(图5-6和表5-9)。说明2000~2010年重庆都市圈城市化建设加快。

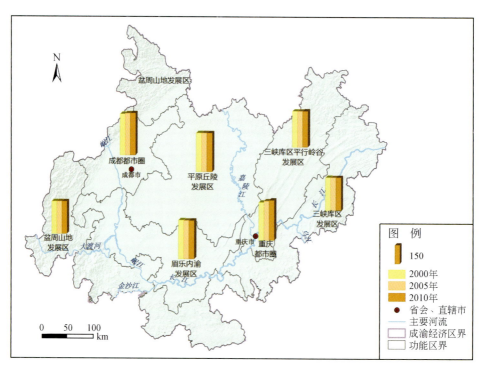

图5-6 成渝经济区各发展功能区土地利用程度综合指数

表5-9 成渝经济区各发展功能区土地利用程度综合指数

发展功能区	2000年	2005年	2010年
盆周山地发展区	228.32	227.93	227.53
眉乐内渝发展区	272.43	270.26	269.49
平原丘陵发展区	272.75	272.76	272.26
成都都市圈	291.47	295.53	296.85
三峡库区平行岭谷发展区	253.58	253.47	253.93
三峡库区发展区	236.65	236.36	236.22
重庆都市圈	267.04	276.89	281.36

5.1.1.4 土地开发强度综合指数

(1) 整体

根据上述各区县的建设用地指数、交通网络密度、土地利用程度指数,采用数据归一化处理和等比例加权计算得到成渝地区各区县的土地开发强度综合指数图(图5-7)。

第5章 成渝经济区开发强度

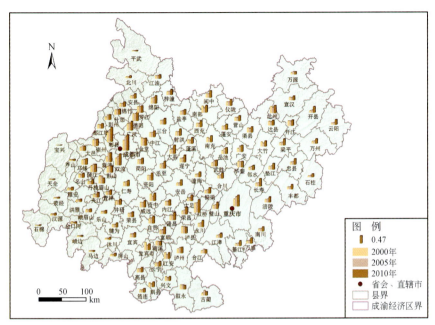

图 5-7 成渝经济区各区县土地开发强度综合指数

2000年土地开发强度综合指数最大的5个区县为成都市辖区、重庆市双桥区、成都市郫县、宜宾市辖区和眉山市辖区，这些地区的土地开发强度综合指数分别为0.65、0.60、0.58、0.49、0.47，而雅安市荥经、石棉、天全，绵阳市平武和北川的土地开发强度综合指数都比较小，位居后5位，其中土地开发强度综合指数最小的为绵阳市平武，仅为0.04（图5-7、表5-10和表5-11）。

表5-10 成渝经济区土地开发强度综合指数最大的5个区县

2000年			2005年			2010年		
地级市	县级	土地开发强度综合指数	地级市	县级	土地开发强度综合指数	地级市	县级	土地开发强度综合指数
成都市	成都市辖区	0.65	成都市	成都市辖区	0.86	成都市	成都市辖区	1.00
重庆市	双桥区	0.60	成都市	郫县	0.75	成都市	郫县	0.91
成都市	郫县	0.58	重庆市	双桥区	0.61	重庆市	双桥区	0.81
宜宾市	宜宾市辖区	0.49	重庆市	重庆市辖区	0.61	成都市	双流	0.72
眉山市	眉山市辖区	0.47	成都市	新津	0.57	重庆市	重庆市辖区	0.71

表5-11 成渝经济区土地开发强度综合指数最小的5个区县

2000年			2005年			2010年		
地级市	县级	土地开发强度综合指数	地级市	县级	土地开发强度综合指数	地级市	县级	土地开发强度综合指数
绵阳市	平武	0.04	雅安市	石棉	0.03	雅安市	宝兴	0.01
雅安市	石棉	0.04	绵阳市	平武	0.03	雅安市	石棉	0.04

续表

2000 年			2005 年			2010 年		
地级市	县级	土地开发强度综合指数	地级市	县级	土地开发强度综合指数	地级市	县级	土地开发强度综合指数
雅安市	天全	0.04	雅安市	天全	0.03	绵阳市	平武	0.05
雅安市	荥经	0.06	乐山市	金口河区	0.06	雅安市	天全	0.05
绵阳市	北川	0.07	雅安市	荥经	0.06	雅安市	荥经	0.07

2005 年土地开发强度综合指数最大的 5 个区县为成都市辖区、成都市郫县、重庆市双桥区、重庆市辖区和成都市新津，这些地区的土地开发强度综合指数分别为 0.86、0.75、0.61、0.61、0.57，而雅安市荥经、石棉、天全，绵阳市平武和乐山市金口河区的土地开发强度综合指数都比较小，位居后 5 位，其中土地开发强度综合指数最小的为绵阳市平武，仅为 0.03（图 5-7、表 5-10 和表 5-11）。

2010 年土地开发强度综合指数最大的 5 个区县为成都市辖区、成都市郫县、重庆市双桥区、成都市双流和重庆市辖区，这些地区的土地开发强度综合指数分别为 1.00、0.91、0.81、0.72、0.71，而雅安市宝兴、石棉、天全、荥经，绵阳市平武的土地开发强度综合指数都比较小，位居后 5 位，其中土地开发强度综合指数最小的为雅安市宝兴，仅为 0.01（图 5-7、表 5-10 和表 5-11）。

（2）分区

成渝经济区各发展功能区的交通网络密度研究表明，2000 年、2005 年和 2010 年各功能区交通网络密度以重庆都市圈最大，分别为 0.52、0.70、0.93；成都都市圈次之，分别为 0.42、0.47、0.54；盆周山地发展区最小，分别为 0.004、0.01、0.02（图 5-8 和表 5-12）。

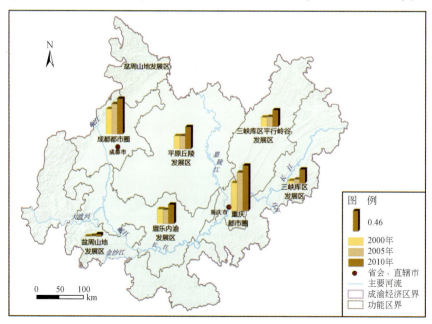

图 5-8　成渝经济区各发展功能区土地开发强度综合指数

表 5-12 成渝经济区各发展功能区土地开发强度综合指数统计表

发展功能区	2000 年	2005 年	2010 年
盆周山地发展区	0.004	0.01	0.02
眉乐内渝发展区	0.30	0.35	0.42
平原丘陵发展区	0.30	0.37	0.44
成都都市圈	0.42	0.47	0.54
三峡库区平行岭谷发展区	0.17	0.21	0.26
三峡库区发展区	0.07	0.09	0.12
重庆都市圈	0.52	0.70	0.93

5.1.2 能源利用强度

5.1.2.1 整体

能源利用强度（EUI）采用万元 GDP 能耗（tce/万元）来表示。

2000 年能源利用强度最大的 5 个区县为达州市万源市、大竹、宣汉、开江和渠县，这些地区的能源利用强度都为 3.26tce/万元，而成都市双流、大邑、崇州市、彭州市和成都市辖区的能源利用强度都比较小，位居后 5 位，能源利用强度都为 1.21tce/万元（图 5-9、表 5-13 和表 5-14）。

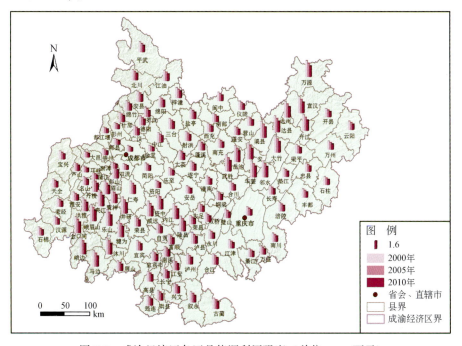

图 5-9 成渝经济区各区县能源利用强度（单位：tce/万元）

表 5-13　成渝经济区单位土地面积能源利用强度最大的 5 个区县　　（单位：tce/万元）

2000 年			2005 年			2010 年		
地级市	县级	能源利用强度	地级市	县级	能源利用强度	地级市	县级	能源利用强度
达州市	万源市	3.26	达州市	万源市	2.71	达州市	万源市	2.16
达州市	大竹	3.26	达州市	大竹	2.71	达州市	大竹	2.16
达州市	宣汉	3.26	达州市	宣汉	2.71	达州市	宣汉	2.16
达州市	开江	3.26	达州市	开江	2.71	达州市	开江	2.16
达州市	渠县	3.26	达州市	渠县	2.71	达州市	渠县	2.16

表 5-14　成渝经济区单位土地面积能源利用强度最小的 5 个区县　　（单位：tce/万元）

2000 年			2005 年			2010 年		
地级市	县级	能源利用强度	地级市	县级	能源利用强度	地级市	县级	能源利用强度
成都市	双流	1.21	成都市	双流	1.01	成都市	双流	0.81
成都市	大邑	1.21	成都市	大邑	1.01	成都市	大邑	0.81
成都市	崇州市	1.21	成都市	崇州市	1.01	成都市	崇州市	0.81
成都市	彭州市	1.21	成都市	彭州市	1.01	成都市	彭州市	0.81
成都市	成都市辖区	1.21	成都市	成都市辖区	1.01	成都市	成都市辖区	0.81

2005 年能源利用强度最大的 5 个区县为达州市万源市、大竹、宣汉、开江和渠县，这些地区的能源利用强度都为 2.71tce/万元，而成都市双流、大邑、崇州市、彭州市和成都市辖区的能源利用强度都比较小，位居后 5 位，能源利用强度都为 1.01tce/万元（图 5-9、表 5-13 和表 5-14）。

2010 年能源利用强度最大的 5 个区县为达州市万源市、大竹、宣汉、开江和渠县，这些地区的能源利用强度都为 2.16tce/万元，而成都市双流、大邑、崇州市、彭州市和成都市辖区的能源利用强度都比较小，位居后 5 位，能源利用强度都为 0.81tce/万元（图 5-9、表 5-13 和表 5-14）。

5.1.2.2　分区

根据 2000 年、2005 年和 2010 年成渝经济区各功能区能耗（tce）和相应年份的 GDP（万元），计算得到万元 GDP 能耗（tce/万元）分布图（图 5-10）。

成渝经济区各发展功能区的能源利用强度研究表明，2000 年、2005 年和 2010 年各功能区能源利用强度以三峡库区平行岭谷发展区最大，分别为 2.90tce/万元、2.41tce/万元、1.90tce/万元；眉乐内渝发展区次之，分别为 2.40tce/万元、1.99tce/万元、1.58tce/万元；成都都市圈最小，分别为 1.47tce/万元、1.22tce/万元、0.98tce/万元。结果表明，从 2000 年、2005 年到 2010 年成渝地区各地市万元 GDP 能耗均有不同程度的减小，但均表现为经济越发达地区，其万元 GDP 能耗越低（图 5-10 和表 5-15）。

第 5 章 成渝经济区开发强度

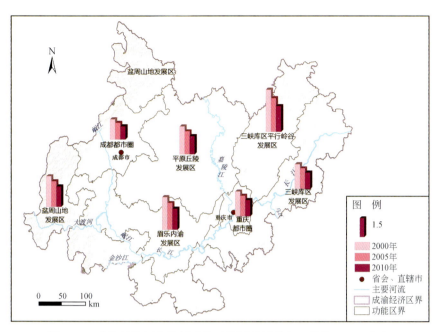

图 5-10 成渝经济区各发展功能区能源利用强度（单位：tce/万元）

表 5-15 成渝经济区各发展功能区能源利用强度统计表 （单位：tce/万元）

发展功能区	2000 年	2005 年	2010 年
盆周山地发展区	2.19	1.82	1.45
眉乐内渝发展区	2.40	1.99	1.58
平原丘陵发展区	1.96	1.63	1.29
成都都市圈	1.47	1.22	0.98
三峡库区平行岭谷发展区	2.90	2.41	1.92
三峡库区发展区	1.72	1.43	1.13
重庆都市圈	1.72	1.43	1.13

5.1.3 水资源开发利用强度

5.1.3.1 水资源利用强度

(1) 整体

根据 2000 年、2005 年和 2010 年成渝经济区各区县工业、农业、生活、生态环境等用水（因区县暂无用水数据，各区县工业用水根据工业总产值和单位产值耗水量推算，农业用水根据农业总产值及其单位产值耗水量推算，生活用水根据人口数量和人均生活用水量推算）和地表水资源总量，获得 2000 年、2005 年和 2010 年成渝经济区各区县水资源利用强度指数分布图（图 5-11）。

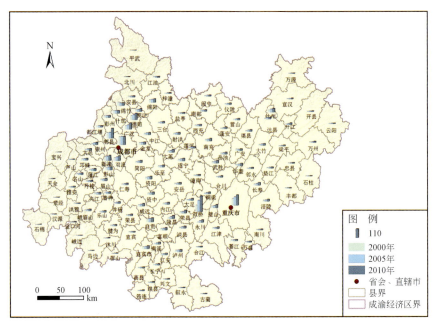

图 5-11 成渝经济区各区县水资源利用强度指数（单位:%）

2000 年单位土地面积水资源利用强度指数最大的 5 个区县为成都市辖区、重庆市辖区、重庆市双桥区、成都市郫县和德阳市辖区，这些地区的水资源利用强度指数分别为 115.65%、99.57%、93.19%、77.23%、59.64%，而雅安市宝兴、石棉，乐山市马边，绵阳市平武和北川的水资源利用强度指数都比较小，位居后 5 位，其中水资源利用强度指数最小的为雅安市宝兴，仅为 0.75%（图 5-11、表 5-16 和表 5-17）。

表 5-16 成渝经济区单位土地面积水资源利用强度指数最大的 5 个区县（单位:%）

2000 年			2005 年			2010 年		
地级市	县级	水资源利用强度	地级市	县级	水资源利用强度	地级市	县级	水资源利用强度
成都市	成都市辖区	115.65	重庆市	双桥区	160.44	重庆市	双桥区	221.58
重庆市	重庆市辖区	99.57	重庆市	重庆市辖区	121.26	重庆市	重庆市辖区	148.24
重庆市	双桥区	93.19	成都市	成都市辖区	117.05	成都市	郫县	142.34
成都市	郫县	77.23	成都市	郫县	82.77	成都市	成都市辖区	118.33
德阳市	德阳市辖区	59.64	德阳市	德阳市辖区	69.94	德阳市	德阳市辖区	92.04

表 5-17 成渝经济区单位土地面积水资源利用强度指数最小的 5 个区县（单位:%）

2000 年			2005 年			2010 年		
地级市	县级	水资源利用强度	地级市	县级	水资源利用强度	地级市	县级	水资源利用强度
雅安市	宝兴	0.75	雅安市	宝兴	1.02	雅安市	宝兴	1.27
乐山市	马边	1.15	绵阳市	平武	1.27	绵阳市	平武	2.25
绵阳市	平武	1.23	雅安市	石棉	2.23	雅安市	石棉	2.78
雅安市	石棉	1.64	乐山市	马边	2.30	绵阳市	北川	2.86
绵阳市	北川	1.69	绵阳市	北川	2.30	乐山市	峨边	2.87

2005年单位土地面积水资源利用强度指数最大的5个区县为重庆市双桥区、重庆市辖区、成都市辖区、成都市郫县和德阳市辖区，这些地区的水资源利用强度指数分别为160.44%、121.26%、117.05%、82.77%、69.94%，而雅安市宝兴、石棉，乐山市马边，绵阳市平武和北川的水资源利用强度指数都比较小，位居后5位，其中水资源利用强度指数最小的为雅安市宝兴，仅为1.02%（图5-11、表5-16和表5-17）。

2010年单位土地面积水资源利用强度指数最大的5个区县为重庆市双桥区、重庆市辖区、成都市郫县、成都市辖区和德阳市辖区，这些地区的水资源利用强度指数分别为221.58%、148.24%、142.34%、118.33%、92.04%，而雅安市宝兴、石棉，乐山市峨边，绵阳市平武和北川的水资源利用强度指数都比较小，位居后5位，其中水资源利用强度指数最小的为雅安市宝兴，仅为1.27%。成渝经济区各区县的水资源利用强度指数与该区域的工农业经济发展程度和人口密度等紧密相关，随着人口和经济的增长，各区县的水资源利用强度指数都有不同程度的增加（图5-11，表5-16和表5-17）。

(2) 分区

同理，得到成渝经济区各发展功能区水资源利用强度指数图。分析发现，成渝经济区各发展功能区的水资源利用强度指数研究表明，2000年、2005年和2010年各功能区水资源利用强度指数以重庆都市圈最大，分别为99.57%、121.26%、148.24%；成都都市圈次之，分别为40.75%、45.11%、56.46%；盆周山地发展区最小，分别为5.05%、6.60%、8.52%（图5-12和表5-18）。

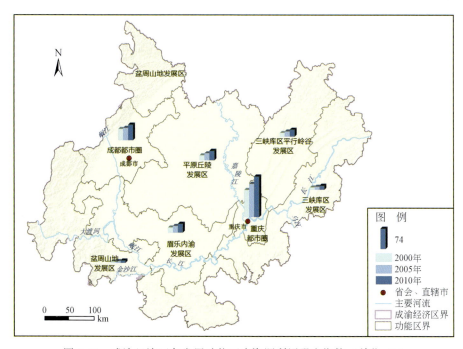

图 5-12 成渝经济区各发展功能区水资源利用强度指数（单位:%）

表 5-18　各发展功能区水资源利用强度指数统计表　　　　　　（单位:%）

发展功能区	2000 年	2005 年	2010 年
盆周山地发展区	5.05	6.60	8.52
眉乐内渝发展区	18.85	24.12	32.08
平原丘陵发展区	18.38	25.67	34.59
成都都市圈	40.75	45.11	56.46
三峡库区平行岭谷发展区	14.04	19.05	25.91
三峡库区发展区	8.77	11.11	15.06
重庆都市圈	99.57	121.26	148.24

5.1.3.2　水利开发强度

(1) 整体

从包括水利统计年鉴在内的各类统计年鉴中均没得到各区县水库库容统计数据，本书根据 2000 年、2005 年和 2010 年成渝经济区遥感解译得到的各区县水库面积，以水库面积大小大致推算各区县水库库容，按照上述计算公式，除以各区县多年平均地表水资源总量，计算得到成渝经济区 2000 年、2005 年和 2010 年各区县的水利开发强度指数，将各区县水利开发强度指数属性数据与各区县空间数据相关联，得到成渝经济区各区县的水利开发强度指数图（图 5-13）。

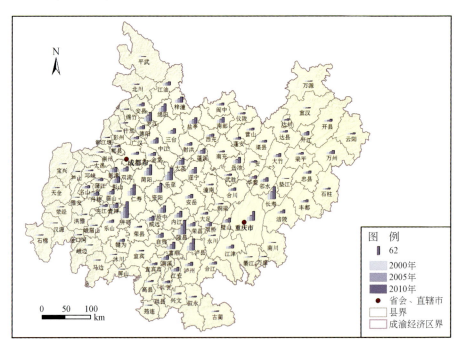

图 5-13　成渝经济区各区县水利开发强度指数（单位:%）

2000年单位土地面积水利开发强度指数最大的5个区县为乐山市井研、重庆市区长寿区、资阳市乐至、内江市隆昌和资阳市简阳市,这些地区的水利开发强度指数分别为42.69%、34.12%、34.06%、31.11%、29.17%,而雅安市荥经、天全,重庆市辖县垫江,乐山市峨边和马边的水资源利用强度指数都比较小,位居后5位,其中水利开发强度指数最小的为雅安市荥经,仅为0.02%(图5-13、表5-19和表5-20)。

表5-19 成渝经济区单位土地面积水利开发强度指数最大的5个区县 (单位:%)

2000年			2005年			2010年		
地级市	县级	水利开发强度	地级市	县级	水利开发强度	地级市	县级	水利开发强度
乐山市	井研	42.69	乐山市	井研	82.62	乐山市	井研	124.77
重庆市	长寿区	34.12	内江市	隆昌	66.39	内江市	隆昌	104.66
资阳市	乐至	34.06	资阳市	乐至	60.84	重庆市	长寿区	93.16
内江市	隆昌	31.11	重庆市	长寿区	55.17	资阳市	乐至	91.55
资阳市	简阳市	29.17	泸州市	泸县	53.46	泸州市	泸县	85.34

表5-20 成渝经济区单位土地面积水利开发强度指数最小的5个区县 (单位:%)

2000年			2005年			2010年		
地级市	县级	水利开发强度	地级市	县级	水利开发强度	地级市	县级	水利开发强度
雅安市	荥经	0.02	雅安市	荥经	0.03	雅安市	荥经	0.04
雅安市	天全	0.04	雅安市	天全	0.06	雅安市	天全	0.10
重庆市	垫江	0.04	重庆市	垫江	0.06	重庆市	垫江	0.10
乐山市	峨边	0.16	乐山市	峨边	0.29	乐山市	峨边	0.44
乐山市	马边	0.16	雅安市	汉源	0.29	雅安市	汉源	0.44

2005年单位土地面积水利开发强度指数最大的5个区县为乐山市井研、内江市隆昌、资阳市乐至、重庆市区长寿区和泸州市泸县,这些地区的水利开发强度指数分别为82.62%、66.39%、60.84%、55.17%、53.46%,而雅安市荥经、天全、汉源,重庆市垫江,乐山市峨边的水资源利用强度指数都比较小,位居后5位,其中水利开发强度指数最小的为雅安市荥经,仅为0.03%(图5-13、表5-19和表5-20)。

2010年水利开发强度指数最大的5个区县为乐山市井研、内江市隆昌、重庆市区长寿区、资阳市乐至和泸州市泸县,这些地区的水利开发强度指数分别为124.77%、104.66%、93.16%、91.55%、85.34%,而雅安市荥经、天全、汉源,重庆市垫江,乐山市峨边的水资源利用强度指数都比较小,位居后5位,其中水利开发强度指数最小的为雅安市荥经,仅为0.04%(图5-13、表5-19和表5-20)。

(2)分区

本书根据2000年、2005年和2010年成渝地区遥感解译得到的各功能区水库面积,以水库面积大小大致推算各功能区水库库容,按照上述计算公式,除以各功能区多年平均地表水资源总量,计算得到成渝地区2000年、2005年和2010年各功能区的水利开发强度指数,将各功能区水利开发强度指数属性数据与各功能区空间数据相关联,得到成渝地区各功能区的水利开发强度指数图(图5-14)。

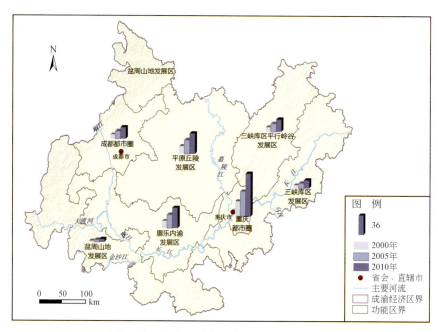

图 5-14　成渝经济区各发展功能区水利开发强度指数（单位:%）

成渝经济区各发展功能区的水利开发强度指数研究表明，2000 年、2005 年和 2010 年各功能区水利开发强度指数以重庆都市圈最大，分别为 25.52%、41.45%、71.46%；平原丘陵发展区次之，分别为 12.85%、22.65%、34.38%；盆周山地发展区最小，分别为 1.78%、3.17%、5%（图 5-14 和表 5-21）。

表 5-21　成渝经济区各发展功能区水利开发强度指数表　　　　（单位:%）

发展功能区	2000 年	2005 年	2010 年
盆周山地发展区	1.78	3.17	5.00
眉乐内渝发展区	11.78	21.96	33.81
平原丘陵发展区	12.85	22.65	34.38
成都都市圈	7.18	12.76	19.33
三峡库区平行岭谷发展区	7.38	12.93	20.38
三峡库区发展区	4.97	8.01	13.53
重庆都市圈	25.52	41.45	71.46

5.1.3.3　万元 GDP 耗水量

(1) 整体

根据 2000 年、2005 年和 2010 年成渝经济区的第一产业、第二产业、第三产业的总耗水量 GDP，计算得到成渝经济区 2000 年、2005 年和 2010 年各区县的万元 GDP 耗水量图（图 5-15）。

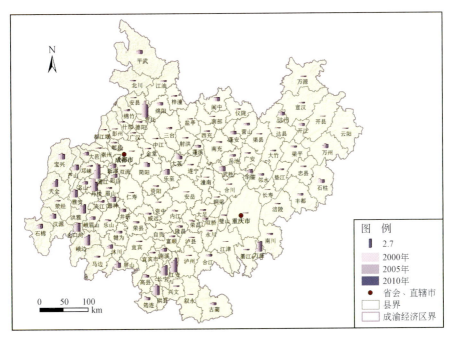

图 5-15　成渝经济区各区县万元 GDP 耗水量（单位：m³/万元）

2000 年万元 GDP 耗水量最大的 5 个区县为乐山市峨边县、绵阳市平武、雅安市宝兴、眉山市洪雅和重庆市石柱，这些地区的万元 GDP 耗水量分别为 6529.13m³/万元、5620.65 m³/万元、5118.58 m³/万元、4939.96 m³/万元、4156.77 m³/万元，而重庆市辖区，成都市辖区、重庆市双桥区、江津区、开县的万元 GDP 耗水量都比较小，位居后 5 位，其中万元 GDP 耗水量最小的为重庆市辖区，仅为 13.74 m³/万元（图 5-15、表 5-22 和表 5-23）。

表 5-22　成渝经济区万元 GDP 耗水量最大的 5 个区县　（单位：m³/万元）

2000 年			2005 年			2010 年		
地级市	县级	万元 GDP 耗水量	地级市	县级	万元 GDP 耗水量	地级市	县级	万元 GDP 耗水量
乐山市	峨边	6529.13	绵阳市	平武	7474.86	乐山市	峨边	8331.71
绵阳市	平武	5620.65	乐山市	峨边	7321.64	绵阳市	平武	6709.91
雅安市	宝兴	5118.58	雅安市	宝兴	6491.63	雅安市	天全	5782.73
眉山市	洪雅	4939.96	重庆市	万州区	5123.55	眉山市	洪雅	5734.15
重庆市	石柱	4156.77	眉山市	洪雅	4925.21	雅安市	宝兴	5184.23

表 5-23　成渝经济区万元 GDP 耗水量最小的 5 个区县　（单位：m³/万元）

2000 年			2005 年			2010 年		
地级市	县级	万元 GDP 耗水量	地级市	县级	万元 GDP 耗水量	地级市	县级	万元 GDP 耗水量
重庆市	重庆市辖区	13.74	重庆市	重庆市辖区	14.26	重庆市	双桥区	12.51
成都市	成都市辖区	19.74	重庆市	双桥区	23.24	重庆市	重庆市辖	13.05
重庆市	双桥区	20.39	成都市	成都市辖区	24.52	成都市	成都市辖区	24.82
重庆市	江津区	21.59	重庆市	江津区	25.86	重庆市	江津区	27.34
重庆市	开县	30.04	绵阳市	安县	50.52	重庆市	潼南	46.85

2005年万元GDP耗水量最大的5个区县为绵阳市平武、乐山市峨边、雅安市宝兴、重庆市万州区和眉山市洪雅,这些地区的万元GDP耗水量分别为7474.86m³/万元、7321.64m³/万元、6491.63m³/万元、5123.55m³/万元、4925.21m³/万元,而重庆市辖区、重庆市双桥区、江津区、成都市辖区、绵阳市安县的万元GDP耗水量都比较小,位居后5位,其中万元GDP耗水量最小的为重庆市辖区,仅为14.26m³/万元(图5-15、表5-22和表5-23)。

2010年万元GDP耗水量最大的5个区县分别为乐山市峨边、绵阳市平武、雅安市天全、眉山市洪雅、雅安市宝兴,这些地区的万元GDP耗水量分别为8331.71m³/万元、6709.91m³/万元、5782.73m³/万元、5734.15m³/万元、5184.23 m³/万元,而重庆市辖区、重庆市双桥区、江津区、成都市辖区、重庆市潼南的万元GDP耗水量都比较小,位居后5位,其中万元GDP耗水量最小的为重庆市双桥区,仅为12.51m³/万元(图5-15、表5-22和表5-23)。

(2)分区

成渝经济区各发展功能区的万元GDP耗水量研究表明,2000年、2005年和2010年各功能区万元GDP耗水量以盆周山地发展区最大,分别为1969.08m³/万元、2497.93m³/万元、2425.97m³/万元;平原丘陵发展区次之,分别为633.80m³/万元、758.21m³/万元、697.10m³/万元;重庆都市圈最小,分别为313.74m³/万元、414.26m³/万元、353.05m³/万元(图5-16和表5-24)。

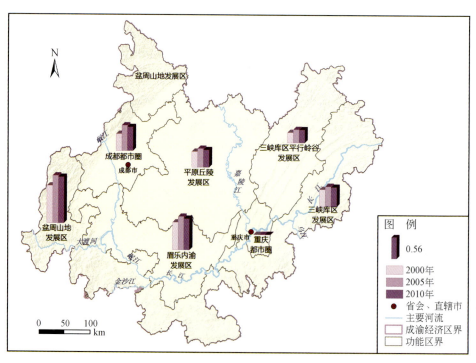

图5-16 成渝经济区各发展功能区万元GDP耗水量(单位:m³/万元)

表 5-24　成渝经济区各发展功能区万元 GDP 耗水量　　（单位：m³/万元）

发展功能区	2000 年	2005 年	2010 年
盆周山地发展区	1969.08	2497.93	2425.97
眉乐内渝发展区	745.02	897.16	843.63
平原丘陵发展区	633.80	758.21	697.10
成都都市圈	408.12	616.05	576.00
三峡库区平行岭谷发展区	472.48	610.93	601.36
三峡库区发展区	1134.81	1340.52	1288.88
重庆都市圈	313.74	414.26	353.05

5.1.3.4　水资源开发利用强度指数

(1) 整体

根据上述水资源利用强度、水利开发强度、万元 GDP 取水量，采用数据归一化处理和等比例加权计算得到成渝地区各区水资源开发利用强度指数图（图 5-17）。

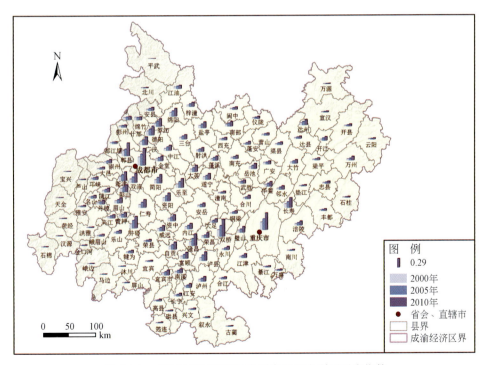

图 5-17　成渝经济区各区县水利资源开发利用强度指数

2000 年水资源开发利用强度指数最大的 5 个区县分别为成都市辖区、重庆市辖区、重庆市双桥区、成都市郫县和成都市新津，这些地区的水资源开发利用强度指数分别为

0.48、0.44、0.39、0.29、0.25，而雅安市宝兴、荥经、石棉和天全，绵阳市平武的水资源开发利用强度指数都比较小，位居后5位，其中水资源开发利用强度指数最小的为雅安市宝兴和绵阳市平武，为0.001（图5-17、表5-25和表5-26）。

表5-25 成渝经济区水利资源开发利用强度指数最大的5个区县

2000年			2005年			2010年		
地级市	县级	水利资源开发利用强度指数	地级市	县级	水利资源开发利用强度指数	地级市	县级	水利资源开发利用强度指数
成都市	成都市辖区	0.48	成都市	成都市辖区	0.65	重庆市	双桥区	1.00
重庆市	重庆市辖区	0.44	重庆市	重庆市辖区	0.63	成都市	成都市辖区	0.97
重庆市	双桥区	0.39	重庆市	双桥区	0.62	重庆市	重庆市辖区	0.97
成都市	郫县	0.29	乐山市	井研	0.44	成都市	郫县	0.74
成都市	新津	0.25	内江市	隆昌	0.42	内江市	隆昌	0.67

表5-26 成渝经济区水利资源开发利用强度指数最小的5个区县

2000年			2005年			2010年		
地级市	县级	水利资源开发利用强度指数	地级市	县级	水利资源开发利用强度指数	地级市	县级	水利资源开发利用强度指数
雅安市	宝兴	0.001	雅安市	宝兴	0.003	雅安市	宝兴	0.01
绵阳市	平武	0.001	绵阳市	平武	0.004	绵阳市	平武	0.01
雅安市	荥经	0.003	乐山市	马边	0.004	乐山市	峨边	0.01
雅安市	石棉	0.003	乐山市	峨边	0.005	乐山市	马边	0.01
雅安市	天全	0.003	雅安市	天全	0.006	雅安市	天全	0.01

2005年水资源开发利用强度指数最大的5个区县为成都市辖区、重庆市辖区、重庆市双桥区、乐山市井研和内江市隆昌，这些地区的水资源开发利用强度指数分别为0.65、0.63、0.62、0.44、0.42，而雅安市宝兴、天全，绵阳市平武，乐山市的马边、峨边的水资源开发利用强度指数都比较小，位居后5位，其中水资源开发利用强度指数最小的为雅安宝兴，仅为0.003（图5-17、表5-25和表5-26）。

2010年水资源开发利用强度指数最大的5个区县为重庆市双桥区、成都市辖区、重庆市辖区、成都市郫县和内江市隆昌，这些地区的水资源开发利用强度指数分别为1.00、0.97、0.97、0.74、0.67，而雅安市宝兴、天全，绵阳市平武，乐山市的马边、峨边的水资源开发利用强度指数都比较小，位居后5位，这些区县的水资源开发利用强度指数均约为0.01（图5-17、表5-25和表5-26）。

（2）分区

成渝经济区各发展功能区的水资源开发利用强度指数研究表明，2000年、2005年和

2010 年各功能区水资源开发利用强度指数不断增大,其中以重庆都市圈最大,2000 年、2005 年和 2010 年分别为 0.33、0.48、0.67;成都都市圈次之,2000 年、2005 年和 2010 年分别为 0.12、0.19、0.24;三峡库区平行岭谷发展区最小,2000 年、2005 年和 2010 年分别为 0.07、0.13、0.18(图 5-18 和表 5-27)。

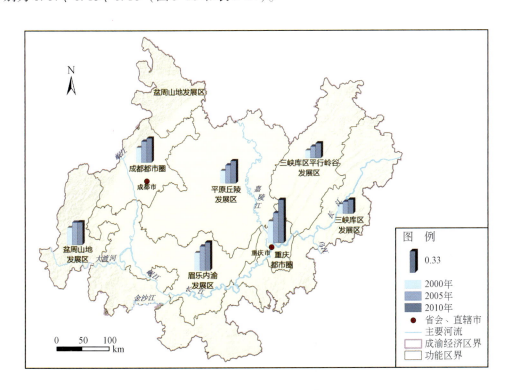

图 5-18　成渝经济区各发展功能区水利资源开发利用强度指数

表 5-27　成渝经济区各发展功能区水利资源开发利用强度指数

发展功能区	2000 年	2005 年	2010 年
盆周山地发展区	0.25	0.34	0.35
眉乐内渝发展区	0.15	0.23	0.30
平原丘陵发展区	0.13	0.22	0.28
成都都市圈	0.12	0.19	0.24
三峡库区平行岭谷发展区	0.07	0.13	0.18
三峡库区发展区	0.15	0.20	0.23
重庆都市圈	0.33	0.48	0.67

5.2 经济活动强度

5.2.1 单位土地面积 GDP

5.2.1.1 整体

2000 年单位土地面积 GDP 最大的 5 个区县为成都市辖区、重庆市辖区、重庆市双桥区、成都市郫县和绵阳市辖区,它们的单位面积 GDP 分别为 2964.88 万元/km²、1560.09 万元/km²、1509.14 万元/km²、1400.17 万元/km² 和 930.70 万元/km²,而雅安市的宝兴、绵阳市平武、北川、乐山市峨边、马边的单位面积 GDP 位居后 5 位,尤其又以绵阳市平武 GDP 密度最小,仅为 8.67 万元/km²(图 5-19、表 5-28 和表 5-29)。

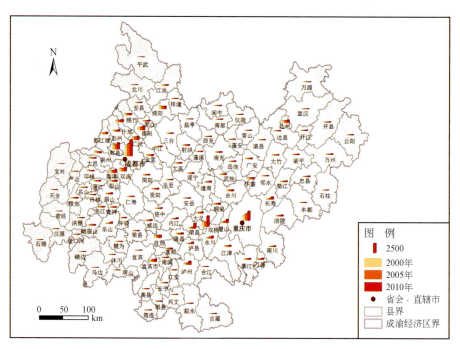

图 5-19 成渝经济区各区县单位土地面积 GDP 图(单位:万元/km²)

表 5-28 成渝经济区单位土地面积 GDP 最大的 5 个区县(单位:万元/km²)

2000 年			2005 年			2010 年		
地级市	县级	单位土地面积 GDP	地级市	县级	单位土地面积 GDP	地级市	县级	单位土地面积 GDP
成都市	成都市辖区	2964.88	成都市	成都市辖区	3786.91	成都市	成都市辖区	4906.57

续表

2000 年			2005 年			2010 年		
地级市	县级	单位土地面积GDP	地级市	县级	单位土地面积GDP	地级市	县级	单位土地面积GDP
重庆市	重庆市辖区	1560.09	重庆市	重庆市辖区	2030.33	重庆市	双桥区	3195.45
重庆市	双桥区	1509.14	重庆市	双桥区	1418.03	重庆市	重庆市辖区	2779.74
成都市	郫县	1400.17	成都市	郫县	1229.31	成都市	郫县	1929.35
绵阳市	绵阳市辖区	930.70	成都市	双流	946.49	重庆市	荣昌	1486.49

表5-29 成渝经济区单位土地面积GDP最小的5个区县(单位：万元/km²)

2000 年			2005 年			2010 年		
地级市	县级	单位土地面积GDP	地级市	县级	单位土地面积GDP	地级市	县级	单位土地面积GDP
绵阳市	平武	8.67	绵阳市	平武	10.30	绵阳市	平武	13.14
乐山市	马边	14.17	雅安市	宝兴	14.16	雅安市	宝兴	16.49
雅安市	宝兴	15.18	乐山市	马边	18.22	乐山市	马边	24.66
绵阳市	北川	17.63	绵阳市	北川	20.33	乐山市	峨边	28.82
乐山市	峨边	21.72	乐山市	峨边	25.99	绵阳市	北川	37.84

2005年单位土地面积GDP最大的5个区县为成都市辖区、重庆市辖区、重庆市双桥区、成都市郫县和双流区，这些地区的单位面积GDP分别为3786.91万元/km²、2030.33万元/km²、1418.03万元/km²、1229.31万元/km²、946.49万元/km²，而雅安市的宝兴，绵阳市平武、北川，乐山市峨边、马边的单位土地面积GDP都比较小，位居后5位，其中单位土地面积GDP最小的为绵阳市平武，仅为10.30万元/km²（图5-19、表5-28和表5-29）。

2010年单位土地面积GDP最大的5个区县为成都市辖区、重庆市双桥区、重庆市辖区、成都市郫县和重庆市辖县荣昌，这些地区的单位土地面积GDP分别为4906.57万元/km²、3195.45万元/km²、2779.74万元/km²、1929.35万元/km²、1486.49万元/km²，而雅安市的宝兴，绵阳市平武、北川，乐山市峨边、马边的单位土地面积GDP都比较小，位居后5位，其中单位土地面积GDP最小的为绵阳市平武，仅为13.14万元/km²（图5-19、表5-28和表5-29）。

5.2.1.2 分区

根据2000年、2005年和2010年成渝经济区各功能区的GDP统计数据，以及收集到的2001~2010年的GDP指数（上一年为100）数据，及其土地面积统计数据，计算得到成渝经济区2000年、2005年和2010年各功能区的单位土地面积GDP图（图5-20）。

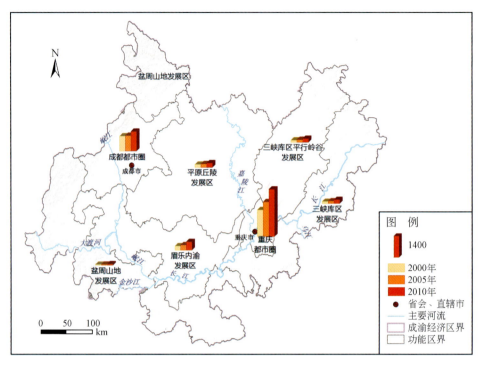

图 5-20　成渝经济区各发展功能区单位土地面积 GDP（单位：万元/km²）

成渝经济区各发展功能区的单位土地面积 GDP 研究表明，2000 年、2005 年和 2010 年各功能区单位土地面积 GDP 以重庆都市圈最大，分别为 1560.09 万元/km²、2030.33 万元/km²、2779.74 万元/km²；成都都市圈次之，分别为 883.75 万元/km²、917.82 万元/km²、1155.52 万元/km²；盆周山地发展区最小，分别为 57 万元/km²、58.24 万元/km²、79.56 万元/km²（图 5-20 和表 5-30）。

表 5-30　成渝经济区各发展功能区单位土地面积 GDP　（单位：万元/km²）

发展功能区	2000 年	2005 年	2010 年
盆周山地发展区	57.00	58.24	79.56
眉乐内渝发展区	265.33	312.52	502.00
平原丘陵发展区	186.10	206.42	260.88
成都都市圈	883.75	917.82	1155.52
三峡库区平行岭谷发展区	134.92	161.27	226.92
三峡库区发展区	134.07	169.49	247.21
重庆都市圈	1560.09	2030.33	2779.74

5.2.2 第一产业增加值密度

5.2.2.1 整体

根据 2000 年、2005 年和 2010 年成渝经济区各区县的第一产业增加值统计数据，以及收集到的 2001~2010 年的第一产业增加值指数（上一年为 100）数据，及其土地面积统计数据，计算得到成渝经济区 2000 年、2005 年和 2010 年各区县的第一产业增加值密度图（图 5-21）。

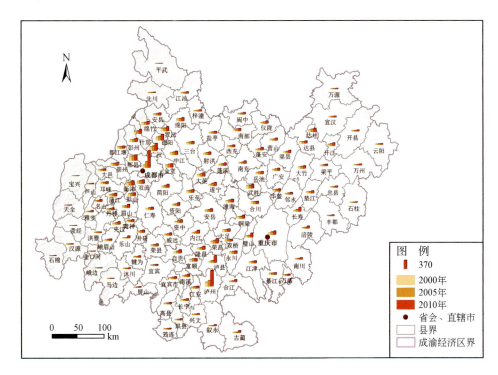

图 5-21 成渝经济区各区县第一产业增加值密度（单位：万元/km²）

2000 年第一产业增加值密度最大的 5 个区县为成都市郫县、泸州市辖区、德阳广汉市、德阳市辖区和成都市新津，这些地区的第一产业增加值密度分别为 190.88 万元/km²、177.00 万元/km²、168.15 万元/km²、136.94 万元/km²、135.16 万元/km²，而雅安市的宝兴、石棉，绵阳市平武，乐山市峨边、金口河区的第一产业增加值密度都比较小，位居后 5 位，其中第一产业增加值密度最小的为雅安市宝兴，仅为 3.61 万元/km²（图 5-21、表 5-31 和表 5-32）。

表 5-31 成渝经济区第一产业增加值密度最大的 5 个区县

（单位：万元/km²）

2000 年			2005 年			2010 年		
地级市	县级	第一产业增加值密度	地级市	县级	第一产业增加值密度	地级市	县级	第一产业增加值密度
成都市	郫县	190.88	成都市	成都市辖区	264.85	成都市	成都市辖区	735.46
泸州市	泸州市辖区	177.00	泸州市	泸州市辖区	246.15	泸州市	泸州市辖区	683.77
德阳市	广汉市	168.15	德阳市	广汉市	202.96	德阳市	广汉市	306.24
德阳市	德阳市辖区	136.94	成都市	郫县	196.98	泸州市	泸县	289.66
成都市	新津	135.16	德阳市	德阳市辖区	171.52	德阳市	德阳市辖区	248.09

表 5-32 成渝经济区第一产业增加值密度最小的 5 个区县

（单位：万元/km²）

2000 年			2005 年			2010 年		
地级市	县级	第一产业增加值密度	地级市	县级	第一产业增加值密度	地级市	县级	第一产业增加值密度
雅安市	宝兴	3.61	雅安市	宝兴	4.17	雅安市	宝兴	5.12
绵阳市	平武	4.12	绵阳市	平武	4.98	绵阳市	平武	6.79
乐山市	峨边	5.66	雅安市	石棉	6.43	乐山市	峨边	9.48
雅安市	石棉	5.72	乐山市	峨边	6.82	雅安市	荥经	10.15
乐山市	金口河区	6.59	雅安市	荥经	7.45	雅安市	石棉	10.37

2005 年第一产业增加值密度最大的 5 个区县为成都市辖区、泸州市辖区、德阳广汉市、成都市郫县、德阳市辖区，这些地区的第一产业增加值密度分别为 264.85 万元/km²、246.15 万元/km²、202.96 万元/km²、196.98 万元/km²、171.52 万元/km²，而雅安市的宝兴、荥经、石棉，绵阳市平武，乐山市峨边的第一产业增加值密度都比较小，位居后 5 位，其中第一产业增加值密度最小的为雅安市宝兴，仅为 4.17 万元/km²（图 5-21、表 5-31 和表 5-32）。

2010 年第一产业增加值密度最大的 5 个区县为成都市辖区、泸州市辖区、德阳广汉市、泸州市泸县和德阳市辖区，这些地区的第一产业增加值密度分别为 735.46 万元/km²、683.77 万元/km²、306.24 万元/km²、289.66 万元/km²、248.09 万元/km²，而雅安市的宝兴、荥经、石棉，绵阳市平武县，乐山市峨边的第一产业增加值密度都比较小，位居后 5 位，其中第一产业增加值密度最小的为雅安市宝兴，仅为 5.12 万元/km²（图 5-21、表 5-31 和表 5-32）。

5.2.2.2 分区

根据 2000 年、2005 年和 2010 年成渝经济区各功能区的第一产业增加值统计数据，以及收集到的 2001~2010 年的第一产业增加值指数（上一年为 100）数据，及其土地面积统计数据，计算得到成渝经济区 2000 年、2005 年和 2010 年各功能区的第一产业增加值密度图（图 5-22）。

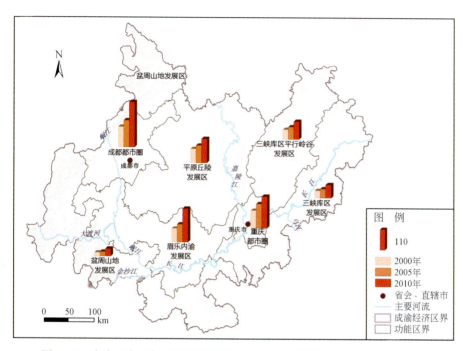

图 5-22 成渝经济区各发展功能区第一产业增加值密度（单位：万元/km²）

成渝经济区各发展功能区的第一产业增加值密度研究表明，2000 年、2005 年和 2010 年各功能区第一产业增加值密度以成都都市圈最大，分别为 97.61 万元/km²、129.50 万元/km²、217.64 万元/km²；重庆都市圈次之，分别为 85.35 万元/km²、117.36 万元/km²、153.27 万元/km²；盆周山地发展区最小，分别为 17.30 万元/km²、20.69 万元/km²、35.39 万元/km²（图 5-22 和表 5-33）。

表 5-33 成渝经济区各发展功能区第一产业增加值密度（单位：万元/km²）

发展功能区	2000 年	2005 年	2010 年
盆周山地发展区	17.30	20.69	35.39
眉乐内渝发展区	65.74	86.50	162.58
平原丘陵发展区	66.97	83.93	116.30
成都都市圈	97.61	129.50	217.64
三峡库区平行岭谷发展区	47.37	59.58	85.84
三峡库区发展区	35.29	43.63	63.12
重庆都市圈	85.35	117.36	153.27

5.2.3 第二产业增加值密度

5.2.3.1 整体

根据2000年、2005年和2010年成渝经济区各区县的第二产业增加值统计数据,以及收集到的2001~2010年的第二产业增加值指数(上二年为100)数据,及其土地面积统计数据,计算得到成渝经济区2000年、2005年和2010年各区县的第二产业增加值密度图(图5-23)。

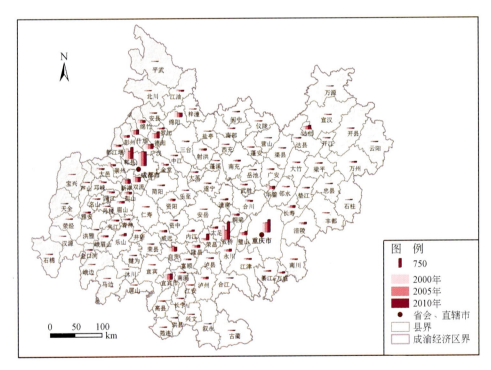

图5-23 成渝经济区各区县第二产业增加值密度(单位:万元/km^2)

2000年第二产业增加值密度最大的5个区县为成都市辖区、重庆市双桥区、成都市郫县、重庆市辖区和成都市双流区,这些地区的第二产业增加值密度分别为1167.32万元/km^2、1144.62万元/km^2、849.44万元/km^2、795.34万元/km^2、482.96万元/km^2,而雅安市的宝兴、绵阳市平武、北川、乐山市马边、南充市仪陇的第二产业增加值密度都比较小,位居后5位,其中第二产业增加值密度最小的为绵阳市平武,仅为2万元/km^2(图5-23、表5-34和表5-35)。

表 5-34　成渝经济区第二产业增加值密度最大的 5 个区县

（单位：万元/km²）

2000 年			2005 年			2010 年		
地级市	县级	第二产业增加值密度	地级市	县级	第二产业增加值密度	地级市	县级	第二产业增加值密度
成都市	成都市辖区	1167.32	成都市	成都市辖区	1260.49	重庆市	双桥区	1504.97
重庆市	双桥区	1144.62	重庆市	重庆市辖区	834.59	成都市	成都市辖区	1227.16
成都市	郫县	849.44	重庆市	双桥区	793.45	重庆市	重庆市辖区	1093.92
重庆市	重庆市辖区	795.34	成都市	郫县	644.87	成都市	郫县	975.43
成都市	双流	482.96	宜宾市	宜宾市辖区	445.95	德阳市	德阳市辖区	570.17

表 5-35　成渝经济区第二产业增加值密度最小的 5 个区县

（单位：万元/km²）

2000 年			2005 年			2010 年		
地级市	县级	第二产业增加值密度	地级市	县级	第二产业增加值密度	地级市	县级	第二产业增加值密度
绵阳市	平武	2.00	乐山市	马边	2.21	乐山市	马边	2.88
乐山市	马边	2.67	绵阳市	平武	2.35	绵阳市	平武	2.94
绵阳市	北川	4.68	绵阳市	北川	5.31	绵阳市	北川	7.42
雅安市	宝兴	8.42	雅安市	宝兴	7.35	雅安市	宝兴	8.35
南充市	仪陇	9.68	宜宾市	屏山	8.68	达州市	万源市	10.14

2005 年第二产业增加值密度最大的 5 个区县为成都市辖区、重庆市辖区、重庆市双桥区、成都市郫县和宜宾市辖区，这些地区的第二产业增加值密度分别为 1260.49 万元/km²、834.59 万元/km²、793.45 万元/km²、644.87 万元/km²、445.95 万元/km²，而雅安市的宝兴，绵阳市平武、北川，乐山市马边，宜宾市屏山的第二产业增加值密度都比较小，位居后 5 位，其中第二产业增加值密度最小的为乐山市马边，仅为 2.21 万元/km²（图 5-23、表 5-34 和表 5-35）。

2010 年第二产业增加值密度最大的 5 个区县为重庆市双桥区、成都市辖区、重庆市辖区、成都市郫县和德阳市辖区，这些地区的第二产业增加值密度分别为 1504.97 万元/km²、1227.16 万元/km²、1093.92 万元/km²、975.43 万元/km²、570.17 万元/km²，而雅安市的宝兴，绵阳市平武、北川，乐山市马边，达州市万源市的第二产业增加值密度都比较小，位居后 5 位，其中第二产业增加值密度最小的为乐山市马边，仅为 2.88 万元/km²（图 5-23、表 5-34 和表 5-35）。

5.2.3.2　分区

成渝经济区各发展功能区的第二产业增加值密度研究表明，2000 年、2005 年和 2010 年各功能区第二产业增加值密度以重庆都市圈最大，分别为 795.34 万元/km²、834.59 万元/km²、1093.92 万元/km²；成都都市圈次之，分别为 388.99 万元/km²、341.08 万元/

km²、355.36 万元/km²；盆周山地发展区最小，分别为 21.50 万元/km²、19.80 万元/km²、22.30 万元/km²（图 5-24 和表 5-36）。

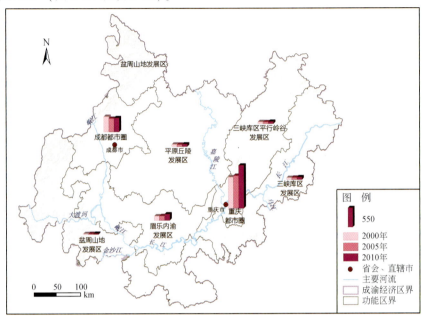

图 5-24　成渝经济区各发展功能区第二产业增加值密度（单位：万元/km²）

表 5-36　成渝经济区各发展功能区第二产业增加值密度（单位：万元/km²）

发展功能区	2000 年	2005 年	2010 年
盆周山地发展区	21.50	19.80	22.30
眉乐内渝发展区	111.20	118.30	156.60
平原丘陵发展区	55.95	52.85	60.40
成都都市圈	388.99	341.08	355.36
三峡库区平行岭谷发展区	48.78	45.89	52.19
三峡库区发展区	52.07	52.77	65.01
重庆都市圈	795.34	834.59	1093.92

5.2.4　第三产业增加值密度

5.2.4.1　整体

根据 2000 年、2005 年和 2010 年成渝经济区各区县的第三产业增加值统计数据，以及收集到的 2001~2010 年的第三产业增加值指数（上三年为 100）数据，及其土地面积统计数据，计算得到成渝经济区 2000 年、2005 年和 2010 年各区县的第三产业增加值密度图（图 5-25）。

2000 年第三产业增加值密度最大的 5 个区县为成都市辖区、重庆市辖区、绵阳市辖区、成都市郫县和德阳市辖区，这些地区的第三产业增加值密度分别为 1679.76 万元/km²、

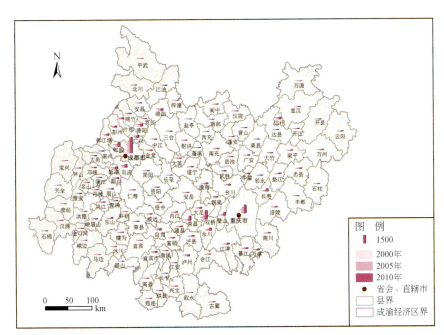

图 5-25　成渝地区各区县第三产业增加值密度（单位：万元/km²）

679.40 万元/km²、371.82 万元/km²、359.85 万元/km²、344.47 万元/km²，而雅安市的宝兴、石棉，绵阳市平武、北川，乐山市马边的第三产业增加值密度都比较小，位居后 5 位，其中第三产业增加值密度最小的为绵阳市平武，仅为 2.54 万元/km²（图 5-25、表 5-37 和表 5-38）。

表 5-37　成渝经济区第三产业增加值密度最大的 5 个区县　　　　（单位：万元/km²）

2000 年			2005 年			2010 年		
地级市	县级	第三产业增加值密度	地级市	县级	第三产业增加值密度	地级市	县级	第三产业增加值密度
成都市	成都市辖区	1679.76	成都市	成都市辖区	2261.57	成都市	成都市辖区	2943.94
重庆市	重庆市辖区	679.40	重庆市	重庆市辖区	1078.38	重庆市	双桥区	1622.52
绵阳市	绵阳市辖区	371.82	重庆市	双桥区	570.18	重庆市	重庆市辖区	1532.56
成都市	郫县	359.85	成都市	双流	421.02	重庆市	荣昌	777.03
德阳市	德阳市辖区	344.47	成都市	郫县	387.46	成都市	郫县	714.79

表 5-38　成渝经济区第三产业增加值密度最小的 5 个区县　　　　（单位：万元/km²）

2000 年			2005 年			2010 年		
地级市	县级	第三产业增加值密度	地级市	县级	第三产业增加值密度	地级市	县级	第三产业增加值密度
绵阳市	平武	2.54	雅安市	宝兴	2.64	雅安市	宝兴	3.03
雅安市	宝兴	3.16	绵阳市	平武	2.96	绵阳市	平武	3.40
乐山市	马边	3.89	绵阳市	北川	5.06	乐山市	峨边	8.46
绵阳市	北川	4.90	乐山市	马边	6.16	乐山市	马边	8.67
雅安市	石棉	5.15	雅安市	石棉	6.36	雅安市	石棉	8.87

2005年第三产业增加值密度最大的5个区县为成都市辖区、重庆市辖区、重庆市双桥区、成都市双流区和郫县,这些地区的第三产业增加值密度分别为2261.57万元/km²、1078.38万元/km²、570.18万元/km²、421.02万元/km²、387.46万元/km²,而雅安市的宝兴、石棉,绵阳市平武、北川,乐山市马边的第三产业增加值密度都比较小,位居后5位,其中第三产业增加值密度最小的为雅安市宝兴,仅为2.64万元/km²(图5-25、表5-37和表5-38)。

2010年第三产业增加值密度最大的5个区县为成都市辖区、重庆市双桥区、重庆市辖区、重庆市荣昌县和成都市郫县,这些地区的第三产业增加值密度分别为2943.94万元/km²、1622.52万元/km²、1532.56万元/km²、777.03万元/km²、714.79万元/km²,而雅安市的宝兴、石棉,绵阳市平武,乐山市峨边和马边的第三产业增加值密度都比较小,位居后5位,其中第三产业增加值密度最小的为雅安市宝兴,仅为3.03万元/km²(图5-25、表5-37和表5-38)。

5.2.4.2 分区

根据2000年、2005年和2010年成渝经济区各功能区的第三产业增加值统计数据,以及收集到的2001~2010年的第三产业增加值指数(上三年为100)数据,及其土地面积统计数据,计算得到成渝经济区2000年、2005年和2010年各功能区的第三产业增加值密度图(图5-26)。

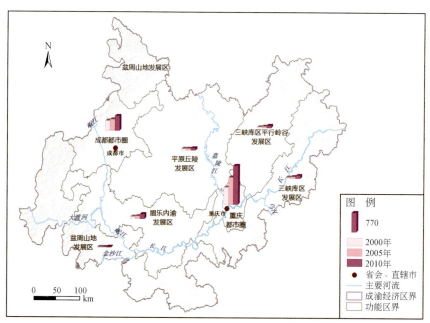

图5-26 成渝经济区各发展功能区第三产业增加值密度(单位:万元/km²)

成渝经济区各发展功能区的第三产业增加值密度研究表明,2000年、2005年和2010年各功能区第三产业增加值密度以重庆都市圈最大,分别为679.40万元/km²、1078.38万元/km²、1532.56万元/km²;成都都市圈次之,分别为397.16万元/km²、447.24万元/

km², 582.52 万元/km²；盆周山地发展区最小，分别为 18.19 万元/km²、17.76 万元/km²、21.87 万元/km²（图 5-26 和表 5-39）。

表 5-39　成渝经济区各发展功能区第三产业增加值密度　　　　（单位：万元/km²）

发展功能区	2000 年	2005 年	2010 年
盆周山地发展区	18.19	17.76	21.87
眉乐内渝发展区	88.39	107.72	182.82
平原丘陵发展区	63.18	69.65	84.18
成都都市圈	397.16	447.24	582.52
三峡库区平行岭谷发展区	38.77	55.80	88.88
三峡库区发展区	46.71	73.09	119.07
重庆都市圈	679.40	1078.38	1532.56

5.2.5　经济活动综合强度指数

5.2.5.1　整体

根据上述单位土地面积可比价 GDP、第一产业增加值密度、第二产业增加值密度和第三产业增加值密度，采用数据归一化处理和等比例加权计算得到成渝经济区各区经济活动综合强度指数图（图 5-27）。

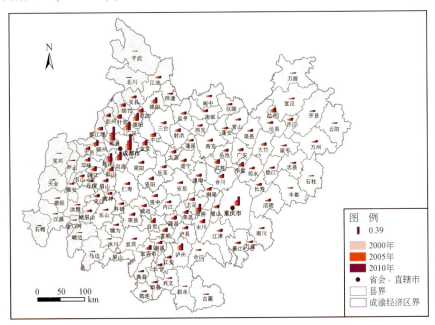

图 5-27　成渝经济区各区县经济活动综合强度指数

2000年经济活动综合强度指数最大的5个区县为成都市辖区、成都市郫县、德阳市广汉市、泸州市辖区和重庆市辖区，这些地区的经济活动综合强度指数分别为0.29、0.24、0.19、0.17、0.16，而雅安市的宝兴、石棉，绵阳市平武，乐山市马边、峨边的经济活动综合强度指数都比较小，位居后5位，其中经济活动综合强度指数最小的为绵阳市平武，仅为0.000 426（图5-27、表5-40和表5-41）。

表5-40　成渝经济区经济活动综合强度指数最大的5个区县

2000年			2005年			2010年		
地级市	县级	经济活动综合强度指数	地级市	县级	经济活动综合强度指数	地级市	县级	经济活动综合强度指数
成都市	成都市辖区	0.29	成都市	成都市辖区	0.47	成都市	成都市辖区	0.79
成都市	郫县	0.24	成都市	郫县	0.37	成都市	郫县	0.68
德阳市	广汉市	0.19	德阳市	广汉市	0.26	重庆市	重庆市辖区	0.43
泸州市	泸州市辖区	0.17	成都市	新津	0.25	成都市	双流	0.42
重庆市	重庆市辖区	0.16	重庆市	重庆市辖区	0.24	成都市	新津	0.41

表5-41　成渝经济区经济活动综合强度指数最小的5个区县

2000年			2005年			2010年		
地级市	县级	经济活动综合强度指数	地级市	县级	经济活动综合强度指数	地级市	县级	经济活动综合强度指数
绵阳市	平武	0.000 426	雅安市	宝兴	0.001 645	绵阳市	平武	0.001 870
雅安市	宝兴	0.000 456	绵阳市	平武	0.001 912	雅安市	宝兴	0.003 798
乐山市	峨边	0.002 502	乐山市	峨边	0.004 584	绵阳市	北川	0.004 709
雅安市	石棉	0.003 453	乐山市	马边	0.005 912	乐山市	峨边	0.007 479
乐山市	马边	0.003 520	雅安市	石棉	0.005 958	乐山市	马边	0.009 977

2005年经济活动综合强度指数最大的5个区县为成都市辖区、成都市郫县、德阳市广汉市、成都市新津和重庆市辖区，这些地区的经济活动综合强度指数分别为0.47、0.37、0.26、0.25、0.24，而雅安市的宝兴、石棉，绵阳市平武县，乐山市马边、峨边的经济活动综合强度指数都比较小，位居后5位，其中经济活动综合强度指数最小的为雅安市宝兴，仅为0.001 645（图5-27、表5-40和表5-41）。

2010年经济活动综合强度指数最大的5个区县为成都市辖区、成都市郫县、重庆市辖区、成都市双流和新津，它们的经济活动综合强度指数分别为0.79、0.68、0.43、0.42、0.41，而雅安市的宝兴，绵阳市平武、北川，乐山市马边、峨边的经济活动综合强度指数位居最后5位，其中经济活动综合强度指数最小的为绵阳市平武，仅为0.001 870（图5-27、表5-40和表5-41）。

5.2.5.2 分区

成渝经济区各发展功能区的经济活动综合强度指数研究表明，2000年、2005年和2010年各功能区经济活动综合强度指数以重庆都市圈最大，分别为0.55、0.65、0.82；成都都市圈次之，分别为0.33、0.39、0.43；盆周山地发展区最小，分别为0.20、0.21、0.21（图5-28和表5-42），整体呈以重庆都市圈和成都都市圈为中心向周边区域不断降低的态势，且不断发展，功能区间差异显著。

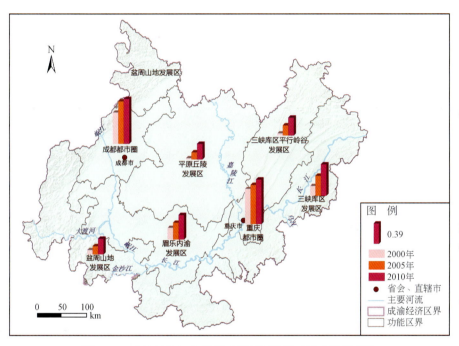

图5-28 成渝经济区各发展功能区经济活动综合强度指数

表5-42 成渝经济区各发展功能区综合开发强度

发展功能区	2000年	2005年	2010年
盆周山地发展区	0.20	0.21	0.21
眉乐内渝发展区	0.30	0.32	0.37
平原丘陵发展区	0.20	0.24	0.30
成都都市圈	0.33	0.39	0.43
三峡库区平行岭谷发展区	0.26	0.28	0.30
三峡库区发展区	0.16	0.20	0.25
重庆都市圈	0.55	0.65	0.82

5.3 城市化强度

5.3.1 土地城市化

5.3.1.1 整体

根据 2000 年、2005 年和 2010 年成渝经济区遥感解译得到的各区县城乡居住地、工业用地和交通用地等建成区面积和土地面积统计数据，计算得到成渝经济区 2000 年、2005 年和 2010 年各区县的土地城市化指数图（图 5-29）。

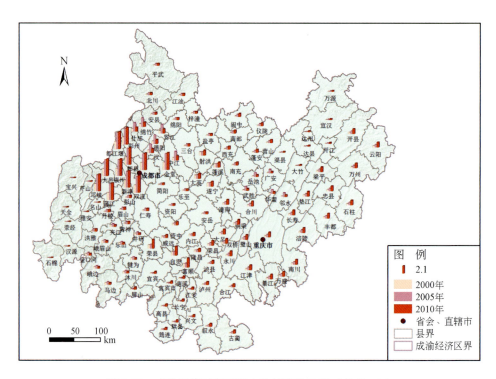

图 5-29　成渝经济区各区县土地城市化比率（单位:%）

2000 年土地城市化比率最大的 5 个区县为成都市双流区、成都市大邑、成都市崇州市、成都市彭州市和成都市辖区，这些地区的土地城市化比率都为 1.86%，而雅安市的宝兴、石棉、名山、天全、汉源的土地城市化比率都比较小，位居后 5 位，这些区县的土地城市化比率差异不明显，均约为 0.08%（图 5-29、表 5-43 和表 5-44）。

表 5-43 成渝经济区土地城市化比率最大的 5 个区县 （单位:%）

2000 年			2005 年			2010 年		
地级市	县级	土地城市化比率	地级市	县级	土地城市化比率	地级市	县级	土地城市化比率
成都市	双流	1.86	成都市	双流	4.00	成都市	双流	4.24
成都市	大邑	1.86	成都市	大邑	4.00	成都市	大邑	4.24
成都市	崇州市	1.86	成都市	崇州市	4.00	成都市	崇州市	4.24
成都市	彭州市	1.86	成都市	彭州市	4.00	成都市	彭州市	4.24
成都市	成都市辖区	1.86	成都市	成都市辖区	4.00	成都市	成都市辖区	4.24

表 5-44 成渝经济区土地城市化比率最小的 5 个区县 （单位:%）

2000 年			2005 年			2010 年		
地级市	县级	土地城市化比率	地级市	县级	土地城市化比率	地级市	县级	土地城市化比率
雅安市	名山	0.08	雅安市	名山	0.10	雅安市	名山	0.18
雅安市	天全	0.08	雅安市	天全	0.10	雅安市	天全	0.18
雅安市	宝兴	0.08	雅安市	宝兴	0.10	雅安市	宝兴	0.18
雅安市	汉源	0.08	雅安市	汉源	0.10	雅安市	汉源	0.18
雅安市	石棉	0.08	雅安市	石棉	0.10	雅安市	石棉	0.18

2005 年土地城市化比率最大的 5 个区县为成都市双流区、大邑、崇州市、彭州市和成都市辖区，这些地区的土地城市化比率都为 4%，而雅安市的宝兴、石棉、名山、天全、汉源的土地城市化比率都比较小，位居后 5 位，这些区县的土地城市化比率差异较小，均约为 0.1%（图 5-29、表 5-43 和表 5-44）。

2010 年土地城市化比率最大的 5 个区县为成都市双流区、大邑、崇州市、彭州市和成都市辖区，这些地区的土地城市化比率都为 4.24%，而雅安市的宝兴、石棉、名山、天全、汉源的土地城市化比率都比较小，位居后 5 位，这些区县的土地城市化比率差异较小，均约为 0.18%（图 5-29、表 5-43 和表 5-44）。

5.3.1.2 分区

根据 2000 年、2005 年和 2010 年成渝经济区遥感解译得到的各发展功能区城乡居住地、工业用地和交通用地等建成区面积和土地面积统计数据，计算得到成渝经济区 2000 年、2005 年和 2010 年各功能区的土地城市化比率图（图 5-30）。

成渝经济区各发展功能区的土地城市化比率研究表明，2000 年、2005 年和 2010 年各功能区土地城市化比率以成都都市圈最大，分别为 1.43%、3.27%、3.09%；盆周山地发展区最小，分别为 0.22%、0.38%、0.51%。成渝地区各地市建成区占总面积比例均有不同程度的增加，其中成都都市圈建成区占总面积比例较高（图 5-30 和表 5-45）。

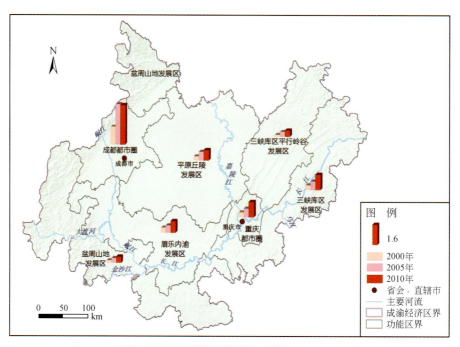

图 5-30　成渝经济区各发展功能区土地城市化比率（单位：%）

表 5-45　成渝经济区各发展功能区土地城市化比率　　　　（单位：%）

功能区	2000年	2005年	2010年
盆周山地发展区	0.22	0.38	0.51
眉乐内渝发展区	0.38	0.57	0.87
平原丘陵发展区	0.36	0.72	0.88
成都都市圈	1.43	3.27	3.09
三峡库区平行岭谷发展区	0.19	0.49	0.58
三峡库区发展区	0.39	0.71	1.25
重庆都市圈	0.39	0.71	1.25

5.3.2　人口城市化

5.3.2.1　整体

根据 2000 年、2005 年和 2010 年成渝经济区各区县的城镇人口统计数据、总人口统计数据，计算得到成渝经济区各区县的人口城市化比率图（图 5-31）。

2000 年人口城市化比率最大的 5 个区县为成都市辖区、重庆市辖区、自贡市辖区、重

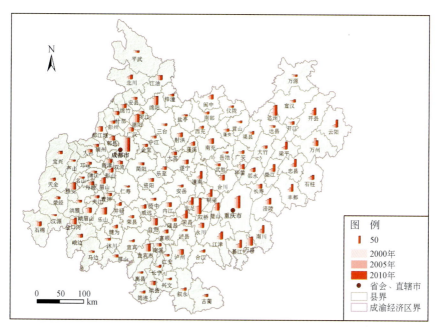

图 5-31　成渝经济区各区县人口城市化比率（单位:%）

庆市双桥区和德阳市辖区，这些地区的人口城市化比率分别为 94.86%、62.98%、44.70%、44.04%、42.38%，而泸州市泸县，南充市西充、仪陇，资阳市乐至和泸州市合江的人口城市化比率都比较小，位居后 5 位，其中人口城市化比率最小的为泸州市泸县，仅为 0.39%（图 5-31、表 5-46 和表 5-47）。

表 5-46　成渝经济区人口城市化比率最大的 5 个区县　　　　　　（单位:%）

2000 年			2005 年			2010 年		
地级市	县级	人口城市化比率	地级市	县级	人口城市化比率	地级市	县级	人口城市化比率
成都市	成都市辖区	94.86	成都市	成都市辖区	85.07	重庆市	双桥区	99.80
重庆市	重庆市辖区	62.98	重庆市	重庆市辖区	73.30	成都市	成都市辖区	86.73
自贡市	自贡市辖区	44.70	达州市	达州市辖区	57.65	重庆市	重庆市辖区	77.54
重庆市	双桥区	44.04	绵阳市	绵阳市辖区	51.88	达州市	达州市辖区	63.29
德阳市	德阳市辖区	42.38	重庆市	万盛区	49.85	绵阳市	绵阳市辖区	53.19

表 5-47　成渝经济区人口城市化比率最小的 5 个区县　　　　　　（单位:%）

2000 年			2005 年			2010 年		
地级市	县级	人口城市化比率	地级市	县级	人口城市化比率	地级市	县级	人口城市化比率
泸州市	泸县	0.39	雅安市	汉源	6.59	雅安市	汉源	6.75
南充市	西充	2.97	宜宾市	兴文	6.82	雅安市	芦山	8.33

续表

2000 年			2005 年			2010 年		
地级市	县级	人口城市化比率	地级市	县级	人口城市化比率	地级市	县级	人口城市化比率
南充市	仪陇	3.39	眉山市	仁寿	7.05	眉山市	仁寿	8.41
资阳市	乐至	4.98	宜宾市	宜宾	7.14	广安市	岳池	8.54
泸州市	合江	5.95	广安市	岳池	7.76	雅安市	名山	8.59

2005 年人口城市化比率最大的 5 个区县为成都市辖区、重庆市辖区、达州市辖区、绵阳市辖区和重庆市万盛区，这些地区的人口城市化比率分别为 85.07%、73.30%、57.65%、51.88%、49.85%，而雅安市汉源，宜宾市兴文、宜宾，眉山市仁寿，广安市岳池的人口城市化比率都比较小，位居后 5 位，其中人口城市化比率最小的为泸州市泸县，仅为 6.59%（图 5-31、表 5-46 和表 5-47）。

2010 年人口城市化比率最大的 5 个区县为重庆市双桥区、成都市辖区、重庆市辖区、达州市辖区、绵阳市辖区，这些地区的人口城市化比率分别为 99.8%、86.73%、77.54%、63.29%、53.19%，而雅安市汉源、芦苇、名山，眉山市仁寿，广安市岳池的人口城市化比率都比较小，位居后 5 位，其中人口城市化比率最小的为雅安市汉源，仅为 6.75%（图 5-31、表 5-46 和表 5-47）。

5.3.2.2 分区

根据 2000 年、2005 年和 2010 年成渝经济区各发展功能区的城镇人口统计数据总人口统计数据，计算得到成渝经济区各发展功能区的人口城市化比率图（图 5-32）。

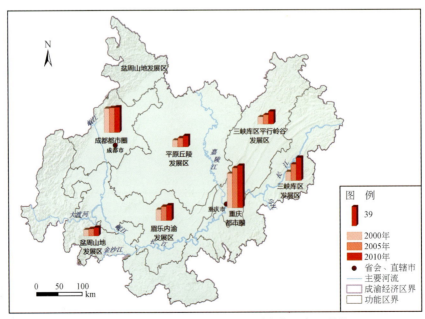

图 5-32 成渝经济区各发展功能区人口城市化比率（单位:%）

成渝经济区各发展功能区的人口城市化比率研究表明，2000年、2005年和2010年各功能区人口城市化比率以重庆都市圈最大，分别为62.98%、73.30%、77.54%；成都都市圈次之，分别为44.18%、45.34%、46.48%；盆周山地发展区最小，分别为11.30%、13.01%、15.08%（图5-32和表5-48）。

表5-48　成渝经济区各发展功能区人口城市化比率　　　（单位:%）

发展功能区	2000年	2005年	2010年
盆周山地发展区	11.30	13.01	15.08
眉乐内渝发展区	20.00	25.18	27.94
平原丘陵发展区	12.15	16.06	20.10
成都都市圈	44.18	45.34	46.48
三峡库区平行岭谷发展区	12.97	16.69	23.25
三峡库区发展区	16.34	29.95	42.13
重庆都市圈	62.98	73.30	77.54

5.3.3　经济城市化

5.3.3.1　整体

经济城市化（EUR）采用第二、第三产业占GDP的比重（%）来体现。

2000年经济城市化比率最大的5个区县为重庆市双桥区、成都市辖区、宜宾市辖区、自贡市辖区和绵阳市辖区，这些地区的经济城市化比率分别为96.50%、96.03%、92.43%、91.82%、90.82%，而绵阳市盐亭、重庆市长寿区、南充市仪陇、资阳市安岳和南充市营山的经济城市化比率都比较小，位居后5位，其中经济城市化比率最小的为绵阳市盐亭，仅为8.35%（图5-33、表5-49和表5-50）。

2005年经济城市化比率最大的5个区县为重庆市双桥区、成都市辖区、宜宾市辖区、乐山市金口河区和绵阳市辖区，这些地区的经济城市化比率分别为97.59%、96.97%、94.23%、92.15%、90.68%，而绵阳市盐亭、资阳市辖区、南充市仪陇、资阳市安岳和绵阳市梓潼的经济城市化比率都比较小，位居后5位，其中经济城市化比率最小的为绵阳市盐亭，仅为7.05%（图5-33、表5-49和表5-50）。

2010年经济城市化比率最大的5个区县为重庆市双桥区、成都市辖区、成都市郫县、宜宾市辖区和成都市双流，这些地区的经济城市化比率分别为99.24%、97.97%、95.68%、95.55%、93.78%，而绵阳市盐亭、宜宾市屏山、南充市仪陇、遂宁市蓬溪和资阳市安岳的经济城市化比率都比较小，位居后5位，其中经济城市化比率最小的为绵阳市盐亭，仅为9.28%（图5-33、表5-49和表5-50）。

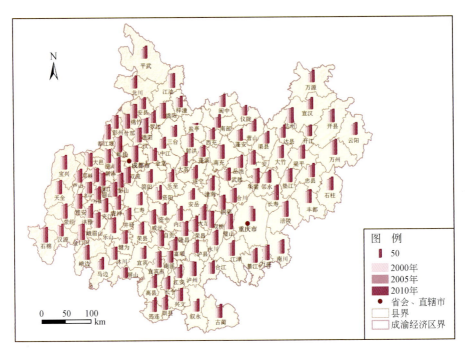

图 5-33　成渝经济区各区县经济城市化比率（单位：%）

表 5-49　成渝经济区经济城市化比率最大的 5 个区县　　　　　　　　（单位：%）

2000 年			2005 年			2010 年		
地级市	县级	经济城市化比率	地级市	县级	经济城市化比率	地级市	县级	经济城市化比率
重庆市	双桥区	96.50	重庆市	双桥区	97.59	重庆市	双桥区	99.24
成都市	成都市辖区	96.03	成都市	成都市辖区	96.97	成都市	成都市辖区	97.97
宜宾市	宜宾市辖区	92.43	宜宾市	宜宾市辖区	94.23	成都市	郫县	95.68
自贡市	自贡市辖区	91.82	乐山市	金口河区	92.15	宜宾市	宜宾市辖区	95.55
绵阳市	绵阳市辖区	90.82	绵阳市	绵阳市辖区	90.68	成都市	双流	93.78

表 5-50　成渝经济区经济城市化比率最小的 5 个区县　　　　　　　　（单位：%）

2000 年			2005 年			2010 年		
地级市	县级	经济城市化比率	地级市	县级	经济城市化比率	地级市	县级	经济城市化比率
绵阳市	盐亭	8.35	绵阳市	盐亭	7.05	绵阳市	盐亭	9.28
重庆市	长寿区	36.36	资阳市	资阳市辖区	49.70	宜宾市	屏山	59.25
南充市	仪陇	38.01	南充市	仪陇	50.90	南充市	仪陇	60.15
资阳市	安岳	42.63	资阳市	安岳	52.17	遂宁市	蓬溪	65.07
南充市	营山	45.07	绵阳市	梓潼	52.18	资阳市	安岳	65.11

5.3.3.2 分区

成渝经济区各发展功能区的经济城市化比率研究表明，2000 年、2005 年和 2010 年各功能区经济城市化比率以重庆都市圈最大，分别为 89.11%、88.11%、89.44%；成都都市圈次之，分别为 81.86%、81.19%、85.33%；平原丘陵发展区最小，分别为 59.70%、63.51%、73.73%（图 5-34 和表 5-51）。

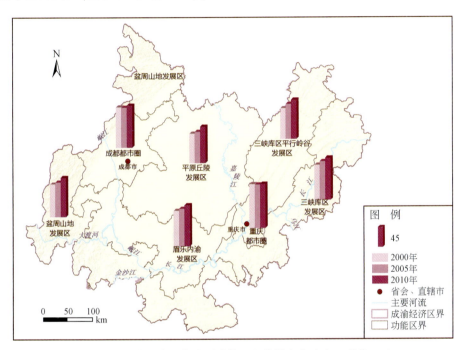

图 5-34　成渝经济区各发展功能区经济城市化比率（单位：%）

表 5-51　成渝经济区各发展功能区经济城市化比率　　　　　　　　（单位：%）

发展功能区	2000 年	2005 年	2010 年
盆周山地发展区	66.14	69.94	79.18
眉乐内渝发展区	71.68	75.71	83.19
平原丘陵发展区	59.70	63.51	73.73
成都都市圈	81.86	81.19	85.33
三峡库区平行岭谷发展区	62.36	70.98	79.32
三峡库区发展区	70.72	77.66	84.83
重庆都市圈	89.11	88.11	89.44

5.3.4 城市化综合强度

5.3.4.1 整体

根据上述各区县土地城市化（LUR）、人口城市化（PUR）和经济城市化（EUR）的研究结果，将其数据标准化后，采用公式：UI = (LUR+EUR+PUR)／3，计算得到成渝经济区各区县城市化综合强度（UI）图（图5-35）。

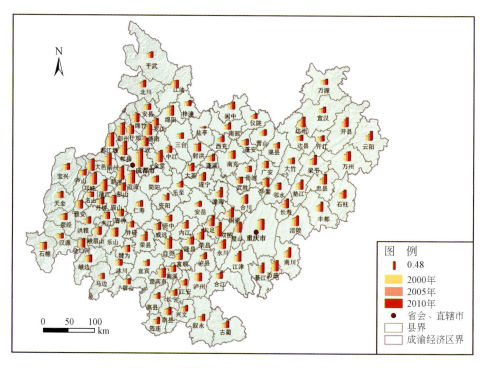

图 5-35　成渝经济区各区县城市化综合强度

2000 年城市化综合强度最大的 5 个区县为成都市辖区、重庆市辖区、自贡市辖区、成都市都江堰市和重庆市双桥区，这些地区的城市化综合强度分别为 0.81、0.54、0.53、0.51、0.5，而泸州市泸县，南充市营山、仪陇，资阳市乐至和安岳的城市化综合强度都比较小，位居后 5 位，其中城市化综合强度最小的为南充市仪陇县，仅为 0.1（图 5-35、表 5-52 和表 5-53）。

表 5-52 成渝经济区城市化综合强度最大的 5 个区县

2000 年			2005 年			2010 年		
地级市	县级	城市化综合强度	地级市	县级	城市化综合强度	地级市	县级	城市化综合强度
成都市	成都市辖区	0.81	成都市	成都市辖区	0.97	成都市	成都市辖区	1.00
重庆市	重庆市辖区	0.54	成都市	都江堰市	0.73	重庆市	双桥区	0.79
自贡市	自贡市辖区	0.53	成都市	郫县	0.72	成都市	郫县	0.77
成都市	都江堰市	0.51	成都市	双流	0.71	成都市	都江堰市	0.76
重庆市	双桥区	0.50	成都市	新津	0.70	成都市	双流	0.73

表 5-53 成渝经济区城市化综合强度最小的 5 个区县

2000 年			2005 年			2010 年		
地级市	县级	城市化综合强度	地级市	县级	城市化综合强度	地级市	县级	城市化综合强度
南充市	仪陇	0.10	绵阳市	盐亭	0.04	绵阳市	盐亭	0.05
资阳市	安岳	0.14	雅安市	汉源	0.19	雅安市	名山	0.24
南充市	营山	0.15	宜宾市	屏山	0.20	雅安市	汉源	0.25
泸州市	泸县	0.16	资阳市	安岳	0.21	宜宾市	屏山	0.26
资阳市	乐至	0.16	南充市	仪陇	0.21	南充市	仪陇	0.27

2005 年城市化综合强度最大的 5 个区县为成都市辖区，成都市都江堰市、郫县、双流、新津，这些地区的城市化综合强度分别为 0.97、0.73、0.72、0.71、0.7，而绵阳市盐亭、雅安市汉源、宜宾市屏山、资阳市安岳、南充市仪陇的城市化综合强度都比较小，位居后 5 位，其中城市化综合强度最小的为绵阳市盐亭，仅为 0.04（图 5-35、表 5-52 和表 5-53）。

2010 年城市化综合强度最大的 5 个区县为成都市辖区，重庆市双桥区，成都市郫县、都江堰市和双流，这些地区的城市化综合强度分别为 1、0.79、0.77、0.76、0.73，而绵阳市盐亭，雅安市汉源、名山，宜宾市屏山，南充市仪陇的城市化综合强度都比较小，位居后 5 位，其中城市化综合强度最小的为绵阳市盐亭县，仅为 0.05（图 5-35、表 5-52 和表 5-53）。

5.3.4.2 分区

同理，成渝经济区各发展功能区的城市化综合强度研究表明，2000 年、2005 年和 2010 年各功能区城市化综合强度以重庆都市圈最大，分别为 0.61、0.69、0.78；成都都市圈次之，分别为 0.44、0.65、0.68；盆周山地发展区最小，分别为 0.08、0.14、0.27（图 5-36 和表 5-54）。

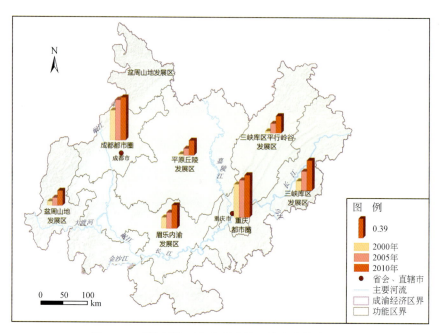

图 5-36　成渝经济区各发展功能区城市化综合强度

表 5-54　成渝经济区各发展功能区城市化综合强度

发展功能区	2000 年	2005 年	2010 年
盆周山地发展区	0.08	0.14	0.27
眉乐内渝发展区	0.19	0.27	0.40
平原丘陵发展区	0.02	0.12	0.28
成都都市圈	0.44	0.65	0.68
三峡库区平行岭谷发展区	0.04	0.19	0.33
三峡库区发展区	0.17	0.34	0.55
重庆都市圈	0.61	0.69	0.78

5.4　综合开发强度

5.4.1　整体

2000 年综合开发强度最大的 5 个区县为成都市辖区、重庆市双桥区、重庆市辖区、达州市辖区和广安市华蓥市，这些地区的综合开发强度分别为 0.5、0.41、0.41、0.4、0.39，而雅安市宝兴、芦山、天全、汉源、荥经的综合开发强度都比较小，位居后 5 位，其中综合开发强度最小的为雅安市宝兴，仅为 0.12（图 5-37、表 5-55 和表 5-56）。

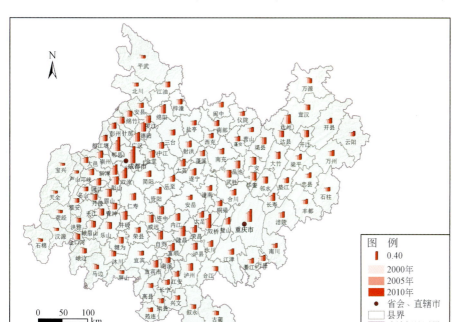

图 5-37　成渝经济区各区县综合开发强度

表 5-55　成渝经济区综合开发强度最大的 5 个区县　　　　　　　　　　　　　（单位:%）

2000 年			2005 年			2010 年		
地级市	县级	综合开发强度	地级市	县级	综合开发强度	地级市	县级	综合开发强度
成都市	成都市辖区	0.50	成都市	成都市辖区	0.63	成都市	成都市辖区	0.79
重庆市	双桥区	0.41	成都市	郫县	0.48	成都市	郫县	0.66
重庆市	重庆市辖区	0.41	重庆市	重庆市辖区	0.48	重庆市	双桥区	0.64
达州市	达州市辖区	0.40	重庆市	双桥区	0.45	重庆市	重庆市辖区	0.59
广安市	华蓥市	0.39	德阳市	德阳市辖区	0.42	成都市	双流	0.50

表 5-56　成渝经济区综合开发强度强度最小的 5 个区县　　　　　　　　　　　（单位:%）

2000 年			2005 年			2010 年		
地级市	县级	综合开发强度	地级市	县级	综合开发强度	地级市	县级	综合开发强度
雅安市	宝兴	0.12	雅安市	宝兴	0.11	雅安市	宝兴	0.10
雅安市	芦山	0.13	雅安市	汉源	0.11	雅安市	天全	0.11
雅安市	天全	0.14	雅安市	芦山	0.11	雅安市	芦山	0.11
雅安市	汉源	0.14	雅安市	天全	0.11	雅安市	汉源	0.11
雅安市	荥经	0.14	雅安市	石棉	0.13	雅安市	荥经	0.12

2005年综合开发强度最大的5个区县为成都市辖区、成都市郫县、重庆市辖区、重庆市双桥区、德阳市辖区，这些地区的综合开发强度分别为0.63、0.48、0.48、0.45、0.42，而雅安市宝兴、芦山、天全、汉源、石棉的综合开发强度都比较小，位居后5位，这些区县综合开发强充指数相差不大，最大的区县为雅安市的石棉县，仅为0.13（图5-37、表5-55和表5-56）。

2010年综合开发强度最大的5个区县为成都市辖区、成都市郫县、重庆市辖区、重庆市双桥区、成都市双流，这些地区的综合开发强度分别为0.79、0.66、0.64、0.59、0.50，而雅安市宝兴、芦山、天全、汉源、荥经的综合开发强度都比较小，位居后5位，其中综合开发强度最小的为雅安市宝兴，仅为0.1（图5-37、表5-55和表5-56）。

5.4.2 发展功能区

同理，对成渝经济区各发展功能区的综合开发强度研究表明，2000年、2005年和2010年各功能区综合开发强度不断增强，其中以重庆都市圈最大，分别为0.55、0.65、0.82；成都都市圈次之，分别为0.33、0.39、0.43；盆周山地发展区最小，分别为0.20、0.21、0.21，且综合开发强度增长幅度也是重庆都市圈最大（图5-38和表5-57）。说明2000~2010年重庆都市圈资源开发与产业发展发展迅速。

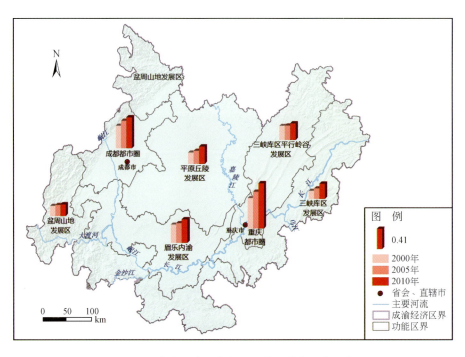

图5-38 成渝经济区各发展功能区综合开发强度

表 5-57 成渝经济区各发展功能区综合开发强度

发展功能区	2000 年	2005 年	2010 年
盆周山地发展区	0.20	0.21	0.21
眉乐内渝发展区	0.30	0.32	0.37
平原丘陵发展区	0.20	0.24	0.30
成都都市圈	0.33	0.39	0.43
三峡库区平行岭谷发展区	0.26	0.28	0.30
三峡库区发展区	0.16	0.20	0.25
重庆都市圈	0.55	0.65	0.82

第6章 成渝经济区生态承载力

随着退耕还林、天然林保护、生态公益林保护等生态工程的实施，不少区县或发展功能区生态承载力有不同程度的增加，且增加幅度呈减缓态势。而随着区域产业开发和城市化的快速推进，生态足迹不断增长，致使区域综合生态承载力持续降低，对外来生态承载力的依赖性不断增大。

承载力指的是物体在不产生任何破坏时所能承受的最大负荷。在 Malthus（1798）的有限资源供给条件下人口增长理论和 Verhulst（1838）的时间–人口 Logistic 模型的启发下，Park 和 Burgess（1921）将其定义为在营养物质、生存空间和阳光等生态因子所构成的生存环境下，某种生物个体数量的最大极限。Hawden 和 Palmer（1922）认为"承载力是草场上可以支持的不会损害草场的牲畜数量"。Leopld（1941）将其定义为区域生态系统能够支撑的最大种群密度变化的范围。早期承载力研究主要限于生态学领域，随着社会经济发展，人口膨胀、资源短缺、环境污染等问题相继发生。为解决上述问题，人口资源承载力、土地资源承载力、森林资源承载力、水资源承载力、矿产资源承载力、环境资源承载力、大气环境承载力等多种单要素承载力概念和理论相继提出（Seidl and Tisdell, 1999；落志筠和王永新，2013）。然而此类单一要素承载力既没能根本解决社会经济发展的制约因素，也未能给出社会经济可持续发展的路径抉择，且随着社会经济的发展，土地荒漠化、草场退化、空气污染、水体污染、生物多样性丧失、酸雨、氮沉降等生态环境问题日益严重，促使各国学者从生态系统角度研究承载力，致使生态承载力应运而生。

关于生态承载力，不同学者有各自的理解与定义。Holling 等（1973）将"ecological resilience"定义为生态系统所提供的所有生态功能对人类社会经济发展的承载能力。Hardin（1977）将其理解为"在任意季节和地点都没有环境退化和未来承载力不减少的情况下，特定环境下系统所能无限支撑某一物种的最大数量"。Smaal 等（1997）将生态承载力定义为特定生态系统在特定时期能够支持的最大种群数。Wackernagel 等（1999）则认为生态承载力指生态系统在不产生不可接受的生态影响下的最大的生产力，此时的最大生产力还受到种子的有效性、可用区的占用等因素的限制。Hudak（1999）将生态承载力定义为在特定时间内，植物资源（植被）能够支持的最大种群数量。

在吸收借鉴国外成果基础上，中国学者相继提出了土地承载力（陈百明，1991）、水资源承载力（许有鹏，1993）、矿产资源承载力（徐强，1996）和森林资源承载力（徐德成，1993）等单要素资源承载力。关于生态承载力，中国学者也提出了不同的定义，如王中根和夏军（1999）将其定义为某一时期与某种环境状态下，生态系统对人类社会经济活动的支持能力。而高吉喜（2001）认为，生态承载力是生态系统的自我维持与自我调节能力、资源与环境子系统的供容能力及其可维育的社会经济活动强度和具有一定生活水平的人口数量。

目前国内外生态承载力研究方法主要有：①自然植被第一性生产力法（李金海，2001；王宗明和梁银丽，2002）；②生态足迹法（Ress and Wackernagel 1996；Wackernagel and Rees 1996）；③供需分析法（王中根和夏军，1999）；④模型预估法（Sleeser，1990；徐中民等 2003）。此外，还有综合指标法、能值分析法、状态空间法、系统动力学方法等。

由于生态承载力研究是解决区域资源-环境矛盾，实现区域可持续发展的重要基础，正因此，目前已有成渝经济区生态承载力研究的相关报道，如高红丽等（2010）采用综合评价法对成渝经济区城市综合承载力研究，指出水资源是影响该区发展的主要因素，综合承载力的高低与城市规模不成正比。宁佳等（2014）对成渝经济区在内的中国西部地区环境承载力多情景模拟分析发现，2010 年四川和重庆环境承载力已接近超载。杨永奎和王定勇（2007）对重庆市直辖以来生态足迹的动态测度与分析发现，重庆市从 1997～2004 年人均生态足迹逐年增加，人均生态承载力逐年减少，人均生态赤字逐年增大。赵先贵等（2016）对生态文明视角下四川省各地市资源环境压力的时空变化研究，发现 1990～2013 年四川省人均生态足迹增加了 109.57%，而生物承载力变化不大。倪瑛和王伟（2013）对基于能值分析的生态足迹模型改进及应用研究发现，2005～2009 年四川和重庆一直处于生态承载力超载状态，而且有逐年加重的趋势。此外，还有一些省市尺度的生态承载力研究。

上述研究在一定程度丰富了成渝经济区的生态承载力研究，但上述研究主要以省市或地市尺度开展，缺乏县域尺度或发展功能区尺度的研究。鉴于成渝经济区自然生态、社会经济和产业结构空间异质性显著，因此，开展基于县域尺度或发展功能区尺度的生态承载力研究，对指导该区资源开发、产业发展与优化和生态环境保护与建设具有重要的理论和实践意义。

6.1 生态承载力

6.1.1 县域尺度

6.1.1.1 总生态承载力格局与变化

2000 年、2005 年和 2010 年成渝经济区各区县总生态承载力整体格局变化不大，呈现出以西北部的平武县和江油县，中部仁寿县、简阳县、三台县、中江县、资江县、安岳县和宜宾县，东北部万源市、达县、开县和宣汉县和万州区，以及东南部的古蔺县、叙永县、江津区、南川县、涪陵县、丰都县和南部的宜宾市为高中心向周边区县降低的分布格局，西南部的区县较低，成都、重庆及其他地级市市辖区的区县最低，其中以重庆市的渝中区最低，其 2000 年仅为 3520.11hm^2（图 6-1～图 6-3 和表 6-1）。

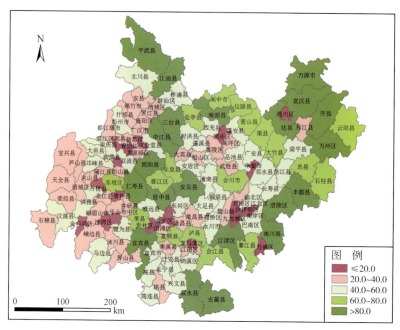

图 6-1　2000 年成渝经济区各区县总生态承载力格局（单位：万 hm²）

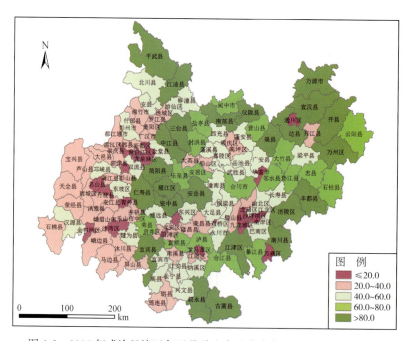

图 6-2　2005 年成渝经济区各区县总生态承载力格局（单位：万 hm²）

第6章 成渝经济区生态承载力

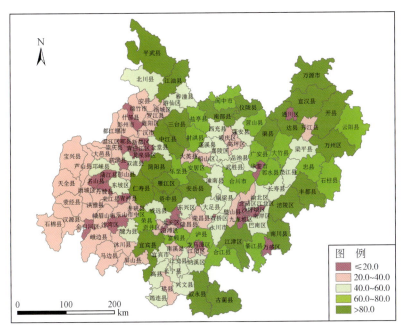

图 6-3 2010 年成渝经济区各区县总生态承载力格局（单位：万 hm^2）

表 6-1 2000 年成渝经济区总生态承载力分布格局

年份	指标	≤200 000	(200 000, 400 000]	(400 000, 600 000]	(600 000, 800 000]	>800 000	EC/hm^2
2000	区县数/个	29	41	39	18	21	67 470 614.58
	百分比/%	19.59	27.70	26.35	12.16	14.19	
2005	区县数/个	28	44	34	18	24	69 300 533.30
	百分比/%	18.92	29.73	22.97	12.16	16.22	
2010	区县数/个	32	42	32	18	24	67 970 536.72
	百分比/%	21.62	28.38	21.62	12.16	16.22	

注：EC 为总生态承载力。

从图 6-4～图 6-6 和表 6-2 可知，成渝经济区各区县总生态承载力变化巨大，其中整体表现为先增加后降低的变化格局，2000～2005 年仅有 52 个区县总生态承载力有所下降，其余 96 个区县总生态承载力有不同程度地增加，整个区域总生态承载力从 2000 年的 67 470 614.58hm^2 增加到 2005 年的 69 300 533.30hm^2，然而，2005～2010 年却仅有 45 个区县总生态承载力有所增加，其余 103 个区县总生态承载力呈不同程度的下降；≤200 000hm^2 的区县数从 2005 年的 28 个增加到 32 个，致使 2010 年成渝经济区总生态承载力较 2005 年下降了 1 329 996.58hm^2，平均每年约下降 1.92%。2010 年与 2000 年相比，生态承载力降低的区县主要分布于经济不发达的西北、西南、中部和东南等地区县，其中以彭州市降低的最大，平均每年降低了 8 917.67hm^2，其他如东坡区、绵竹市、平武县、名山县、什邡县、都江堰市、龙泉驿区、北川县、双流县等欠发达地区区县均有不同程度的降低。这种愈发达地区生态承载力有所增加或降低较少的现象说明经济发展对生态建设有促进作用,即经济愈发达地区政府对生态环境保护与建设愈加重视,生态建设投入愈高致使生态环境好转。故该区域经济落后区县在发展经济时应加强对生态环境的保护与建设。

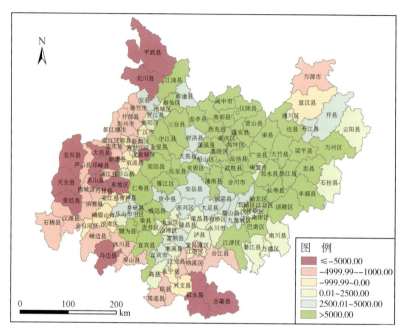

图 6-4　2000~2005 年区县总生态承载力变化速率（单位：hm^2/a）

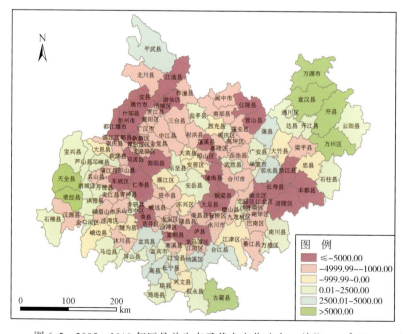

图 6-5　2005~2010 年区县总生态承载力变化速率（单位：hm^2/a）

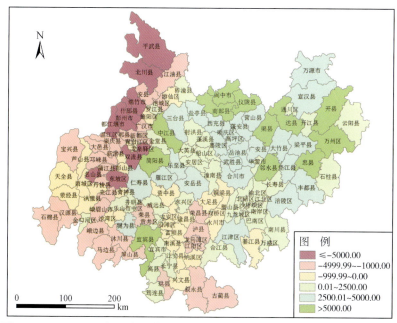

图 6-6 2000~2010 年成渝经济区各区县生态承载力变化速率（单位：hm²/a）

表 6-2 成渝经济区总生态承载力及人均生态承载力变化

年份	EC/hm²	ec/(hm²/人)	时间	EC（hm²/a）	ec（hm²/人/a）
2000	67 470 614.58	0.698	2000~2005 年变化率	365 983.744	0.003
2005	69 300 533.30	0.700	2005~2010 年变化率	-265 999.316	-0.007 5
2010	67 970 536.72	0.662	2000~2010 年变化率	49 992.214	-0.003 6

注：EC 为总生态承载力；ec 为人均生态承载力变化。

6.1.1.2 人均生态承载力

由图 6-7~图 6-9 可知，2000 年、2005 年和 2010 年，成渝经济区各区县人均生态承载力空间格局变化明显，人均生态承载力低的区县不断增加，而人均生态承载力高或较高的区县不断降低，各区县人均生态承载力差异巨大，整体呈以成都市、重庆市及其他地级市市辖区为低中心向周边区县逐渐增大，人均生态承载力较高的区县主要分布于东南部和西北部及中部的潼南县、大英县、金堂县、蓬西县和岳池县等区县，其中以叙永县最高，其 2000 年人均生态承载力高达 16.06hm²，为人均生态承载力最低的渝中区的 2440 倍。其他诸如涪陵区、井研县、金堂县、江津区、古蔺县、珙县、宜宾县、富顺县等东南部区县均具有较高的人均生态承载力。

各区县不同时期人均生态承载力变化非常明显，2000~2005 年人均生态承载力增加的区县有 72 个，77 个区县人均生态承载力有所降低，虽然该时期本区域进行了大规模的退耕还林建设工程，但由于该区域城市化快速发展，致使该区域人均生态承载力少许增长，从 2000 年的 0.698 增加到 2005 年的 0.700。在这 72 个人均生态承载力增加的区县中，

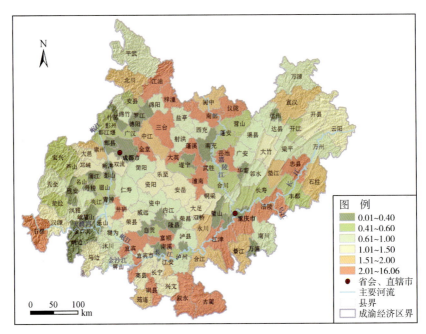

图 6-7　2000 年成渝经济区人均生态承载力（单位：hm^2/人）

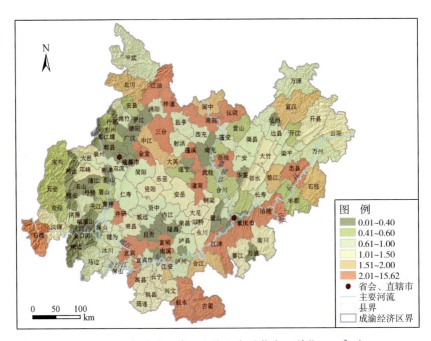

图 6-8　2005 年成渝经济区人均生态承载力（单位：hm^2/人）

第 6 章 成渝经济区生态承载力

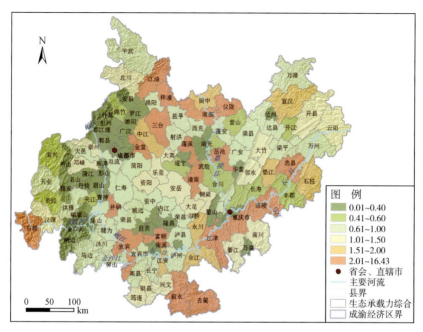

图 6-9 2010 年成渝经济区人均生态承载力（单位：hm²/人）

有 39 个区县人均生态承载力增加幅度大于 5%，15 个区县人均生态承载力增幅大于 10%。然而，2005~2010 年仅有 19 个区县人均生态承载力有所增加，其余 129 个区县人均生态承载力有不同程度的降低，其中有 34 个区县的人均生态承载力平均年降低幅度大于 10%，还有 44 个区县的人均生态承载力年降幅介于 5%~10%，最终使得整个区域人均生态承载力从 2005 年的 0.700hm² 降低到 2010 年的 0.662hm²，平均每年降低 1.09%（图 6-10~图 6-12）。

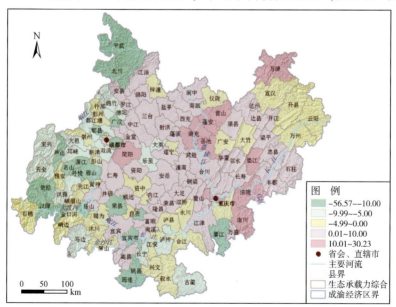

图 6-10 2000~2005 年成渝经济区人均生态承载力变化率（单位：%）

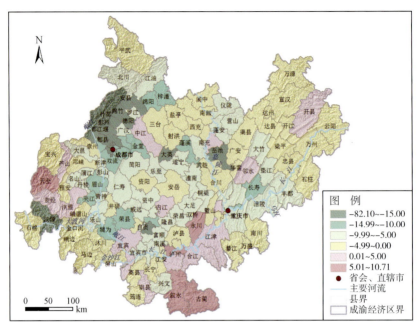

图 6-11　2005~2010 年成渝经济区人均生态承载力变化率（单位：%）

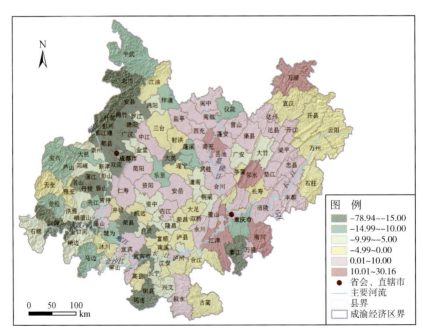

图 6-12　2000~2010 年成渝经济区各区县人均生态承载力变化率（单位：%）

6.1.2 功能区尺度

2000~2010年成渝经济区总生态承载力整体呈先增加后降低变化态势，但人均生态承载力却不断降低，这是产业开发和生态工程共同作用的结果。其中2000~2005年，除成都都市圈和盆周山地发展区总生态承载力有所降低外，其余发展区不断增加，而2005~2010年仅盆周山地发展区总生态承载力稍微增加，致使2000~2010年区域生态承载力和人均生态承载力分别降低26.6万hm^2/a和0.08hm^2/人（表6-3和图6-13~图6-15）。

表6-3　成渝经济区不同发展区生态承载力状况

功能区	总生态承载力/万hm^2			人均生态承载力/(hm^2/人)		
	2000年	2005年	2010年	2000年	2005年	2010年
成都都市圈	686.33	674.08	616.37	0.36	0.34	0.30
重庆都市圈	159.12	172.99	166.14	0.32	0.34	0.32
眉乐内渝发展区	1169.64	1175.87	1142.10	0.53	0.52	0.48
三峡库区平行岭谷发展区	801.51	846.71	853.37	0.78	0.82	0.80
平原丘陵发展区	1891.29	2027.48	1981.80	0.86	0.91	0.86
盆周山地发展区	1237.62	1195.98	1202.17	1.07	0.99	0.96
三峡库区发展区	801.55	836.95	835.11	1.20	1.26	1.22

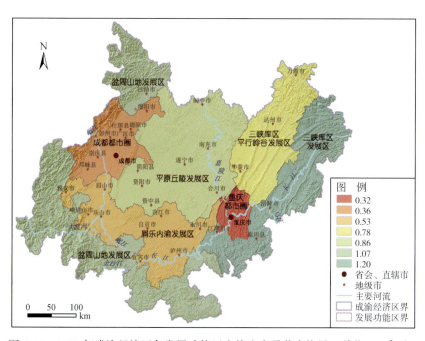

图6-13　2000年成渝经济区各发展功能区人均生态承载力格局（单位：hm^2/人）

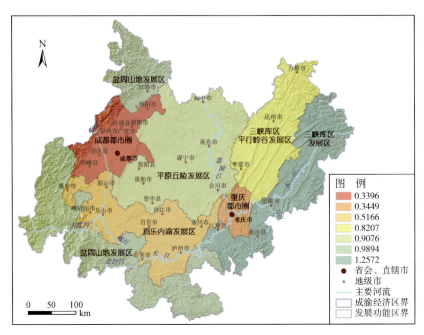

图 6-14　2005 年成渝经济区各发展功能区人均生态承载力格局（单位：hm²/人）

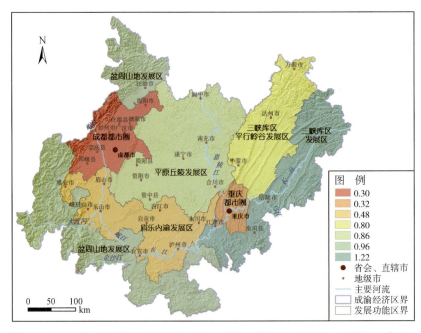

图 6-15　2010 年成渝经济区各发展功能区人均生态承载力格局（单位：hm²/人）

6.2 生态足迹

6.2.1 区县尺度

无论是 2000 年,还是 2005 年和 2010 年,各区县人均生态足迹均呈现以成都和重庆市辖区为最高中心向周边逐渐递减的空间分布格局,周边区县人均生态足迹较低(图 6-16 ~ 图 6-18)。2000 ~ 2005 年,人均生态足迹增加的区县共 113 个,其中增加幅度大于 10% 的区县有 89 个,可见人均生态足迹增加之快。而 2005 ~ 2010 年,所有区县的人均生态足迹均有不同程度的增加,且增加幅度大于 10% 的区县数共有 139 个,约占总区县数的 94%,说明近年来该区域人均生态足迹增长更为迅猛。致使该区域在 2000 ~ 2010 年人均生态足迹增加的区县数达 136 个,约占总区县数的 92%。

深入分析发现,该区域生态足迹从 2000 年的 9970.53 万 hm^2 增加到 2005 年的 10 716.85 万 hm^2,再到 2010 年的 13 441.68 万 hm^2,其中 2010 ~ 2005 年,该区域总的生态足迹年均增加 149.264 万 hm^2,人均生态足迹年均增加 $0.016hm^2$,而 2005 ~ 2010 年其年增加达 544.966 万 hm^2,人均生态足迹年均增加 $0.046hm^2$,致使成渝经济区 2000 ~ 2010 年生态足迹年均增加 347.115 万 hm^2,人均生态足迹年均增加 $0.031hm^2$,且人均生态足迹年变化率最大的区县主要分布于成都、重庆及其他地级市的市辖区及区县(图 6-17 和表 6-4)。

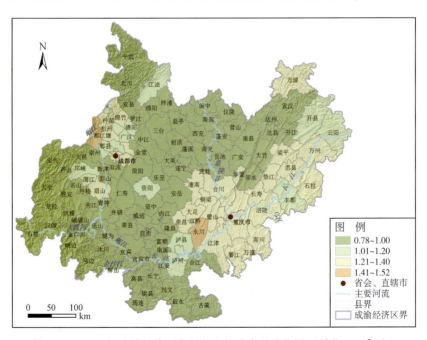

图 6-16 2000 年成渝经济区各区县人均生态足迹格局(单位:hm^2/人)

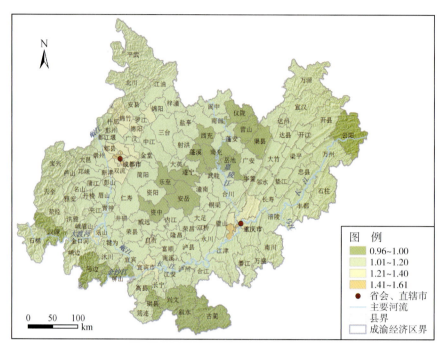

图 6-17　2005 年成渝经济区各区县人均生态足迹格局（单位：hm²/人）

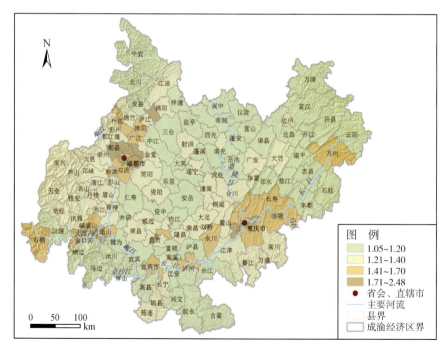

图 6-18　2010 年成渝经济区各区县人均生态足迹格局（单位：hm²/人）

表 6-4 成渝经济区各区县生态足迹及其变化

年份	EF/万 hm²	Ef/hm²	时期	EF 变化率/(hm²/a)	ef 变化率/[hm²/(人·a)]
2000	9970.53	1.00	2000~2005 年	149.264	0.016
2005	10716.85	1.08	2005~2010 年	544.966	0.046
2010	13441.68	1.31	2000~2010 年	347.115	0.031

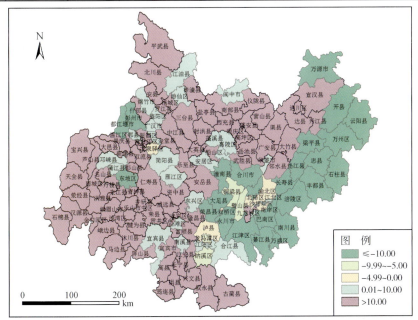

图 6-19　2000~2005 年成渝经济区各区县人均生态足迹变化（单位:%）

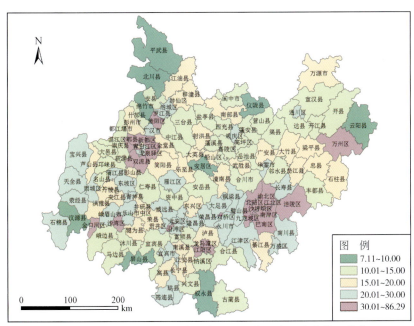

图 6-20　2005~2010 年成渝经济区各区县人均生态足迹变化（单位:%）

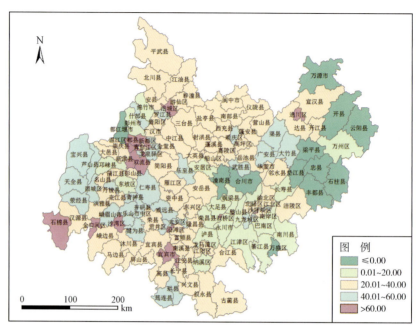

图 6-21　2000~2010 年成渝经济区各区县人均生态足迹变化（单位:%）

6.2.2　发展功能区尺度

成渝经济区各发展功能区人均生态足迹整体格局变化不明显，但均呈随时间增加而增大，各发展功能区人均生态承载力从大到小排序为重庆都市圈>成都都市圈>眉乐内渝发展区>三峡库区发展区>三峡库区平行岭谷发展区>平原丘陵发展区>盆周山地发展区。说明重庆和成都都市圈人均生态占用量大，对外依存度高，易引发严重的生态环境问题（表 6-5 和图 6-22~图 6-24）。

表 6-5　成渝经济区各发展功能区生态足迹状况

功能区	总生态足迹/万 hm²			人均生态足迹/(hm²/人)		
	2000 年	2005 年	2010 年	2000 年	2005 年	2010 年
成都都市圈	1503.73	1768.96	2354.90	1.11	1.23	1.55
眉乐内渝发展区	1804.81	1959.78	2463.86	1.01	1.08	1.32
盆周山地发展区	787.60	920.14	1087.99	0.89	1.02	1.17
平原丘陵发展区	2701.25	2946.75	3476.29	0.95	1.02	1.18
三峡库区发展区	1084.47	1189.17	1502.89	0.97	1.06	1.29
三峡库区平行岭谷发展区	1082.36	1199.32	1472.46	0.96	1.03	1.20
重庆都市圈	694.67	848.99	1083.29	1.29	1.47	1.77

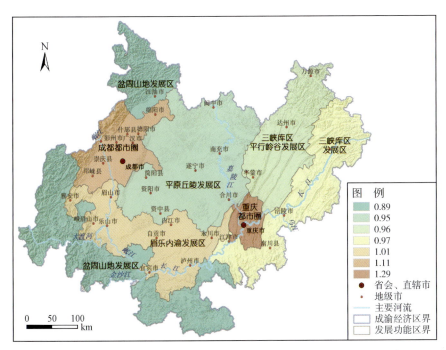

图 6-22　2000 年成渝经济区各发展功能区人均生态足迹格局（单位：hm²/人）

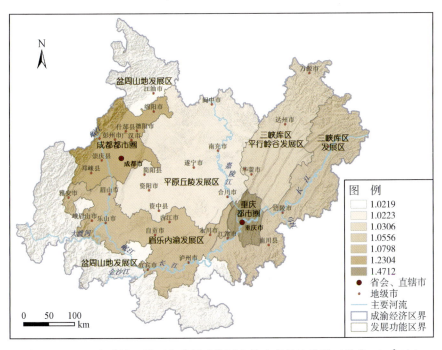

图 6-23　2005 年成渝经济区各发展功能区人均生态足迹格局（单位：hm²/人）

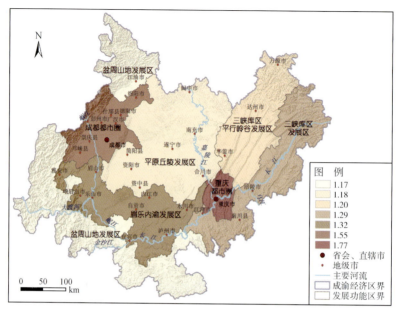

图 6-24　2010 年成渝经济区各发展功能区人均生态足迹格局

2000～2010 年成渝经济区各发展功能区总生态足迹和人均生态足迹均不断增加，且 2005～2010 年增加幅度较 2000～2005 年大（表 6-5）。

6.3　综合生态承载力

6.3.1　区县尺度

成渝经济区 2000 年和 2005 年综合生态承载力整体一般，以一般（综合生态承载力指数≤0.6）为主体，其他类型（综合生态承载力指数很低、较低、较高和很高类型）呈簇状或零星分布其中，较高和很高的区县均分别有 2 个和 1 个，属一般类型的区县数分别为 104 个和 91 个，占区县总数的 70.27% 和 61.49%，属较低类型的区县数分别为 41 个和 54 个，占区县总数的 27.7% 和 36.49%。而 2010 年成渝经济区综合生态承载力指数较低，平均为 0.3426，其中属于较低类别的区县有 104 个，占区县总数的 70.27%，20.27% 的区县综合生态承载力属一般类型，整体呈现以这两种类型为主体，其他类型零星点缀的分布格局（表 6-6 和图 6-25～图 6-27）。

表 6-6　成渝经济区综合生态承载力指数变化

年份	指标	很低≤0.2	较低 0.2~0.4	一般 0.4~0.6	较高 0.6~0.8	很高>0.8	平均
2000	区县数/个	0	41	104	2	1	0.4403
	百分比/%	0.00	27.70	70.27	1.35	0.68	
2005	区县数/个	0	54	91	2	1	0.4142
	百分比/%	0.00	36.49	61.49	1.35	0.67	
2010	区县数/个	12	104	30	1	1	0.3426
	百分比/%	8.11	70.27	20.27	0.68	0.67	

| 第 6 章 | 成渝经济区生态承载力

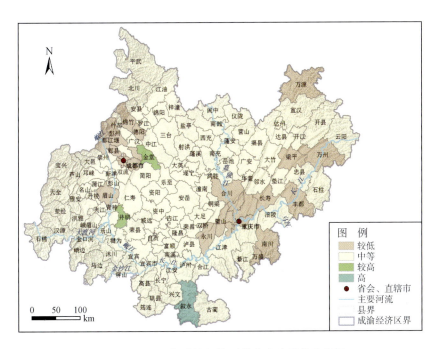

图 6-25 2000 年成渝经济区综合生态承载力格局

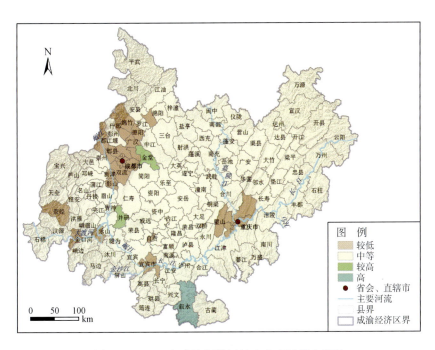

图 6-26 2005 年成渝经济区综合生态承载力格局

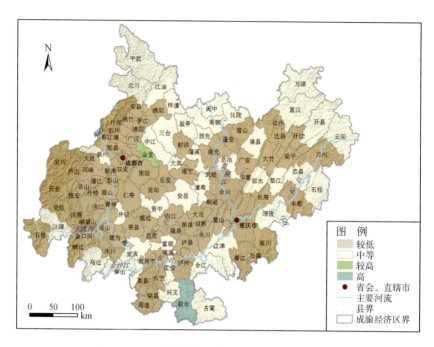

图 6-27　2010 年成渝经济区综合生态承载力格局

对成渝经济区 2000 年、2005 年和 2010 年综合生态承载力指数分析发现，10 年间成渝经济区各区县综合生态承载力变化明显，整体呈现不断降低的态势，该区域综合生态承载力从 2000 年的 0.4403 降到 2005 年的 0.4142，再到 2010 年的 0.3426，且后五年（2005～2010 年）较前五年（2000～2005 年）变化更为激烈，后五年平均综合生态承载力降低了 0.072，该值为 2000～2005 年降低值的 2.7 倍。

对各区县综合生态承载力指数变化分析发现，2000～2005 年有 118 个区县的综合生态承载力指数有不同程度的降低，仅有 30 个区县综合生态承载力指数有所增加，而 2005～2010 年所有区县综合生态承载力指数均降低，且综合生态承载力指数降低大于 0.06 的区县高达 74 个，较 2000～2005 年的 16 个增加了近 3.5 倍。说明 2005～2010 年该区域土地城市化、经济城市化和资源城市化快速推进，致使整个区域综合生态承载力指数急剧降低，从 2005 年的一般水平降至较低水平，最终使得该区 2010 年各区县综合生态承载力与 2000 年相比，仅有 1 个区县综合生态承载力增加了 0.023，其余 107 个区县综合生态承载力指数均有不同程度的降低（图 6-28～图 6-30）。

6.3.2　功能区尺度

2000～2010 年成渝经济区综合生态承载力指数整体呈现不断降低的变化格局，从 2000 年的 0.70 下降到 2005 年的 0.67，再到 2010 年的 0.55，且减小幅度呈不断增加态势（图 6-31～图 6-33 和表 6-7）。其中 2000～2005 年以盆周山地发展区和成都都市圈变化最大，它们分别从很高和一般降为较高和较低；2005～2010 年，除盆周山地发展区降低没超过一个等级外，其余各功能区均下降了一个等级。

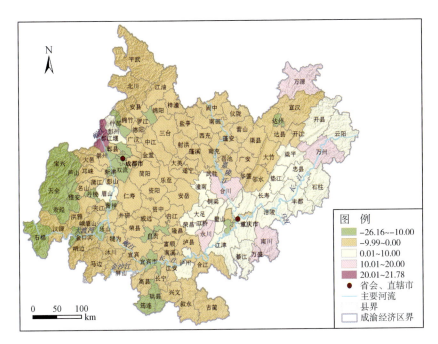

图 6-28　2000~2005 年成渝经济区县域综合生态承载力变化率（单位:%）

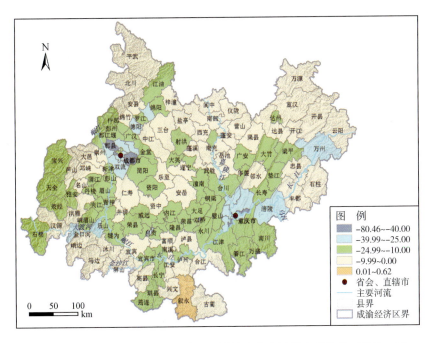

图 6-29　2005~2010 年成渝经济区县域综合生态承载力变化率（单位:%）

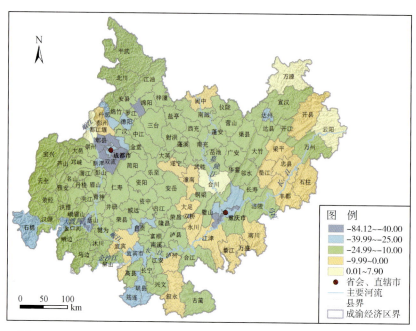

图6-30 2000~2010年成渝经济区县域综合生态承载力变化率（单位:%）

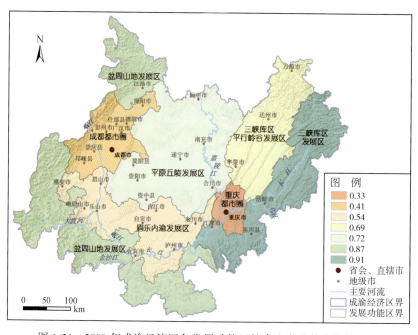

图6-31 2000年成渝经济区各发展功能区综合生态承载力指数格局

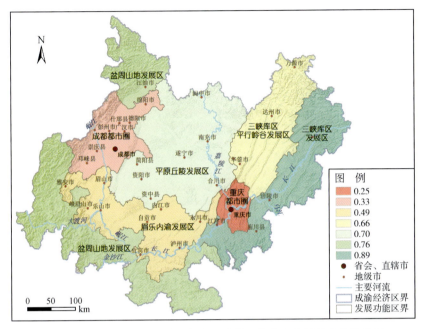

图 6-32 2005 年成渝经济区各发展功能区综合生态承载力指数格局

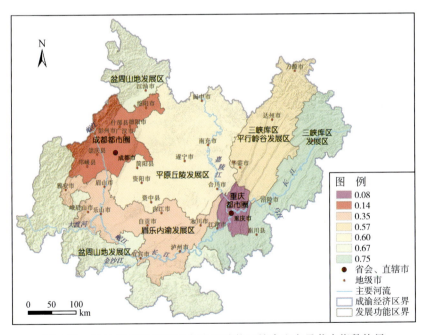

图 6-33 2010 年成渝经济区各发展功能区综合生态承载力指数格局

表 6-7　成渝经济区不同发展区综合生态承载力指数

功能区	综合生态承载力指数			综合生态承载力指数变化		
	2000 年	2005 年	2010 年	2000～2005 年	2005～2010 年	2000～2010 年
成都都市圈	0.41	0.33	0.14	−0.016	−0.038	−0.041
眉乐内渝发展区	0.54	0.49	0.35	−0.010	−0.029	−0.054
盆周山地发展区	0.87	0.76	0.67	−0.022	−0.018	−0.087
平原丘陵发展区	0.72	0.70	0.60	−0.004	−0.020	−0.072
三峡库区发展区	0.91	0.89	0.75	−0.004	−0.028	−0.091
三峡库区平行岭谷发展区	0.69	0.66	0.57	−0.006	−0.018	−0.069
重庆都市圈	0.33	0.25	0.08	−0.016	−0.034	−0.033

6.4　生态承载力驱动力

6.4.1　人口

由生态承载力的生态足迹计算方法可知，区域生态承载力主要由生产性土地面积和土地生产力决定，而区域人均生态承载力则由人口数量、土地面积和土地生产力三个因素决定。研究表明，成渝经济区 2000 年、2005 年和 2010 年三期区县人均生态承载力与区县人均土地面积之间存在极显著正相关，相关系数 R^2 均在 0.8869 以上，分别为 0.8869、0.943 和 0.9001（图 6-34～图 6-36），说明区县人口数量在很大程度上决定了区县人均生态承载力。因此，控制城市人口规模可在一定程度上缓解城市生态承载力不足。何雄浪和朱旭光（2010）的研究也表明，成渝经济区土地面积与长三角、珠三角和京津冀三大经济区大体相当，但人口数量远高于三大经济区，过高的人口密度导致成渝经济区人均生态承载力较低，进而在一定程度上制约着区域产业的发展。

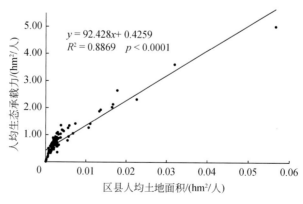

图 6-34　2000 年成渝经济区区县人均生态承载力与人均土地面积的关系

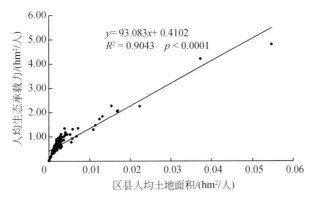

图 6-35　2005 年成渝经济区区县人均生态承载力与人均土地面积的关系

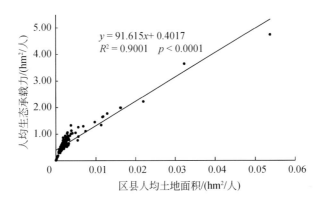

图 6-36　2010 年成渝经济区区县人均生态承载力与人均土地面积的关系

6.4.2　城市化

第 5 章成渝经济区城市化发展格局与演变趋势研究表明，正是成渝经济区近 10 年来快速的人口、经济和土地城市化，使得成渝经济区正成为中国经济增长的"第四极"。随着土地城市化的快速推进，越来越多的森林、草地、湿地和农田等生产性用地转换成建设用地，致使生物生产性用地不断降低，而生产性用地决定了区域生态承载力水平。本章研究模拟发现，成渝经济区 2000 年、2005 年和 2010 年各区县人均生态承载力与人均建设用地面积之间的相关系数虽然不高，但二者的相关性均达到极显著水平（图 6-37 ~ 图 6-39）。说明快速土地城市化是导致成渝经济区人均生态承载力下降的主要原因之一。因此，成渝经济区在产业发展过程中，应不断提高土地利用效率，减少森林、草地、湿地和农地向建设用地的转换，提高植被生态系统生物生产能力，即通过调整林分树种组成、年龄结构，提高森林经营水平，维持林分持续高生产力。而对于农田生态系统，则需不断提高科研技术水平，精准施肥，提高化肥利用效率，减少农药使用量，降低农业面源污染，提高农作物单产，改善农田生态质量，最终提高区域生态承载力，缓解生态承载力不足带来的生态环境压力。

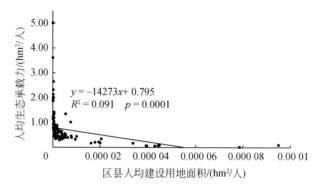

图 6-37　2000 年成渝经济区区县人均生态承载力与人均土地面积的关系

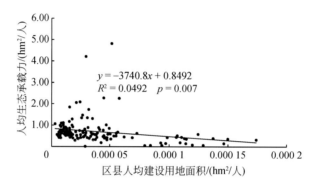

图 6-38　2005 年成渝经济区区县人均生态承载力与人均土地面积的关系

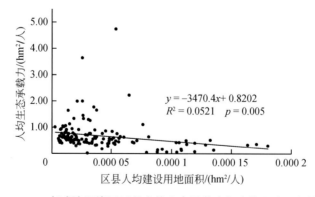

图 6-39　2010 年成渝经济区区县人均生态承载力与人均土地面积的关系

6.4.3　生物生产力

从生态承载力生态足迹模型可以看出，区域生态承载力不仅取决于区域生产性土地面积，还取决于土地生产力水平。对 2000 年和 2010 年成渝经济区四川部分成都市、雅安市、广安市、资阳市、自贡市等 15 个城市的粮食、花生、油菜和甘蔗单位面积产量变化发现，仅南充市、内江市、自贡市、眉山市、乐山市和宜宾市 2010 年/2000 年粮食单产倍数高于相应人口倍数，其余地市均低于人口倍数；该区域绝大多数地市花生单产增长速度高于人口增加速度，仅资阳市、南充市、遂宁市和达州市的 2010 年/2000 年花生单产倍数低于相应的人口倍数。而所有研究的 15 个地市的 2010 年/2000 年油菜单产比值均高于人口比值，说明该区域油菜生物单产较高。而甘蔗单产增长较慢，仅遂宁市、自贡市、广安市、泸州市和乐山市的 2010 年/2000 年甘蔗单产比值高于人口比值，其余 10 个研究地市均低于人口比值。作物单产只是影响区县生物产量的一个重要因素，由于快速城市化和大量农村富余劳动力的劳务输出，当下农村耕种者大多为中老年，致使大量农田弃耕或荒芜，冬季油菜种植面积大幅度降低。因此，虽然一些地市主要作物单位面积产量有所提高，由于大量农田或转换成建设用地或无人耕种，严重影响区域粮食安全，在很大程度上降低了区域生态承载力（图 6-40）。

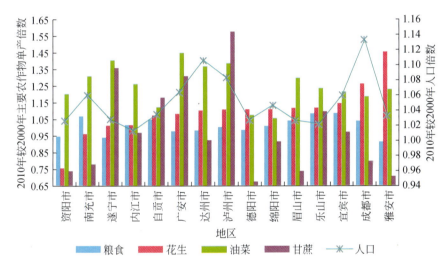

图 6-40　2010 年/2000 年成渝经济区 15 地市主要作物单产比值与人口比值对比特征

提高区域生物生产力不仅要提高科研能力和科技转化能力，还应发展当地产业，消化农村剩余劳动力，提高农业生产者经济效益，加大政策扶持力度，使得农业生产经营利润与其他行业/产业利润相当，这样才有更多的人愿意投身农、林、渔生产，不断提高农林经营水平，最终提高区域生物生产力和生态承载力。

第7章 产业发展对成渝经济区生态环境的影响

成渝经济区产业开发显著地影响着区域生态环境（生态系统结构、生态环境质量、生态环境胁迫和生态承载力），但产业开发对区域生态系统、生态环境质量、生态环境胁迫和生态承载力的作用机理因发展功能区的不同而不同。发展功能区生态环境是区域产业发展、生态环境建设和生态本底共同作用的结果。本章主要阐明了成渝经济区整体及不同发展功能区产业发展对区域生态环境的影响，并探明其产生原因与机理。

拥有良好的工业、交通和科技基础，使得成渝经济区工业基础雄厚，门类齐全，综合配套能力强，致使该区几乎拥有中国所有的工业大类。目前已成为中国经济增长的"第四极"，对中国西部大开发战略的实施具有重要的意义。其电子信息、仪器仪表、冶金化工、航空航天、数控机床、食品饮料和国防军工等产业在中国均具有相当优势。尤其是装备制造业、电子信息、生物制药、汽车摩托车、清洁能源、食品饮料业和国防科技工业等产业在中国已处于领先地位。成渝经济区以装备制造业、化工产业、农副产品加工、能源产业和电子高新技术产业为重点的产业主要分布于重庆都市圈、成都都市圈、成德绵城市经济带和沿长江城市带（舒俭民等，2013）。

现有研究表明，区域能源、矿产、水利水电、化工、生物制药等产业开发不仅改变了区域土地利用格局，加速了区域土地城市化、人口城市化和经济城市化进程，进而影响了区域生态承载力格局。此外，产业发展不可避免地导致区域能源消费、污染物排放剧增，从而影响区域地表水环境质量和大气环境质量，进而引发更为严重的酸雨、氮沉降及生物多样性丧失等生态环境问题与胁迫（肖红艳，2011；刘鹤等，2012；舒俭民等，2013）。

关于成渝经济区产业发展与生态环境的关系，目前已有少量报道。例如，刘鹤等（2012）从缓解酸雨问题入手，基于各行业 SO_2 排放的区域环境商和产业环境商的测算结果，对成渝经济区造纸业产业空间布局进行优化研究。肖红艳（2011）对成渝经济区重庆市重点产业发展对区域土地、水资源、水环境、大气环境、生物多样性、生态敏感性和区域生态安全格局进行了深入研究，发现重庆地区重点产业发展将会导致部分耕地和林草地向建设用地转换；部分区县水环境已超载，对产业发展形成约束；重点产业发展将导致部分区域水资源缺乏状况加剧，区域减排压力增大；区域产业空间布局应避开中度以上的生态敏感性区域；工业园区虽然占地面积较小，但部分园区对区域生物多样性保护构成了威胁。杨德生（2011）对重庆市渝北区地表景观格局时空演化及生态环境响应研究发现，矿山开发对区域生态系统有重要影响，矿山开发引起湿地景观面积不断减少且破碎化严重，建设用地持续增加，林地景观破坏严重。通过城市化进程分析区域景观格局变化的生态环境响应，可以看出区域气候、空气质量、水质、区域生态系统服务价值均发生不同程度的变化，这和区域的城市人工景观增多、城市建设工程规模扩大、人口大幅度增加、温室气体排放加剧有密切关系。香宝等（2011）研究了成渝经济区矿产资源开发对其生态环境影响评价，认为矿产资源开发利用已经对盆周山区的水源涵养、土壤保持和生物多样性保护等功能产生了一定程度的影响。

总之，虽然已有成渝经济区部分区域或某些产业发展的生态环境影响方面的研究，但仍缺乏该区域产业发展与区域生态系统结构、生态环境质量、生态胁迫和生态承载力等关系的系统研究。基于此，本章以区县 GDP 密度（总 GDP 密度或第一产业/第二产业 GDP 密度）表征区县产业发展水平，研究成渝经济区产业发展水平与区域生态系统格局、生态环境质量、生态环境胁迫及生态承载力之间的定量关系，为该区域产业和生态系统结构调整与优化，生态承载力提升，防治区域生态环境问题与生态胁迫，生态保护与建设提供科学数据支撑。

7.1　产业发展对生态系统格局的影响

7.1.1　整体

鉴于土地利用程度综合指数在很大程度上表征了区域生态系统格局，在此对成渝经济区区县 GDP 密度和土地利用程度综合指数进行多元回归分析，结果表明，二者之间存在极显著的对数相关关系，且相关系数呈不断增加态势，相关系数的平方从 2000 年的 0.5573 增加到 2005 年的 0.6199 和 2010 年的 0.6483。说明随着区县产业开发的发展，区县人口持续增长，GDP 密度不断增加，提高了人口就业率，进而推动了区域城市化进程，加快了区域土地利用转换，最终引起区域生态系统格局的变化。二者相关系数持续增大表明，因此，该区域产业开发主要还是依赖于低附加值、高污染、高消耗的资源开发，新型科技产业开发较少，致使区县土地利用率不高。因此，该区域产业发展的重点将是产业结构调整与优化（图 7-1 ~ 图 7-3）。

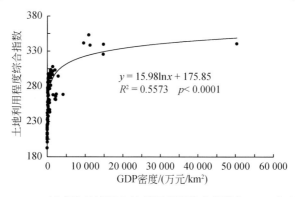

图 7-1　2000 年成渝经济区土地利用程度综合指数与 GDP 密度关系

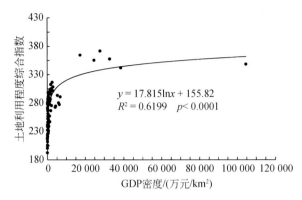

图 7-2　2005 年成渝经济区土地利用程度综合指数与 GDP 密度关系

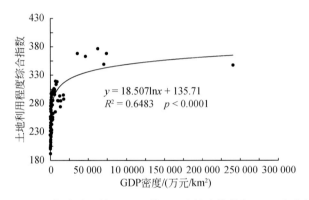

图 7-3　2010 年成渝经济区土地利用程度综合指数与 GDP 密度关系

7.1.2　分区

7.1.2.1　成都都市圈

成都都市圈各区县 GDP 密度和土地利用程度综合指数相关研究表明，二者之间存在极显著的对数相关关系，相关系数平方以 2005 年最高，2000 年次之，2010 年最低，分别为 0.6865、0.7707 和 0.6483。二者相关系数的变化表明，成都都市圈在 2000~2005 年产业发展重点为土地、矿产等资源开发，而 2005~2010 年产业发展重点发生了转移，开始向高新技术产业方向发展，致使区域 GDP 对土地资源的依赖性不断降低，这是成都都市圈产业结构调整与优化的结果。（图 7-4～图 7-6）。这从第 5 章经济活动强度和经济城市化的研究结果中得到了印证，2000~2010 年，成都都市圈第二、第三产业产值持续增大，而第二产业 GDP 产值却呈现持续降低，第三产业持续增加，这些数据都说明了成都都市圈产业结构得到了明显的优化，在一定程度上实现了区域产业结构的调整与升级。因此，该区域今后产业发展的重点依然是不断调整与优化产业结构，发展低污染、低足迹的生态产业，提高区域生态、环境和资源承载力，改善生态环境。

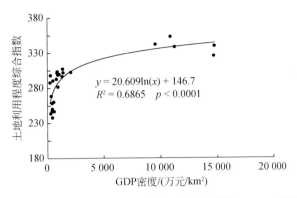

图 7-4　2000 年成都都市圈土地利用程度综合指数与 GDP 密度关系

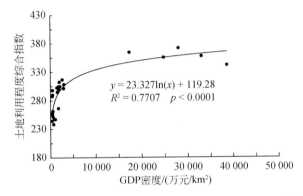

图 7-5　2005 年成都都市圈土地利用程度综合指数与 GDP 密度关系

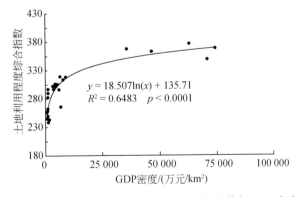

图 7-6　2010 年成都都市圈土地利用程度综合指数与 GDP 密度关系

7.1.2.2　重庆都市圈

重庆都市圈各区县 GDP 密度和土地利用程度综合指数相关研究表明，二者之间存在极显著的对数相关关系，相关系数平方呈不断增大态势，从 2000 年的 0.8654 增加到 2005 年的 0.9654 和 2010 年的 0.9752（图 7-7 ~ 图 7-9）。重庆都市圈 GDP 密度和土地利用程度综合指数之间的相关系数不断增大表明，成都都市圈产业开发的重点主要依赖于土地、矿产等资源开发,高新技术产业开发较少。这从第 5 章经济活动强度和经济城市化的研究结果中得到了印证,2000～2010 年,重庆市圈第二、第三产业产值比重持续增大,净增长了 0.37%,而同期第二产业 GDP 增长了 37.54%,第三产业 GDP 增长了 125.57%,致使经济城市化在成渝经济区最高。鉴于重庆都市圈生态环境承载力不足,又临近三峡库区,该区域生态环境直接影响着三峡库区水生态安全,因此,重庆都市圈今后产业发展的重点应该是产业结构调整与优化,降低 GDP 对土地、矿产等资源开发的依赖,提高区域生态环境承载力,防治酸雨、土壤侵蚀,提高区域生态安全。

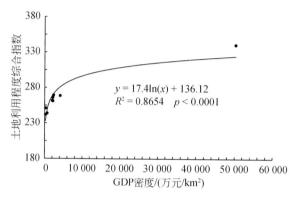

图 7-7　2000 年重庆都市圈土地利用程度综合指数与 GDP 密度关系

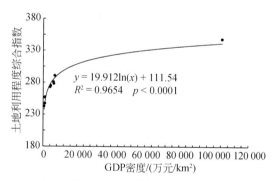

图 7-8　2005 年重庆都市圈土地利用程度综合指数与 GDP 密度关系

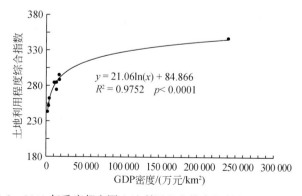

图 7-9　2010 年重庆都市圈土地利用程度综合指数与 GDP 密度关系

7.1.2.3 眉乐内渝发展区

眉乐内渝发展区区县 GDP 密度和土地利用程度综合指数相关研究表明，二者之间存在显著的对数相关关系，相关系数平方整体呈较低态势，从 2000 年的 0.1819 增加到 2005 年的 0.1230 和 2010 年的 0.1289（图 7-10～图 7-12），但 2010 年较 2005 年有所增加。眉乐内渝发展区 GDP 密度和土地利用程度综合指数之间的相关系数变化表明，眉乐内渝发展区产业发展主要依赖于土地、矿产等资源开发，高新技术产业开发较少。这同样从第 5 章经济活动强度和经济城市化的研究结果中得到了印证，2000～2010 年，眉乐内渝发展区第二、第三产业产值比重持续增大，净增长了 16.06%，而同期第二产业 GDP 增长了 40.83%，第二产业发展速度过快，而发展的产业又主要依赖于土地资源开发，致使该区域经济城市化在成渝经济区较高。鉴于眉乐内渝发展区不少区县耕地不足，林地资源较多。因此，该区今后产业发展的重点应该是生态农业和森林旅游，发展绿色产业，发展生物产业，提高农林剩余物利用效率，实现区域产业结构调整与优化，提高区域生态承载力和粮食安全，防治水土流失和农业面源污染。

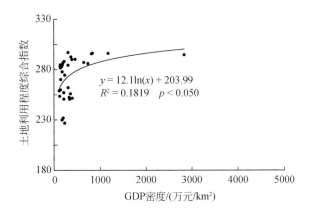

图 7-10　2000 年眉乐内渝发展区土地利用程度综合指数与 GDP 密度关系

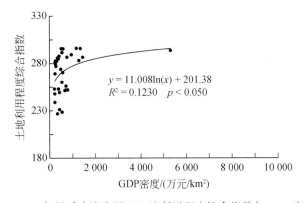

图 7-11　2005 年眉乐内渝发展区土地利用程度综合指数与 GDP 密度关系

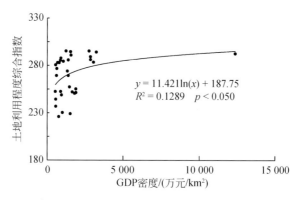

图 7-12　2010 年眉乐内渝发展区土地利用程度综合指数与 GDP 密度关系

7.1.2.4　平原丘陵发展区

平原丘陵发展区区县 GDP 密度和土地利用程度综合指数相关研究表明，二者之间相关性不显著，相关系数平方极低，没有统计学意义（图 7-13～图 7-15），这可能与该区域产业发展主要依赖于第一产业农业生产和农产品加工有关，该区域第二产业发展较慢，2000～

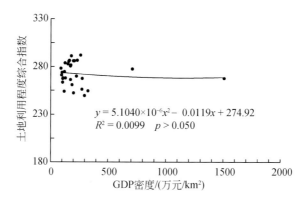

图 7-13　2000 年平原丘陵发展区土地利用程度综合指数与 GDP 密度关系

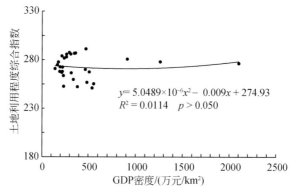

图 7-14　2005 年平原丘陵发展区土地利用程度综合指数与 GDP 密度关系

2010 年仅净增长了 8.0%，变化速率仅高于盆周山地发展区和三峡库区平行岭谷发展区，第三产业 GDP 比重较高。平原丘陵发展区产业发展对农业的依赖过重。鉴于该区域是成渝经济区的粮食安全生产保障区，该区域产业发展的重点依然是生态农业、现代观光农业和农副产品加工业，提高农业生态经营水平和粮食保障能力，大力发展生物产业，提高农业剩余物利用效率，缓解区域生态资源、生态承载力不足，减少农田水土流失，防治农业面源污染。

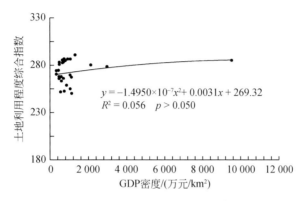

图 7-15　2010 年平原丘陵发展区土地利用程度综合指数与 GDP 密度关系

7.1.2.5　三峡库区发展区

三峡库区发展区区县 GDP 密度和土地利用程度综合指数相关研究表明，二者之间存在显著的倒数相关关系，相关系数平方整体呈不断降低态势，从 2000 年的 0.4535 降低到 2005 年的 0.4358 和 2010 年的 0.4034（图 7-16 ~ 图 7-18）。三峡库区发展区区县 GDP 密度和土地利用程度综合指数之间的相关系数变化表明，三峡库区发展区产业发展对土地、矿产等资源开发的依赖较低，且依赖性不断降低，其原因可能是该区域地处三峡库区，其第三产业比重很高，致使区域经济城市化率较高，仅低于成都都市圈和重庆都市圈。这同样从第 5 章经济活动强度和经济城市化的研究结果中得到了印证，2000 ~ 2010 年，三峡库区发展区第二、第三产业产值比重持续增大，净增长了 20%，而同期第三产业 GDP 产值增

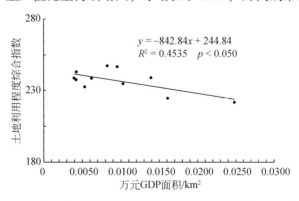

图 7-16　2000 年三峡库区发展区土地利用程度综合指数与 GDP 密度关系

长了155%，第三产业发展迅速，致使第三产业成为该区域GDP产值的主要贡献者。鉴于该区域直接关系三峡库区的水生态环境，因此该区域产业发展的重点依然是生态旅游、绿色旅游产业，但应严格根据生态环境容量及资源承载力，控制旅游人数。降低旅游对区域水环境的影响，保障区域水环境安全。同时，鉴于该区域还是成渝经济区主要生物多样性保护区之一，因此该区域在发展生态旅游绿色旅游产业时，应注意保护环境，减少农业面源污染，治理区域水土流失。

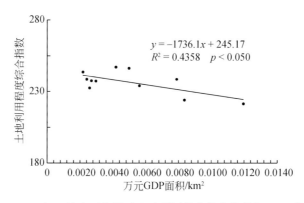

图 7-17　2005 年三峡库区发展区土地利用程度综合指数与 GDP 密度关系

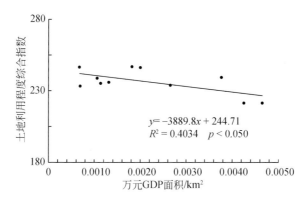

图 7-18　2010 年三峡库区发展区土地利用程度综合指数与 GDP 密度关系

7.1.2.6　三峡库区平行岭谷发展区

三峡库区平行岭谷发展区区县 GDP 密度和土地利用程度综合指数相关研究表明，二者之间存在极显著的倒数相关关系，且相关系数平方呈不断增大的态势，从 2000 年的 0.5586 增加到 2005 年的 0.5663 和 2010 年的 0.6075（图 7-19～图 7-21）。三峡库区平行岭谷发展区 GDP 密度和土地利用程度综合指数之间的相关系数变化表明，三峡库区平行岭谷发展区产业发展主要依赖于土地、矿产等资源开发，高新技术产业开发较少。这同样从第 5 章经济活动强度和经济城市化的研究结果中得到了印证，2000～2010 年，三峡库区平行岭谷发展区第二、第三产业产值比重持续增大，净增长了 9.95%，而同期第三产业

GDP产值增长了129%，第二产业发展速度较慢，仅增长了6.9%，但该区域第二产业主要为矿产和能源产业，对土地资源开发的依赖性较大，致使区域GDP密度与土地利用程度综合指数间的相关系数较高。因此，该区今后产业发展的重点应该是发展生态服务产业，治理矿产、能源开发带来的水土流失和生态环境破坏等生态环境问题。同时鉴于该区域在成渝经济区中生物多样性保护的重要性仅次于盆周山地发展区，故在适当发展生态旅游产业时应加大生态环境保护力度，改善区域环境质量，保障区域珍惜濒危物种安全。

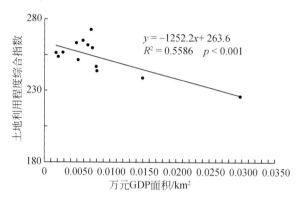

图 7-19 2000 年三峡库区平行岭谷发展区土地利用程度综合指数与 GDP 密度关系

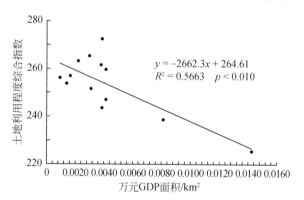

图 7-20 2005 年三峡库区平行岭谷发展区土地利用程度综合指数与 GDP 密度关系

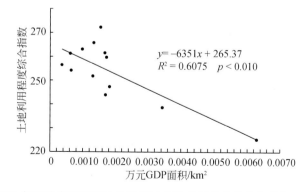

图 7-21 2010 年三峡库区平行岭谷发展区土地利用程度综合指数与 GDP 密度关系

7.1.2.7 盆周山地发展区

盆周山地发展区区县 GDP 密度和土地利用程度综合指数相关研究表明，二者之间存在极显著的对数相关关系，相关系数呈缓慢增加态势，R^2 从 2000 年的 0.5247 增加到 2005 年的 0.5283 和 2010 年的 0.5506（图 7-22～图 7-24）。盆周山地发展区 GDP 密度和土地利用程度综合指数之间的相关系数变化表明，该区域 GDP 贡献主要来自土地、矿产等资源开发，高新技术产业开发较少。这同样从第 5 章经济活动强度和经济城市化的研究结果中得到了印证，2000～2010 年，盆周山地发展区第二、第三产业 GDP 产值比重持续增大，净增长了 19.7%，而同期第二产业 GDP 产值增长了 3.7%，第三产业 GDP 产值净增长了 20%，但由于该区域第二产业主要为矿产、能源开发，对土地资源的依赖性很大，致使城市用地迅速扩大，区域土地利用程度综合指数与 GDP 密度的相关性极显著。鉴于盆周山地发展区是成渝经济区的生态屏障，直接影响着区域水源涵养、土壤保持和生物多样性保护的安全。因此该区域产业发展的重点应该是大力发展生态旅游，尽量减少对生态环境的干扰与破坏。进行矿产资源开发时应注意生态环境建设与保护、升级矿产开发技术与工艺、提高资源利用效率、减少环境污染和水土流失。

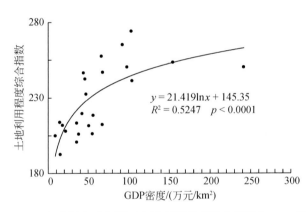

图 7-22　2000 年盆周山地发展区土地利用程度综合指数与 GDP 密度关系

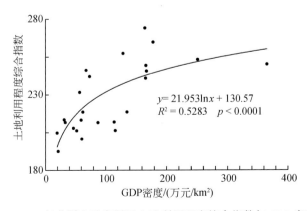

图 7-23　2005 年盆周山地发展区土地利用程度综合指数与 GDP 密度关系

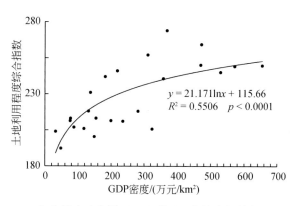

图 7-24　2010 年盆周山地发展区土地利用程度综合指数与 GDP 密度关系

7.2　产业发展对生态环境质量的影响

7.2.1　对生态质量的影响

7.2.1.1　整体

具体来说，2000 年成渝经济区 GDP 密度与生物量密度拟合系数为 0.2945，相关性较弱，GDP 密度与植被覆盖度拟合系数为 0.5722，稍高于 GDP 密度与生物量密度拟合关系，随着 GDP 产值的增加，说明该时期内区域植被生物量和覆盖度基本上呈减小趋势。2005 年 GDP 密度与生物量和植被覆盖度的关系更弱。GDP 密度与生物量密度拟合系数为 0.2354，相关性不足，GDP 密度与植被覆盖度拟合系数为 0.4692，稍高于 GDP 密度与生物量密度拟合关系，相对而言，说明经济产业发展对区域生物量影响不大，而对植被覆盖状况有较大影响。2010 年 GDP 密度与生物量密度拟合系数为 0.3889，相关性较弱，但 GDP 密度与植被覆盖度拟合系数为 0.8011，已呈现出较好的"U"形相关关系，说明区域植被覆盖状况受经济产业发展愈加明显（图 7-25～图 7-27）。

因此，从成渝经济区整体来看，经济产业发展与区域生物量和植被覆盖度的相关性不强，即随着区域 GDP 密度的变化，生物量和植被覆盖度并未呈现出非常明显的正负相关特征，但是植被覆盖状况受经济产业发展的影响越来越大，而对生态质量的综合影响比较复杂。

7.2.1.2　分区

（1）成都都市圈

成都都市圈包括成都、德阳、绵阳、眉山、雅安，以及资阳市雁江区、乐至县、简阳市，遂宁市船山区、大英县、射洪县，乐山市市辖区、沙湾区、五通桥区、峨眉山市、夹

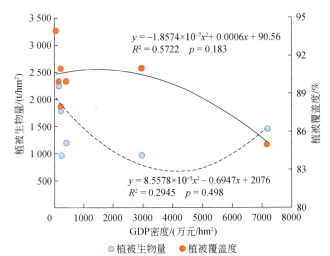

图 7-25　成渝经济区 2000 年 GDP 密度与植被生物量和植被覆盖度的相关分析

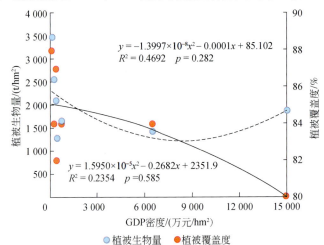

图 7-26　成渝经济区 2005 年 GDP 密度与植被生物量和植被覆盖度的相关分析

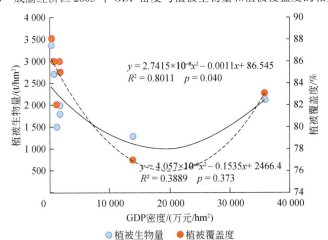

图 7-27　成渝经济区 2010 年 GDP 密度与植被生物量和植被覆盖度的相关分析

江县等。成都和都市圈内的其他城市产业互补性很强。成都以发展高新技术和现代服务业为主,是人才和技术的高地;其他城市具有土地、人力等资源优势,以工业、制造业为主业。该区域总体上进入了工业化中期发展阶段,是成渝经济区内发展腹地最广、集聚人口最多、经济总量最大的区域。自 2000 年来,该区域城市化速度加快,人口数量增加明显,耕地数量减少,土地利用强度逐年增强,经济产业发展迅速,GDP 密度呈现快速增加,2000 年 GDP 密度为 2969 万元/hm², 2010 年增加到 13 794 万元/hm², 增长近 3.6 倍。不过,同时期植被覆盖度持续下降,植被生产力和生物量有所降低,并呈现出植被破碎化趋势(图 7-28),说明该区域社会经济和产业发展对生态质量影响明显。

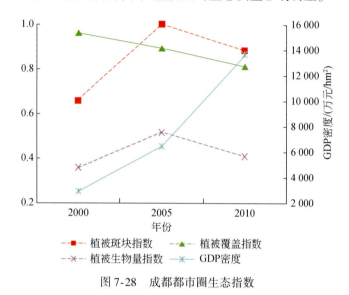

图 7-28 成都都市圈生态指数

对 GDP 密度与植被覆盖和生物量相关关系分析发现,经济产值 GDP 与植被生物量相关性不强,2000 年、2005 年、2010 年的相关系数 R^2 分别为 0.1899、0.2665 和 0.3397,即随着产业经济产值的增加,虽然植被生物量有所降低,但并未充分说明区域经济产业活动造成植被生物量的降低;不过,与植被生物量不同,GDP 密度与植被覆盖度相关性较高,2000 年、2005 年、2010 年的相关系数 R^2 分别为 0.9431、0.9495 和 0.7499(图 7-29~图 7-31),说明随着产业经济的发展,植被覆盖度呈现明显下降趋势,人类经济活动对区域原生植被覆盖状况产生了明显影响。因此,该区域需要从资源综合利用和环境保护角度,适度控制人口数量,保护耕地资源,降低土地利用强度,提高区域生态承载能力。同时,通过优化产业结构,改变目前不合理的能源消费模式,改良能源利用技术,提高能源使用效率,开发利用清洁能源和生物能源,壮大电子信息和医药两大优势产业,发展环境友好型产业,促进城市圈可持续发展。

(2)重庆都市圈

重庆都市圈是重庆直辖市的政治、经济和文化中心,是重庆作为长江上游经济中心的核心区。自 2000 年以来,该区域城市化进程明显加快,产业产值快速增加,GDP 密度由 2000 年的 7167.67 万元/hm² 增加到 35 751.79 万元/hm²,增加了近 4 倍。同时以城市为中

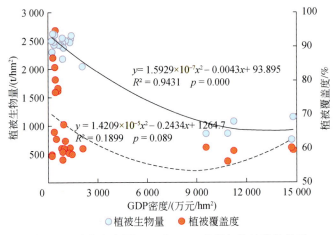

图 7-29　成都都市圈 2000 年 GDP 密度与植被指数关系

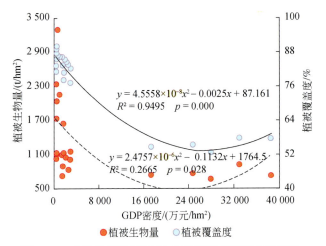

图 7-30　成都都市圈 2005 年 GDP 密度与植被指数关系

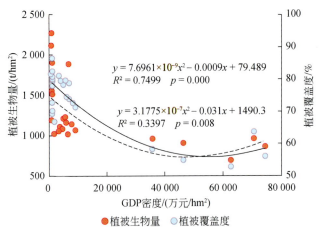

图 7-31　成都都市圈 2010 年 GDP 密度与植被指数关系

心的环境污染加重,并向农村蔓延,生态破坏的范围扩大,土地利用强度持续增高,造成植被斑块密度不断增大,植被破碎化程度加剧,不过"重庆森林建设"和三峡库区生态恢复工程的推进,促进了植被覆盖度和植被生物量的增大(图7-32)。

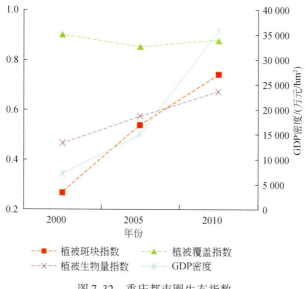

图7-32 重庆都市圈生态指数

对该城区 GDP 密度与植被覆盖度和植被生物量相关关系分析发现,重庆都市圈经济产值与植被生物量和植被覆盖度均有明显的负相关关系。首先,三个评估时期该区域 GDP 密度与植被生物量的相关系数 R^2 分别为 0.7462、0.6524 和 0.6788,经济产值与植被生物量呈较强的负相关关系,即随着 GDP 密度的增大,植被生物量降低,说明此区域植被生物量受经济产业开发的影响较大;其次,三个评估时期该区域 GDP 密度与植被覆盖度相关系数 R^2 分别为 0.8467、0.8701 和 0.8991(图7-33~图7-35),经济产值与植被覆盖状况明显呈负相关,因此该区域植被覆盖状况明显受到产业开发活动的影响。

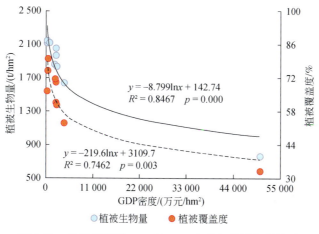

图7-33 重庆都市圈2000年 GDP 密度与植被指数关系

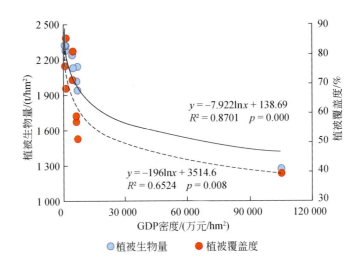

图 7-34　重庆都市圈 2005 年 GDP 密度与植被指数关系

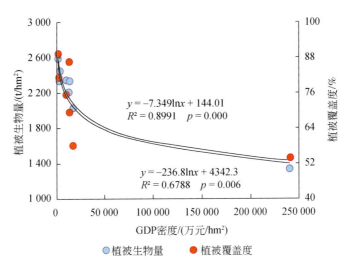

图 7-35　重庆都市圈 2010 年 GDP 密度与植被指数关系

因此，该区域应该合理推进城市化，但不仅仅是城市人口比重增加，而应注重整个城市社会结构和配套基础设施的建设完善，发展高密度集中紧凑的模式；该区域应重视规范都市农业，将单个零散的都市圈农业规范起来，向集生态保护、生产、旅游于一体的产业化农业发展。由于受自然条件制约，目前重庆都市圈产业较为混杂，第二产业发展缓慢，高新技术投资和投入应用不足，需要加快发展基础工业和装备工业，加大先进技术改造传统工业力度，加速发展高新技术产业，采用清洁生产和生态工艺的可持续生产方式，注重环保产业发展，积极推进生物制药等高新技术项目产业化，发展清洁生产技术和绿色产品、环保工程设计与建设、工业固体废物综合利用等产业；此外，重庆都市圈自然结构不良的原因主要在于其绿地面积不足和绿地结构欠佳，破碎度大，不足以维持城市生态系统平衡。该区域应重视城市绿地建设与维护，将城市绿地通过廊道、斑块有机地联系起来，提高城市绿地的系统性、整体性和连续性。同时，应特别重视城市森林和天然林保护，建设和保护好主城区组团隔离带生态林。

(3) 眉乐内渝发展区

眉乐内渝发展区以成渝铁路和成渝高速公路为纽带。2000~2005 年该区域 GDP 密度有所增加，同时植被生物量和斑块指数有所增大，植被覆盖面积减小，可能与该时期粗放型产业发展较快，对生态环境影响较大，造成植被破碎化有关；2005~2010 年该区域重视发展高新技术，经济产值迅速提升，同时生态环境保护得到重视，植被破碎化趋势得到控制，植被覆盖有所提高。整体来看，随着该区域产业经济的转型与发展，植被覆盖和破碎化趋势有所控制，植被生物量有所增加（图 7-36）。

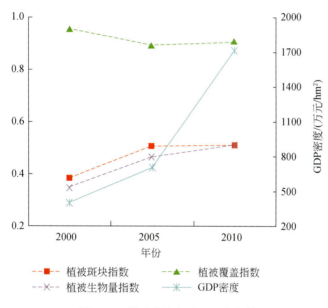

图 7-36 眉乐内渝发展区生态指数

对 GDP 密度与植被覆盖和生物量相关关系分析发现，眉乐内渝发展区经济产业发展与植被变化相关性较低。首先，该区域三个评估时期 GDP 密度与生物量相关系数 R^2 分别为 0.0866、0.072 和 0.1012，即随着经济产值的增加，植被生物量并未明显降低，说明此区域植被生物量的变化与经济开发活动的影响关系不大。

此外，该区域 GDP 密度与植被覆盖度相关性也不强，三个评估时期相关系数 R^2 分别为 0.2851、0.3536 和 0.1436（图 7-37~图 7-39），说明植被覆盖状况变化受产业活动的影响较小。因此，该区域适宜在重点发展电子信息、精细化工、新型建材、轻纺食品、装备制造、商贸物流等支柱产业的同时，积极引导产业与人口集聚，继续重视产业开发与生态保护的关系。

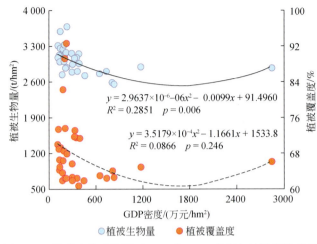

图 7-37　眉乐内渝地发展区 2000 年 GDP 密度与植被指数关系

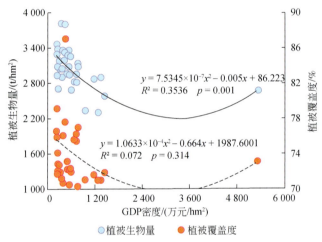

图 7-38　眉乐内渝地发展区 2005 年 GDP 密度与植被指数关系

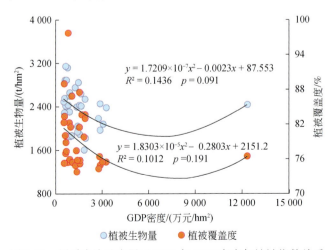

图 7-39　眉乐内渝地发展区 2010 年 GDP 密度与植被指数关系

(4) 平原丘陵发展区

平原丘陵发展区集中分布在成德绵经济发达地区。自 2000 年以来，该区域社会产业和经济产值快速增加，GDP 密度由 2000 年的 236.23 万元/hm² 增加到 1124.19 万元/hm²，增加了近 3.75 倍。同时城市化开发向农村蔓延，生态破坏的范围扩大，土地利用强度有所加强，造成植被斑块密度有所增大，植被呈现一定程度的破碎化趋势，不过该区域原生植被保护较好，且产业活动对植被影响较小，促进了植被覆盖度和生物量的增加（图 7-40）。

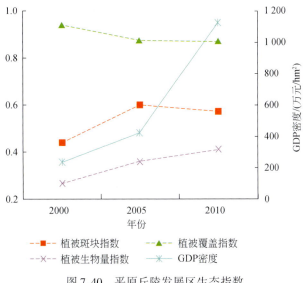

图 7-40　平原丘陵发展区生态指数

对该区域 GDP 密度与植被覆盖和生物量相关关系分析发现，平原丘陵发展区经济产业发展与植被变化相关性较低。首先，该区域 2000 年、2005 年、2010 年 GDP 密度与生物量相关系数 R^2 分别为 0.2067、0.064 和 0.0244，即随着经济产值的增加，植被生物量并未明显降低，说明此区域植被生物量的变化与经济开发活动的影响关系不大（图 7-41 ~ 图 7-43）。

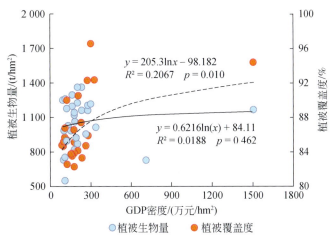

图 7-41　平原丘陵发展区 2000 年 GDP 密度与植被指数关系

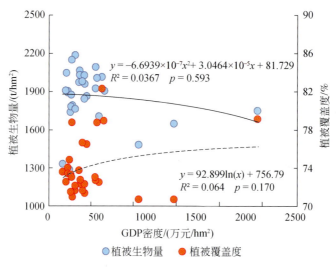

图 7-42　平原丘陵发展区 2005 年 GDP 密度与植被指数关系

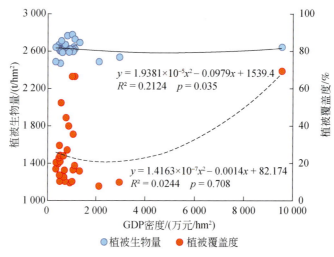

图 7-43　平原丘陵发展区 2010 年 GDP 密度与植被指数关系

此外，该区域 GDP 密度与植被覆盖度相关性也不强，2000 年、2005 年、2010 年相关系数 R^2 分别为 0.0188、0.0367 和 0.2124（图 7-41～图 7-43），说明虽然植被覆盖状况变化受产业活动的影响较小，但影响作用呈增加态势。故该区域应大力发展高端装备制造、新一代信息技术、生物技术、新能源、新材料、汽车制造、航空航天等产业，重点发展产业带动效应大、关联度高的现代服务企业，发挥平原地区农业资源优势，稳定发展优质粮油生产，加快推广立体农业、循环农业、设施农业等种养模式，大力发展无公害农产品、绿色食品、有机食品。

（5）三峡库区发展区

三峡库区发展区集大农村、大山区、大库区于一体，是国家连片贫困区、限制开发区、移民聚居区、稳定敏感区和生态脆弱区，工业基础薄弱，产业发展空间相对较小。该区域山高坡陡，人多地少，人地关系紧张，库区森林覆盖率低，水土流失严重。自 2000 年以来，该区域产业产值有大幅度提升，GDP 密度由 2000 年的 142.58 万元/hm² 增加到 695.98 万元/hm²，增加了近 3.88 倍。同时，植被生物量有小幅增长，但植被破碎化程度明显增加，植被覆盖度有所降低（图 7-44）。

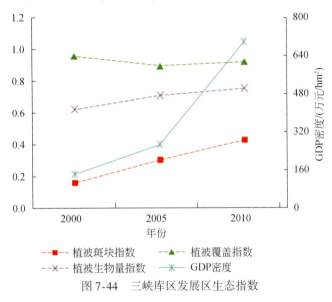

图 7-44 三峡库区发展区生态指数

对该区域 GDP 密度与植被覆盖和生物量相关关系分析发现，三峡库区发展区经济产值与植被生物量相关性不强，2000 年、2005 年、2010 年的相关系数 R^2 分别为达 0.4076、0.1412 和 0.083，即随着产业经济产值的增加，虽然植被生物量有所降低，但并未充分说明植被生物量降低是受区域经济产业活动的影响；与植被生物量类似，GDP 密度与植被覆盖度相关性也不高，2000 年、2005 年、2010 年的相关系数 R^2 分别为 0.2066、0.1203 和

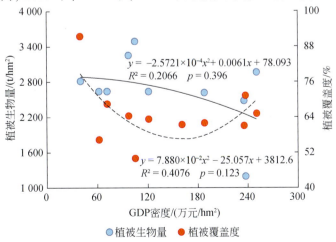

图 7-45 三峡库区发展区 2000 年 GDP 密度与植被指数关系

0.1228（图 7-45～图 7-47），说明随着产业经济的发展，植被覆盖度未见明显下降趋势，区域原生植被覆盖状况与人类经济活动影响的关系不明确，其原因可能与该区域高度重视生态环境保护与建设和产业结构调整与优化有关。考虑到三峡库区是我国生态环境的敏感区、脆弱区和易污染及易破坏区，因此，此区域应以涵养重庆生态屏障和水源保护为主，同时发展生态友好型产业的功能区域。要以提升生态涵养功能、促进富民就业为核心，强化生态修复与水源保护，完善生态补偿和后期管护机制；大力发展生态农业、生态旅游业等生态友好型产业，并积极引入高端产业发展；推动城市公用设施和服务向生态涵养发展区延伸，促进生态特色城镇和新农村建设发展，使之成为生态文明新库区。

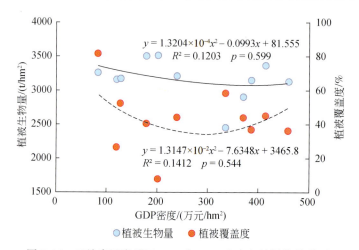

图 7-46　三峡库区发展区 2005 年 GDP 密度与植被指数关系

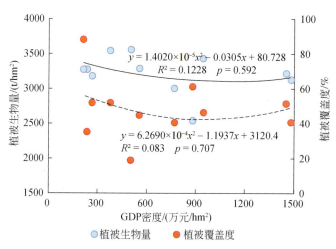

图 7-47　三峡库区发展区 2010 年 GDP 密度与植被指数关系

（6）三峡库区平行岭谷发展区

三峡库区平行岭谷发展区位于四川盆地东部，是四川盆地东缘主要山系，为世界特征最显著的褶皱山地带，有多种地貌类型组合景观。同时，该区域属于我国西南岩溶山区，是贫困和环境恶化最为突出的地区,也是生态环境保护和治理的重点和难点地区。自 2000 年以后,尽管土地利用强度变化不大,植被生物量增大,但是该区域人口稠密,毁林开垦剧烈,森林植被减少,植被破碎程度加大,植被覆盖度降低,水土流失严重(图 7-48)。

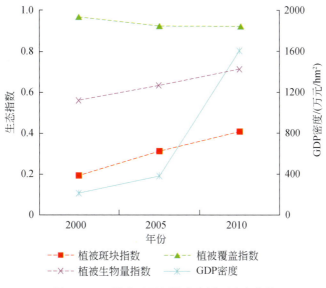

图 7-48 三峡库区平行岭谷发展区生态指数

自 2000 年来,该区域土地利用强度逐年增强,经济产业发展迅速,GDP 密度呈现快速增加,2000 年 GDP 密度为 212.96 万元/hm^2,2010 年增加到 1605.63 万元/hm^2,增长近 6.5 倍。不过,同时期植被生产力和生物量持续增加,植被覆盖度有所下降,并呈现出植被破碎化趋势,说明该区域社会经济和产业发展对生态质量有一定影响。

对该区域 GDP 密度与植被覆盖和生物量相关关系分析发现,三峡库区平行岭谷发展区经济产业发展与植被变化相关性较弱。首先,该区域 2000 年、2005 年、2010 年 GDP 密度与植被生物量相关系数 R^2 分别为 0.4469、0.1263 和 0.2884,即随着经济产值的增加,植被生物量有所降低,但并不明显,说明此区域植被生物量的变化与经济开发活动的影响有一定关系。此外,该区域 GDP 密度与植被覆盖度相关性也不强,2000 年、2005 年、2010 年相关系数 R^2 分别为 0.3164、0.2782 和 0.0018(图 7-49~图 7-51),说明植被覆盖状况变化受产业活动的影响较小。因此,该区域需要针对不同类型生态环境问题,调整农林牧用地结构,采取相应措施,加大生态环境保护力度,限制高污染高能耗产业发展。

(7)盆周山地发展区

盆周山地发展区位于四川盆地周边山地,属亚热带山地湿润气候,水热条件较为充沛。自然条件差,农业生产基本条件差,土地利用以林地为主,土地质量等级低,社会经济发展比较滞后。2000 年以来,经济产业发展加快,GDP 密度由 2000 年的 63.47 万元/hm^2 增加到 2010 年的 258 万元/hm^2,增长了近 306%,而植被生物量变化不明显,不过植被斑块密度明显增大,植被覆盖度有所降低(图 7-52)。因此该区域受人为活动干扰加强,植被破碎化程度有所加重。

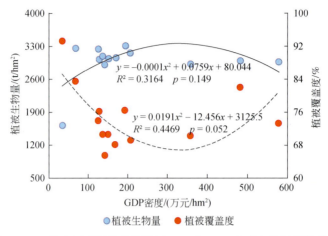

图 7-49　三峡库区平行岭谷发展区 2000 年 GDP 密度与植被指数关系

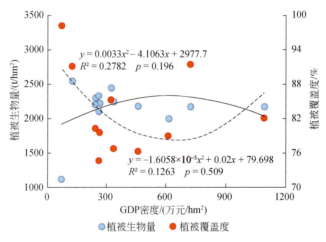

图 7-50　三峡库区平行岭谷发展区 2005 年 GDP 密度与植被指数关系

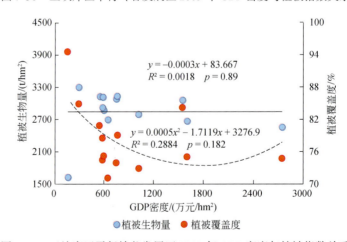

图 7-51　三峡库区平行岭谷发展区 2010 年 GDP 密度与植被指数关系

第 7 章 | 产业发展对成渝经济区生态环境的影响

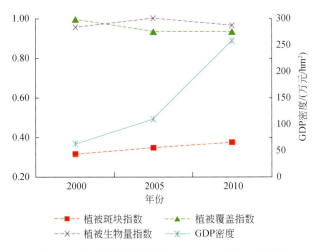

图 7-52 盆周山地发展区 2000~2010 年生态指数

对 GDP 密度与植被覆盖和生物量相关关系分析发现，2000 年盆周山地发展区经济产值 GDP 与植被生物量相关系数 R^2 为 0.6184，有一定的相关性，即随着产业经济产值的增加，植被生物量有所降低，说明该时期经济产业发展与植被资源开发利用有关；但是，2005 年和 2010 年 GDP 与生物量相关性不强，相关系数 R^2 分别为 0.4127 和 0.4049，说明区域经济产业活动对植被生物量利用强度有所减弱（图 7-53~图 7-55），这可能与该区域生态环境工程建设力度较大及发展的产业结构等有关。

不过，与植被生物量不同，GDP 密度与植被覆盖度相关性很小，2000 年、2005 年、2010 年的相关系数 R^2 分别为 0.0573、0.0396 和 0.0132（图 7-53~图 7-55），说明随着产业经济的发展，植被覆盖度并未出现明显下降趋势，人类经济活动对区域原生植被覆盖状况的影响不显著。因此，该区域需要根据实际情况，重点实施退耕还林和天然林保护工程，合理利用盆周山区立体气候，因地制宜地发展林、农、牧业，重点发展林果、畜牧、茶叶和山区特产等生态农业，充分利用区域植物资源优势。

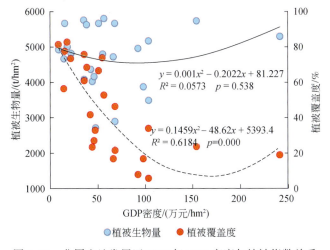

图 7-53 盆周山地发展区 2000 年 GDP 密度与植被指数关系

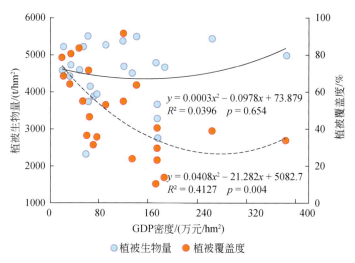

图 7-54 盆周山地发展区 2005 年 GDP 密度与植被指数关系

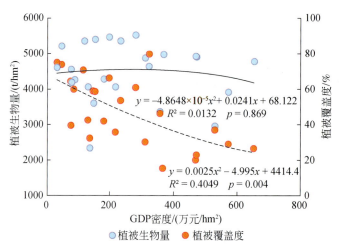

图 7-55 盆周山地发展区 2010 年 GDP 密度与植被指数关系

7.2.2 对环境质量的影响

7.2.2.1 整体

对成渝经济区各区县环境质量指数和万元 GDP 面积回归分析发现，虽然二者之间的相关系数较低，但二者的相关性仍达到显著或极显著线性相关（图 7-56 ~ 图 7-58）。由于区域万元 GDP 面积随着产业开发增大而降低，而产业开发会可能导致区域污染物排放的增加，进而降低区域环境质量。成渝经济区 2000 年、2005 年和 2010 年各区县环境质量指数与万元 GDP 面积的相关系数不断增大，说明该区域产业发展路线依然是以低端的高排放、高污染的产业为主,即随着区域产业开发的增强,区域污染物排放量并没有降低,而是随之不断增加,致使区域生态环境质量不断降低。因此,成渝经济区产业结构急需调整与优化。

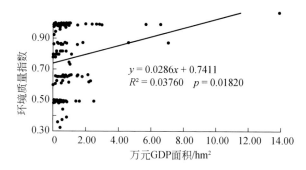

图 7-56 2000 年区县环境质量指数与万元 GDP 面积的关系

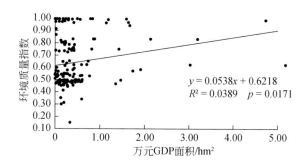

图 7-57 2005 年区县环境质量指数与万元 GDP 面积的关系

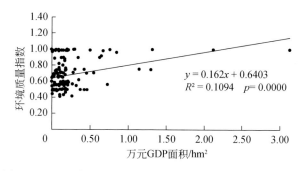

图 7-58 2010 年区县环境质量指数与万元 GDP 面积的关系

7.2.2.2 分区

对成渝经济区各发展功能区区县环境质量指数和万元 GDP 面积回归分析发现,各发展功能区二者之间的相关性未达到极显著或显著相关水平,这说明成渝经济区环境质量的驱动机制非常复杂,发展功能区产业发展可能只是一个因子,但由于区域地表水环境和大气环境质量不仅与区域产业开发有关,还与区域地形地貌、风向、降雨强度、降雨量,以及区县与河流的相对位置、河流径流速率、污染物扩散速率及监测点位置有关。因此，未来应从监测空间布点均匀性、连续动态监测和实现土壤环境动态监测等方面入手，建立区域环境监测与预警机制。

7.3 产业发展对生态胁迫的影响

7.3.1 对地表水环境胁迫的影响

7.3.1.1 整体

从成渝经济区 2000 年、2005 年和 2010 年的产业发展与地表水环境污染指数的相关性可知（图 7-59 ~ 图 7-61），成渝经济区总体产业发展与资源综合开发利用强度相关性均达到极显著相关，且相关系数呈不断增大态势，从 2000 年的 0.3902 增加到 2005 年的 0.4896 和 2010 年的 0.5741，说明成渝经济区区县地表水环境污染指数随产业发展（GDP 密度）的增大而增大。同时也说明该区域产业结构不太合理，主要发展的产业依然是以低端的高排放高污染产业为主，区域产业结构调整与优化面临巨大的压力。

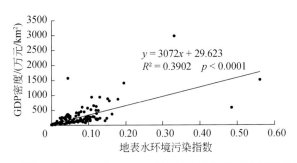

图 7-59　成渝经济区 2000 年 GDP 密度与地表水环境污染指数关系拟合

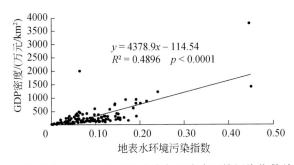

图 7-60　成渝经济区 2005 年 GDP 密度与地表水环境污染指数关系拟合

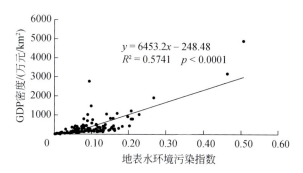

图 7-61 成渝经济区 2010 年 GDP 密度与地表水环境污染指数关系拟合

7.3.1.2 分区

(1) 成都都市圈

由成都都市圈 GDP 密度与地表水环境污染指数趋势图（图 7-62）得出，成都都市圈从 2000 年到 2010 年地表水环境质量在逐步恶化。自 2000 年来，该区域经济产业发展迅速，GDP 密度呈现快速增加，2000 年 GDP 密度为 883 万元/km^2，2010 年增加到 1155.52 万元/km^2，2005 年到 2010 年增幅较大。同时期地表水环境污染指数逐年增强，从 2000 年 0.83 增加到 2010 年的 0.93。成都都市圈人口聚集度高，种植业发达，工业产业主要有电子通信产品制造业、医药工业、食品饮料及烟草业、机械工业、石油化学工业和建材冶金工业等。因此，生活源的污水、农业面源污染和水环境污染物是导致该区地表水环境质量在 2000~2010 年逐步上升的主要原因。因此，未来成都都市圈发展应以旅游业、创意文化产业、物流和商贸中心为主，发展具有高技术含量的现代化农业和农产品加工业，同时大力推进高新技术、汽车、新能源、新材料、石化产业功能区建设，发展循环经济，形成高新技术产业基地、先进制造业基地和新兴产业基地，严格控制地表水污染物排放。

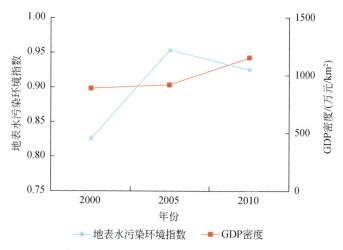

图 7-62 成都都市圈 GDP 密度与地表水环境污染指数

(2) 重庆都市圈

由重庆都市圈 GDP 密度与地表水环境污染指数趋势图（图 7-63）得出，该区域地表水环境污染已有显著改善。自 2000 年以来，该区域城市化进程明显加快，产业产值快速增加，GDP 密度由 2000 年的 1560 万元/km² 增加到 2779.74 万元/km²。同时地表水环境污染指数先减后平稳增长，从 2000 年的 0.41 减少到 2010 年的 0.34，随着 GDP 密度的增大，地表水环境污染指数不断降低。该区域人口高度密集，随着城市化的不断发展，城镇人口还将进一步增加。该区域是我国著名的老工业基地，主要产业包括电子信息、汽车、装备制造、综合化工、材料、能源和消费品制造等。但近年来，逐步发展高新技术产业、新型农业和新能源产业，因此，该区域 2005 年之前生活污水排放、工业废水排放是导致地表水环境质量恶化的主要原因。未来，该区域应该以发展成为长江上游的商贸和物流中心为目标，发展文化创意产业和会展经济，推动工业升级改造和集群发展，发展循环经济，合理规划和推进城镇化进程，促进全面健康和可持续发展。

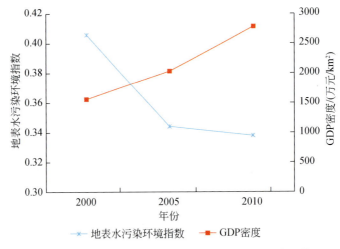

图 7-63　重庆都市圈 GDP 密度与地表水环境污染指数

(3) 眉乐内渝发展区

由眉乐内渝发展区 GDP 密度与地表水环境污染指数趋势图（图 7-64）得出，2000～2010 年水环境质量在逐步恶化。2000～2005 年该区域 GDP 密度有所增加，由 2000 年的 265 万元/km² 增加到 2005 年的 312 万元/km²；2005～2010 年该区域重视发展高新技术，经济产值迅速提升，GDP 密度由 2005 年 312 万元/km² 增加到 2010 年 502 万元/km²，同时期的地表水环境污染指数由 0.51 增加到 0.65，呈上升趋势。整体来看，随着该区域产业经济的转型与发展，地表水环境污染指数有所增加。区域农业生产条件较好，种植业发达，人口聚集度高，密度大。多年来第二产业主要以电子、医药、炼钢及钢材加工、水泥、陶瓷、食品制造、盐磷化工、皮革纺织、木材加工、造纸、铁合金冶炼、机械设备制造、电力等为主。因此，农业面源污染，生活污水排放以及工业排放废水是导致该区地表水环境持续恶化的主要原因。未来眉乐内渝发展区一方面要升级改造现有冶金建材、机械制造、食品制造、电力等主导产业及生产工艺，减少废水、废液、废气排放，提高资源利用率；另一方面要发展高附加值、低污染、低排放的产业，如现代生态农业、区域集团式旅游业，实施污染物排放总量控制措施，保障区域水生态安全，改善区域生态环境，改善区域环境。因此，该区域适宜在重点发展电子信息、精细化工、新型建材、轻纺食品、装备制造、商贸物流等支柱产业的同时，应积极引导产业与人口集聚，继续重视产业开发与生态保护的关系。

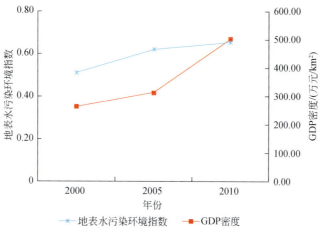

图 7-64　眉乐内渝发展区 GDP 密度与地表水环境污染指数

（4）平原丘陵发展区

由平原丘陵发展区 GDP 密度与地表水环境污染指数趋势图（图 7-65）得出，2000~2010 年该区地表水环境在持续恶化。自 2000 年以来，该区域社会产业和经济产值快速增加，GDP 密度由 2000 年的 186 万元/km² 增加到 2010 年的 260 万元/km²。同时地表水环境污染指数有所加强，由 2000 年的 0.37 增加到 2010 年的 0.47。该区域人口密度相对较高，种植业相对发达，以种植粮食和蔬菜为主，是成都都市圈和重庆都市圈最重要的粮食和蔬菜基地。该区地形地貌多样，旅游资源丰富，旅游业发展较好。由于受成渝两个城市产业

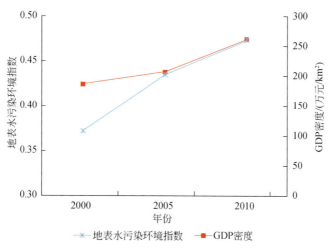

图 7-65　平原丘陵发展区 GDP 密度与地表水环境污染指数

发展辐射带动，工业发展水平也较高，包括能源、化工、食品、机械、丝棉纺织、建筑建材等行业。因此，农业面源污染、生活污水排放以及工业废水排放也是该区地表水环境污染指数持续增长的重要原因。未来，该区应该依托成都都市圈和重庆都市圈，大力发展现代农业，积极开发旅游资源，发展生态旅游，限制高耗能和高污染产业规模，减少地表水污染物排放，提高水资源循环利用效率，改善区域环境质量。

(5) 三峡库区发展区

由三峡库区发展区 GDP 密度与地表水环境污染指数趋势图（图7-66）得出，2000~2010年三峡库区发展区地表水环境在不断恶化。自 2000 年以来，该区域产业产值不断提升，GDP 密度由 2000 年的 134 万元/km² 增加到 2010 年的 247 万元/km²。同时，地表水环境污染指数呈增长趋势，由 2000 年的 0.04 增加到 2010 年的 0.13。该区域水资源丰富，农业生产以山地林木果品种植为主，工业主要包括特色化工、纺织服装、食品药品、机械电子和能源材料。因此，农业面源污染、工业废水是区域地表水环境质量恶化的主要原因。该区域位于三峡库区，其中云阳县属于国家重点生态功能保护区中的"三峡库区水土保持生态功能区"。该区域的地表水环境质量直接影响三峡及长江中下游地表水环境质量。因此，未来应该控制高污染和高耗能产业发展，发展高附加值的特色林木种植，但需控制水土流失导致的面源污染，依托三峡库区大力发展生态旅游，同时包括云阳县在内的三峡库区水土保持生态功能区在控制区域水土流失对三峡库区的影响中发挥了重要作用，需要通过生态补偿来确保当地持续发挥水土保持作用，确保区域环境质量不断改善。

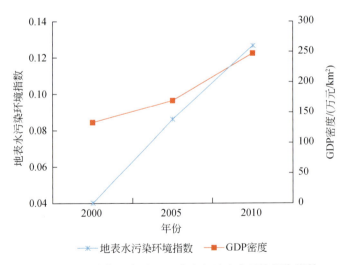

图 7-66　三峡库区发展 GDP 密度与地表水环境污染指数

(6) 三峡库区平行岭谷发展区

由三峡库区平行岭谷发展区 GDP 密度与地表水环境污染指数趋势图（图7-67）得出，地表水环境污染在不断恶化。自 2000 年来，经济产业发展迅速，GDP 密度呈平稳增加，2000 年 GDP 密度为 134 万元/km²，2010 年增加到 226 万元/km²。同时期地表水环境污染指数持续增加，由 2000 年的 0.23 增加到 2010 年的 0.32。该区域以山地为主，农业主要是山地林木果品种植，同时旅游资源丰富。由于紧邻重庆都市圈，工业发展较好，产业包括能源化工、机械制造、生物医药和电子信息产业等。因此，农业面源污染、工业废水排放是导致该区地表水环境持续恶化的主要原因。由于该区紧邻三峡库区，地表水环境污染增加了三峡库区地表水质下降的风险。因此，未来该区域应控制高污染和高耗能工业企业发展，依托紧邻的三峡库区，开展生态旅游，全面优化产业结构。

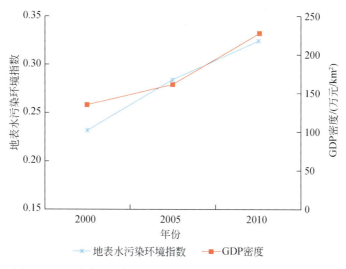

图 7-67　三峡库区平行岭谷区 GDP 密度与地表水环境污染指数

（7）盆周山地发展区

由盆周山地发展区 GDP 密度与地表水环境污染指数趋势图（图 7-68）得出，2000~2010 年地表水环境略有恶化。2000 年以来，经济产业发展加快，GDP 密度由 2000 年的 57 万元/km² 增加到 2010 年的 79 万元/km²。同时期地表水环境污染指数变化不明显，由 2000 年的 0.01 增加到 2010 年的 0.05，因此该区域产业发展对地表水环境污染指数影响

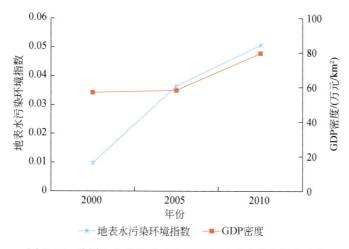

图 7-68　盆周山地发展区 GDP 密度与地表水环境污染指数

较小。该区域人口聚集度在成渝经济区内处于较低水平，农业在产业发展中占重要地位，丘陵山地为果品种植提供了优质条件。由于旅游资源丰富，旅游业较为发达。工业发展相对滞后，但是最近几年随着平原地区经济发展的带动，第二产业已经初具规模，包括纺织、机械制造、建材化工、电子、食品加工等行业。因此，丘陵山地种植业导致的面源污染、工业废水是导致该区环境质量持续下降的主要原因。未来，该区域应着力发展高附加值的特色林木果品种植，发展林下经济，优化第二产业结构，节能减排，控制高污染高耗能产业规模，严格控制水环境污染物排放，大力发展生态旅游业，促进该区经济健康可持续发展。

7.3.2 对大气环境胁迫的影响

7.3.2.1 整体

对成渝经济区 2000 年、2005 年和 2010 年的产业发展与大气环境胁迫的关系分析发现，成渝经济区区县大气环境胁迫随产业的发展而增大，二者之间存在显著的相关关系，且相关系数呈增大态势，从 2000 年的 0.3965、2005 年的 0.3158 增加到 2010 年的 0.4947（图 7-69～图 7-71）。成渝经济区区县产业发展极不平衡，绝大多数区县 2000 年和 2005 年 GDP 密度都小于 600 万元/km²，这些区县 GDP 密度与大气污染指数之间的增长速率更大，说明区域产业发展对区县大气污染有直接关系。此后，当 GDP 密度增大时，区县大气污染指数也随之增大，但增大幅度有所放缓，这是因为随着区域产业发展，区域政府愈加重视生态环境保护，因而促使企业进行产业结构调整与升级，进而降低单位 GDP 污染物排放，进而改善区域大气环境质量，缓解大气胁迫。因此，该研究结果还表明：①区域大环境胁迫不仅与区域产业发展有关，还与区域环境容量（环境承载力）有关；②区域产业结构调整与优化可以在一定程度上缓解甚至解决区域大环境胁迫问题；③成渝经济区产业发展极不平衡，该区域产业发展的重点将是产业结构调整与优化和区域协同发展。

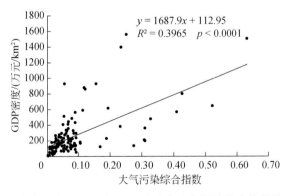

图 7-69　成渝经济区 2000 年 GDP 密度与大气污染综合指数关系拟合

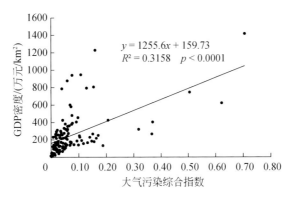

图 7-70　成渝经济区 2005 年 GDP 密度与大气污染综合指数关系拟合

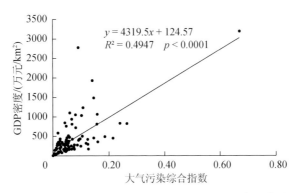

图 7-71　成渝经济区 2010 年 GDP 密度与大气污染综合指数关系拟合

7.3.2.2　分区

(1) 成都都市圈

由成都都市圈 GDP 密度与大气污染综合指数趋势图（图 7-72）得出，该区从 2000～2010 年大气环境质量逐渐改善。自 2000 年来，该区域经济产业发展迅速，GDP 密度呈现快速增加，2000 年 GDP 密度为 883 万元/km²，2010 年增加到 1155.52 万元/km²，2005 年到 2010 年增幅较大。同时期大气污染综合指数逐年降低，由 2000 年的 0.65 减少到 2010 年的 0.2，成都都市圈大气污染综合指数呈显著下降。成都都市圈人口聚集度高，种植业发达，工业产业主要有电子通信产品制造业、医药工业、食品饮料及烟草业、机械工业、石油化学工业和建材冶金工业等。因此，生活源废气排放、农业面源污染、工业大气和汽车尾气排放是该区大气污染的主要污染源。随着产业结构的优化升级，新兴产业的发展，新能源的开发与利用，减少了污染源。因此，未来成都都市圈发展应以旅游业、创意文化产业、物流和商贸中心为主，发展具有高技术含量的现代化农业和农产品加工业，同时大力推进高新技术、汽车、新能源、新材料、石化产业功能区建设，发展循环经济，形成高新技术产业基地、先进制造业基地和新兴产业基地，严格控制大气污染物排放。

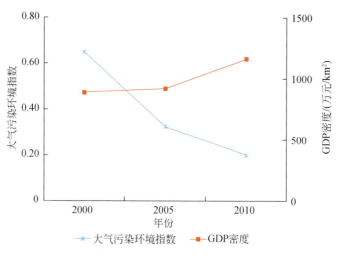

图 7-72 成都都市圈 GDP 密度与大气污染综合指数

(2) 重庆都市圈

由重庆都市圈 GDP 密度与大气污染综合指数趋势图（图 7-73）得出，该区从 2000~2010 年大气环境质量逐渐改善。自 2000 年以来，该区域城市化进程明显加快，产业产值快速增加，GDP 密度由 2000 年的 1560 万元/km² 增加到 2010 年的 2779.74 万元/km²。同时大气污染综合指数逐年下降，从 2000 年的 0.85 减少到 2010 年的 0.27。随着 GDP 密度的增大，大气污染综合指数不断下降。该区域人口高度密集，是我国著名的老工业基地，主要产业包括电子信息、汽车、装备制造、综合化工、材料、能源和消费品制造等。因此，工业废气排放是先前导致大气环境质量恶化的主要原因。未来，该区域应该以发展成为长江上游的商贸和物流中心为目标，发展文化创意产业和会展经济，推动工业升级改造，发展循环经济，合理规划和推进城镇化进程，促进全面健康和可持续发展。

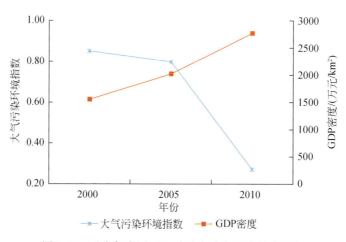

图 7-73 重庆都市圈 GDP 密度与大气污染综合指数

(3) 眉乐内渝发展区

由眉乐内渝发展区 GDP 密度与大气污染综合指数趋势图（图 7-74）得出，该区从 2000~2010 年大气环境质量逐渐改善。2000~2005 年该区域 GDP 密度有所增加，由 2000 年的 265 万元/km² 增加到 312 万元/km²；2005~2010 年该区域重视发展高新技术，经济产值迅速提升，GDP 密度由 2005 年 312 万元/km² 增加到 2010 年 502 万元/km²，同时期的大气污染综合指数由 0.0428 减少到 0.0009，呈下降趋势。整体来看，随着该区域产业经济的转型与发展，大气污染综合指数有所下降。该区域农业生产条件较好，种植业发达，人口聚集度高，密度大。多年来第二产业主要以电子、医药、炼钢及钢材加工、水泥、陶瓷、食品制造、盐磷化工、皮革纺织、木材加工、造纸、铁合金冶炼、机械设备制造、电力等为主。因此，工业排放废气是该区大气污染的主要原因。未来眉乐内渝发展区一方面要升级改造现有主导产业，如冶金建材、机械制造、食品制造、电力等行业，减少废气排放；另一方面要发展高附加值的规模化农业、区域集团式旅游业，严格控制大气染物排放，改善区域环境。

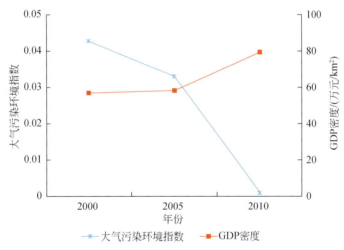

图 7-74　眉乐内渝发展区 GDP 密度与大气污染综合指数

(4) 平原丘陵发展区

由平原丘陵发展区 GDP 密度与大气污染综合指数趋势图（图 7-75）得出，该区从 2000~2010 年大气环境质量逐渐改善。自 2000 年以来，该区域社会产业和经济产值快速增加，GDP 密度由 2000 年的 186 万元/km² 增加到 2010 年的 260 万元/km²。同时大气污染综合指数有所下降，由 2000 年的 0.1052 减少到 2010 年的 0.0515。该区域人口密度相对较高，种植业相对发达，以种植粮食和蔬菜为主，是成都都市圈和重庆都市圈最重要的粮食和蔬菜基地。该区地形地貌多样，旅游资源丰富，旅游业发展较好。由于受成渝两个城市产业发展辐射带动，工业发展水平也较高，包括能源、化工、食品、机械、丝棉纺织、建筑建材等行业。因此，工业废气排放是大气污染的重要原因。未来，该区应该依托成都和重庆都市圈，大力发展现代农业，积极开发旅游资源，发展生态旅游，限制高耗能和高污染产业规模，减少大气污染物排放，改善区域环境质量。

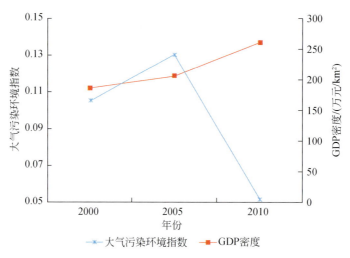

图 7-75 平原丘陵发展区 GDP 密度与大气污染综合指数

(5) 三峡库区发展区

由三峡库区发展区 GDP 密度与大气污染综合指数趋势图（图 7-76）得出，该区从 2000~2010 年大气环境质量略有恶化。自 2000 年以来，该区域产业产值有大幅度提升，GDP 密度由 2000 年的 134.07 万元/km² 增加到 2010 年的 247.21 万元/km²。同时，大气污染综合指数呈较大增长，由 2000 年的 0.12 增加到 2010 年的 0.2099。该区域水资源丰富，农业生产以山地林木果品种植为主，工业包括特色化工、纺织服装、食品药品、机械电子和能源材料。因此，农业面源污染、工业废气排放是区域大气环境质量恶化的主要原因。因此，未来应该控制高污染和高耗能产业发展，发展高附加值的特色林果产品种植，提高区域生态环境容量、改善区域环境质量。

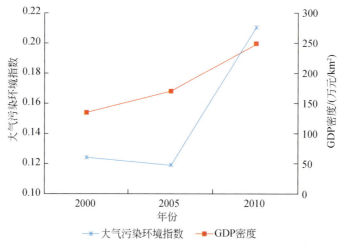

图 7-76 三峡库区发展区 GDP 密度与大气污染综合指数

（6）三峡库区平行岭谷发展区

由三峡库区平行岭谷发展区 GDP 密度与大气污染综合指数趋势图（图 7-77）得出，该区从 2000~2010 年大气环境质量在逐步好转。自 2000 年来，经济产业发展迅速，GDP 密度呈平稳增加，2000 年 GDP 密度为 134 万元/km²，2010 年增加到 226 万元/km²。同时期大气污染综合指数先增后减，由 2000 年的 0.26 增加到 2005 的 0.31 再减少到 2010 年的 0.11。因此该区域产业发展对大气污染综合指数有一定的影响作用。该区域以山地为主，农业主要是山地林木果品种植，同时旅游资源丰富。由于紧邻重庆都市圈，工业发展较好，产业包括能源化工、机械制造、生物医药和电子信息产业等。因此，农业面源污染、工业废气排放是导致该区大气污染的主要原因。因此，未来该区域应控制高污染和高耗能工业企业发展，依托紧邻的三峡库区，利用自身旅游资源，发展生态旅游，全面优化产业结构。

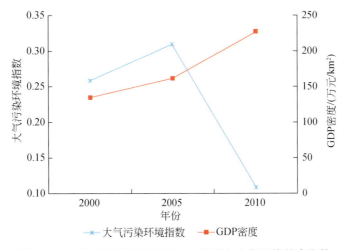

图 7-77　三峡库区平行岭谷区 GDP 密度与大气污染综合指数

（7）盆周山地发展区

由盆周山地发展区 GDP 密度与大气污染综合指数趋势图（图 7-78）得出，盆周山地发展区从 2000~2010 年大气污染物指数呈下降趋势。2000 年以来，GDP 密度由 2000 年的 57 万元/km² 增加到 2010 年的 79 万元/km²。同时期大气污染综合指数变化不明显，但呈下降趋势，由 2000 年的 0.0428 减少到 2010 年的 0.0009，因此该区域产业发展对大气污染综合指数影响较小。该区域人口聚集度在成渝经济区内处于较低水平，农业在产业发展中占重要地位，丘陵山地为果品种植提供优质条件。由于旅游资源丰富，旅游业较为发达。工业发展相对滞后，但是最近几年随着平原地区经济发展的带动，第二产业已经初具规模，包括纺织、机械制造、建材化工、电子、食品加工等行业。因此，丘陵山地种植业导致的废气排放是该区大气污染的主要原因。未来，该区域应着力发展高附加值的特色林木果品种植，发展林下经济，优化第二产业结构，节能减排，控制高污染高耗能产业规模，严格控制水环境污染物排放，大力发展生态旅游业，促进该区经济健康可持续发展。

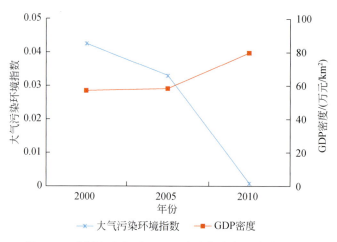

图 7-78　盆周山地发展区 GDP 密度与大气污染综合指数

7.3.3　对面源污染的影响

7.3.3.1　整体

成渝经济区 2000 年、2005 年和 2010 年的第一产业增加值密度与化肥使用强度的关系如图 7-79～图 7-81 所示。

具体来说，2000 年成渝经济区第一产业增加值密度与化肥使用强度拟合系数为 0.5221，相关性极显著。2005 年第一产业增加值密度与化肥使用强度拟合系数为 0.4134，相关性也极显著。2010 年 GDP 密度与土地资源开发强度拟合系数为 0.4243，相关性亦极显著。总体上看，2000～2010 年该区域第一产业增加值密度与化肥使用强度相关性较弱，但均已过到极显著线性相关水平，说明成渝经济区农业产量产值的增长主要得益于化肥的使用。因此该区域今后应大力发展精准农业，按需施用化肥，减少农业面源污染，提高区域生态环境质量。

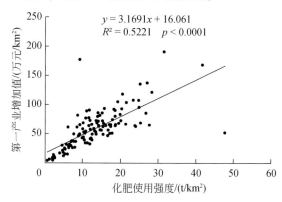

图 7-79　2000 年成渝经济区第一产业增加值密度与化肥使用强度的关系

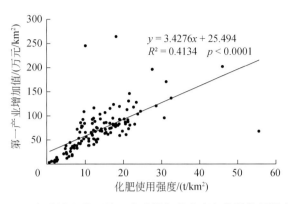

图 7-80　2005 年成渝经济区第一产业增加值密度与化肥使用强度的关系

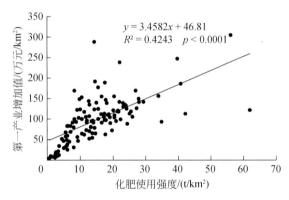

图 7-81　2010 年成渝经济区第一产业增加值密度与化肥使用强度的关系

7.3.3.2　分区

(1) 成都都市圈

成都都市圈人口聚集度高,郊区种植业发达。由成都都市圈第一产业增加值密度与化肥使用强度趋势图(图 7-82)得出,成都都市圈从 2000~2010 年化肥使用强度总体呈下降态势。2000~2010 年,该区域产业经济发展迅速,第一产业增加值密度呈现快速增加,2000 年第一产业增加值密度为 97.61 万元/km², 到 2010 年增加到 217.64 万元/km², 增长趋势较明显。同时期化肥使用强度先下降后又有所上升,从 2000 年 18.98t/km² 减少到 2005 年的 18.659t/km², 后又增加到 2010 年的 18.762t/km²。

未来成都都市圈应注重发展具有高技术含量的现代化农业和农产品加工业,利用城区发达的交通网络,发展观光农业,提高化肥使用效率、科学施肥、施用绿肥。

(2) 重庆都市圈

该区域处于长江、嘉陵江交汇处,人口高度密集。

由重庆都市圈第一产业增加值密度与化肥使用强度趋势图(图 7-83)得出,该区域化肥使用强度随着第一产业增加值密度的增加而减少。2000~2010 年,该区域城市化进程明显加

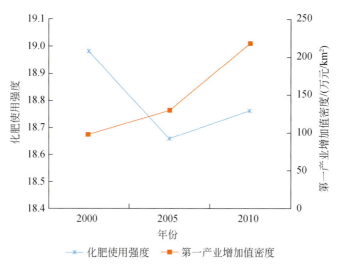

图 7-82　成都都市圈第一产业增加值密度与化肥使用强度

快,产业产值快速增加,第一产业增加值密度由 2000 年的 85.35 万元/km^2 增加到 153.27 万元/km^2。同时化肥使用强度呈下降趋势,从 2000 年的 14.09t/km^2 减少到 2010 年的 10.57 t/km^2,即随着第一产业增加值密度的增大,化肥使用强度不断降低。表明该时期该区域第一产业发展水平有所提高,可能是因为育种水平或化肥使用效率不断提高。

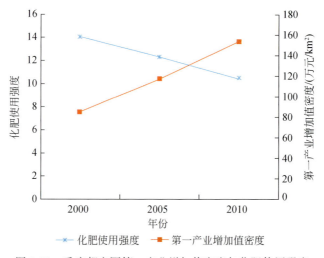

图 7-83　重庆都市圈第一产业增加值密度与化肥使用强度

未来,该区域应继续提高农业育种、种植、管理水平,选种经济价值高的农产品,提高第一产业的产值,同时注重农产品深加工,提高附加值,发展观光农业、科技农业,科学合理施肥。

(3) 眉乐内渝发展区

该区域农业生产条件较好,种植业发达,人口聚集度高。

由眉乐内渝发展区第一产业增加值密度与化肥使用强度趋势图（图7-84）得出，2000～2010年化肥使用强度在逐步加大。其中，2000～2005年该区域第一产业增加值密度有所增加，由2000年的65.74万元/km²增加到2005年的86.50万元/km²；2005～2010年，该区域第一产业增加值密度由2005年86.50万元/km²增加到2010年162.58万元/km²，增幅大大提高。同时期，2000～2010年该区域化肥使用强度由12.48t/km²增加到16.15t/km²，呈持续上升趋势。即随着该区域第一产业的发展，化肥使用强度有所增加。

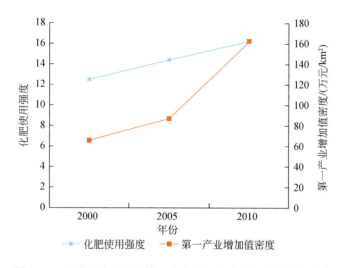

图7-84 眉乐内渝发展区第一产业增加值密度与化肥使用强度

今后，眉乐内渝发展区快速发展第一产业的同时应兼顾生态环境保护，提高化肥使用效率，同时提高农业发展技术，结合当地实际，发展附加值高的农业类型，重视农产品深加工。

（4）平原丘陵发展区

该区域人口密度相对较高，地形地貌多样，种植业相对发达，以种植粮食和蔬菜为主，是成都都市圈和重庆都市圈最重要的粮食和蔬菜基地。

由平原丘陵发展区第一产业增加值密度与化肥使用强度趋势图（图7-85）得出，2000～2010年该区化肥使用强度在持续增加。2000～2010年，该区域第一产业产值快速增加，第一产业增加值密度由2000年的66.97万元/km²增加到2010年的116.30万元/km²。同时期，化肥使用强度也增大，由2000年的18.58t/km²增加到2010年的21.85t/km²。

未来，该区应依托成都都市圈和重庆都市圈，充分利用发达的交通网络，大力发展现代农业，积极开发观光农业，使用绿肥，减少化肥使用量，合理轮作、套种，提高化肥使用效率。

（5）三峡库区发展区

该区域水资源丰富，农业生产以山地林木果品种植为主。该区域的云阳县属于国家重点生态功能保护区中的"三峡库区水土保持生态功能区"。该区域的地表水环境质量直接影响三峡及长江中下游的地表水环境质量。

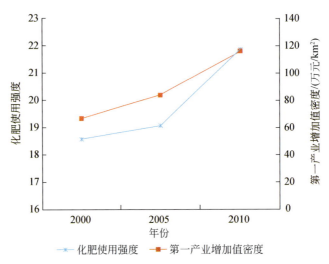

图 7-85 平原丘陵发展区第一产业增加值密度与化肥使用强度

由三峡库区发展区第一产业增加值密度与化肥使用强度趋势图（图 7-86）得出，2000~2010 年三峡库区发展区化肥使用强度在不断增加。2000~2010 年，该区域第一产业产值不断提升，第一产业增加值密度由 2000 年的 35.29 万元/km^2 增加到 2010 年的 63.12 万元/km^2。同时，化肥使用强度呈持续增长趋势，由 2000 年的 9.45t/km^2 增加到 2010 年的 11.04t/km^2。

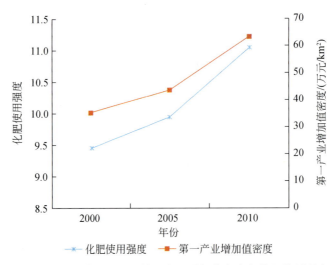

图 7-86 三峡库区发展区第一产业增加值密度与化肥使用强度

今后，该区域应注重提高农产品种植技术，推动农产品深加工，提高附加值，促进第一产业产值的提高，同时，要兼顾生态文明建设，科学合理施肥，减少化肥使用导致的地表水体富营养化，发挥水土保持生态功能区的作用。

（6）三峡库区平行岭谷发展区

该区域紧邻重庆都市圈，以山地为主，农业主要是山地林木果品种植为主。

由三峡库区平行岭谷发展区第一产业增加值密度与化肥使用强度趋势图（图7-87）得出，化肥使用强度在不断增加。2000~2010年，第一产业发展迅速，第一产业增加值密度呈平稳增加，2000年第一产业增加值密度为47.37万元/km²，到2010年增加到85.84万元/km²。同时期化肥使用强度持续增加，由2000年的11.06t/km²增加到2010年的14.56t/km²。

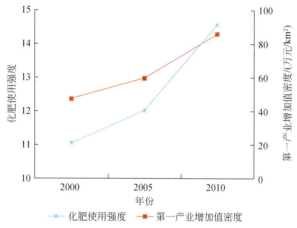

图7-87 三峡库区平行岭谷区第一产业增加值密度与化肥使用强度

今后，该区域应充分发挥邻近重庆都市圈的优势，大力发展水果采摘业，提高农业产值提升，同时兼顾环境保护，提高化肥施用技术，科学合理施肥。

（7）盆周山地发展区

该区域人口聚集度在成渝经济区内处于较低水平，农业在产业发展中占重要地位，丘陵山地为果品种植提供了优质条件。

由盆周山地发展区第一产业增加值密度与化肥使用强度趋势图（图7-88）得出，2000~2010年化肥使用强度略有增加。2000~2010年，第一产业发展加快，第一产业增加值密度由2000年的17.30万元/km²增加到2010年的35.39万元/km²。同时期化肥使用强度持续缓慢增加，由2000年的4.39t/km²增加到2010年的5.29t/km²，因此，该区域产业发展对化肥使用强度影响较小。

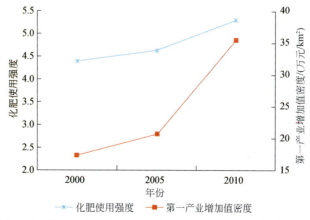

图7-88 盆周山地发展区第一产业增加值密度与化肥使用强度

未来，该区域应着力发展高附加值的特色林木果品种植，发展林下经济，大力发展观光农业，同时继续控制化肥施用量、进一步提高化肥施用效率。

7.3.4 对城市扩张的影响

中国目前处于快速工业化和城市化的发展时期，城市空间扩张是城市化过程的重要标志，是城市化过程空间布局与结构转变的综合反映。产业发展推动城市化，城市化又反过来促进产业进一步发展。土地城市化是我国现阶段城市化进程的主要模式，随着工业发展和大量的土地扩张，土地城市化带来了系统性结构问题，可持续发展难以为继。因此，探究产业发展与城市扩张的关系具有十分重要的意义。

7.3.4.1 整体

对成渝经济区2000年、2005年和2010年的GDP密度与城市化综合强度指数相关性分析发现，二者之间存在极显著的相关关系，但相关系数呈不断降低态势，从2000年的0.5883降到2005年的0.4817和2010年的0.4405（图7-89～图7-91）。说明区域产业发展对区域城市化扩张具有明显的推动作用，但二者相关系数的不断降低也说明成渝经济区

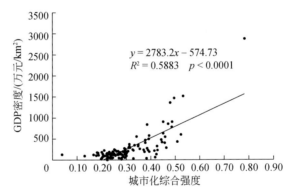

图7-89　2000年成渝经济区GDP密度与城市化综合强度指数的关系

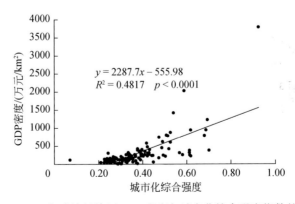

图7-90　2005年成渝经济区GDP密度与城市化综合强度指数的关系

产业结构在产业发展中得到了一定程度的优化,区域城市土地利用效率得到了不同程度的提高。但该区域经济发展与城市化综合强度指数的极显著关系又说明该区域经济发展主要依赖于城市化,区域产业结构还应进一步调整与优化。

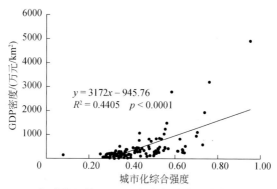

图 7-91 2010 年成渝经济区 GDP 密度与城市化综合强度指数的关系

7.3.4.2 分区

(1) 成都都市圈

成都都市圈人口聚集度高,种植业发达,工业产业主要有电子通信产品制造业、医药工业、食品饮料及烟草业、机械工业、石油化学工业和建材冶金工业等,第三产业以蜀文化旅游为主。

由成都都市圈 GDP 密度与城市扩张指数趋势图(图 7-92)得出,成都都市圈 2000~2010 年城市扩张指数在逐呈上升趋势。自 2000 年来,该区域经济产业发展迅速,GDP 密度呈现快速增加,2000 年 GDP 密度为 883 万元/km²,2010 年增加到 1155.52 万元/km²,2005 年到 2010 年增幅较大。同时期城市扩张指数先是快速增强后又有所下降,具体来看,由 2000 年 1.47 增加到 2005 年的 3.30 后又下降到 2010 年的 3.23。即前期(2000~2005年)产业发展对城市扩张的影响较后期(2005~2010年)大,表明该时期成都都市圈产业发展水平有所提高,单位面积土地的产值也有所增加。

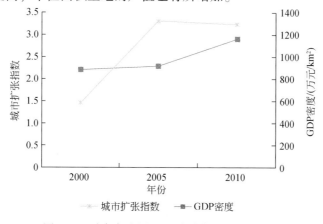

图 7-92 成都都市圈 GDP 密度与城市扩张指数

今后，成都都市圈应继续注重通过提高产业发展技术水平，加强管理来实现产业产值的增加，而不是单纯靠扩大生产规模来增值。合理推进城市扩张。

（2）重庆都市圈

该区域人口高度密集，随着城市化的不断发展，城镇人口还将进一步增加。该区域是我国著名的老工业基地，主要产业包括电子信息、汽车、装备制造、综合化工、材料、能源和消费品制造等。但近年来，逐步发展高新技术产业，新型农业和新能源产业。

由重庆都市圈GDP密度与城市扩张指数趋势图（图7-93）得出，该区域城市扩张指数呈上升趋势。2000~2010年，该区域城市化进程明显加快，与此同时，产业产值也持续快速增加，GDP密度由2000年的1560万元/km^{2}增加到2010年的2779.74万元/km^2。同时期，城市扩张指数从2000年的0.39持续增加到2010年的1.25，即随着GDP密度的增大，城市扩张指数不断增加。

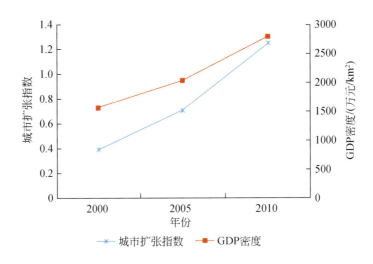

图7-93 重庆都市圈GDP密度与城市扩张指数

今后，该区域应该以发展成为长江上游的商贸和物流中心，发展文化创意产业和会展经济，推动工业升级改造和集群发展，发展循环经济，合理规划和推进城镇化进程，促进全面健康和可持续发展。

（3）眉乐内渝发展区

该区域农业生产条件较好，种植业发达，人口聚集度高，密度大。多年来第二产业主要以电子、医药、炼钢及钢材加工、水泥、陶瓷、食品制造、盐磷化工、皮革纺织、木材加工、造纸、铁合金冶炼、机械设备制造、电力等为主。

由眉乐内渝发展区GDP密度与城市扩张指数趋势图（图7-94）得出，2000~2010年城市扩张指数增长较快。2000~2005年该区域GDP密度有所增加，由2000年的265万元/km^{2}增加到2005年的312万元/km^2；2005~2010年该区域重视发展高新技术，经济产值迅速提升，GDP密度由2005年312万元/km^{2}增加到2010年502万元/km^2，同时期的城市扩张指数由0.41增加到0.95，呈上升趋势。

第7章 产业发展对成渝经济区生态环境的影响

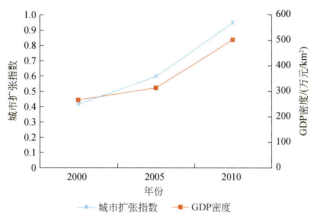

图 7-94 眉乐内渝发展区 GDP 密度与城市扩张指数

今后,眉乐内渝发展区一方面要升级改造现有主导产业,如冶金建材、机械制造、食品制造、电力等行业;另一方面要发展高附加值的规模化农业、区域集团式旅游业,重点发展电子信息、精细化工、新型建材、轻纺食品、装备制造、商贸物流等支柱产业的同时,积极引导产业与人口集聚,继续重视产业开发与生态保护的关系。合理推进城镇化。

(4) 平原丘陵发展区

该区域人口密度相对较高,种植业相对发达,以种植粮食和蔬菜为主,是成都都市圈和重庆都市圈最重要的粮食和蔬菜基地。该区地形地貌多样,旅游资源丰富,旅游业发展较好。由于受成渝两个城市产业发展辐射带动,工业发展水平也较高,包括能源、化工、食品、机械、丝棉纺织、建筑建材等行业。

由平原丘陵发展区 GDP 密度与城市扩张指数趋势图(图 7-95)得出,2000~2010 年该区城市扩张指数在持续增大。2000~2010 年,该区域社会产业和经济产值持续增加,GDP 密度由 2000 年的 186.10 万元/km² 增加到 2010 年的 260.42 万元/km²,其中后期(2005~2010 年)GDP 密度增幅大于前期(2000~2005 年)。同时城市扩张指数持续增长,由 2000 年的 0.3399 增加到 2010 年的 0.8384,其中后期(2005~2010 年)城市扩张指数小于前期(2000~2005 年)。表明该时期该区域产业发展水平相对提高,产业发展对城市扩张的影响降低。

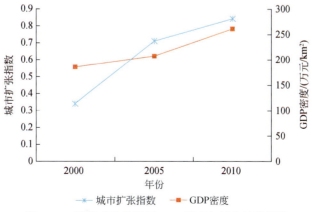

图 7-95 平原丘陵发展区 GDP 密度与城市扩张指数

未来，该区应该依托成都和重庆都市圈，大力发展现代农业，积极开发旅游资源，发展生态旅游，限制高耗能和高污染产业规模，促进产业深加工、提高单位产品附加值，合理推进城镇化。

（5）三峡库区发展区

该区域水资源丰富，农业生产以山地林木果品种植为主，工业包括特色化工、纺织服装、食品药品、机械电子和能源材料。

由三峡库区发展区 GDP 密度与城市扩张指数趋势图（图 7-96）得出，2000~2010 年三峡库区发展区城市扩张指数持续缓慢增加。2000~2010 年，该区域产业产值不断提升，GDP 密度由 2000 年的 134 万元/km^2 持续增加到 2010 年的 247 万元/km^2。同时期，城市扩张指数呈增长趋势，由 2000 年的 0.39 持续增加到 2010 年的 1.25。

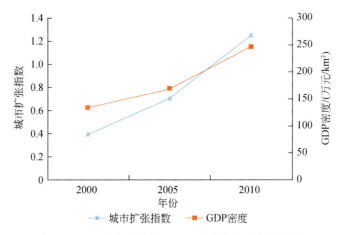

图 7-96 三峡库区发展区 GDP 密度与城市扩张指数

该区域位于三峡库区，其中云阳县属于国家重点生态功能保护区中的"三峡库区水土保持生态功能区"。该区域的地表水环境质量直接影响三峡及长江中下游的地表水环境质量。

今后该区域应依托三峡库区大力发展生态旅游，发展高附加值产业，合理推进城市化。

（6）三峡库区平行岭谷发展区

该区域以山地为主，农业主要是山地林木果品种植，同时旅游资源丰富。由于紧邻重庆都市圈，工业发展较好，产业包括能源化工、机械制造、生物医药和电子信息产业等。

由三峡库区平行岭谷发展区 GDP 密度与城市扩张指数趋势图（图 7-97）得出，城市扩张指数持续增加。2000~2010 年，经济产业发展迅速，GDP 密度呈平稳增加，2000 年 GDP 密度为 134 万元/km^2，到 2010 年增加到 226 万元/km^2。同时期城市扩张指数持续增加，由 2000 年的 0.17 持续增加到 2010 年的 0.52。

今后该区域应依托三峡库区，开展生态旅游，全面优化产业结构，提高单位产品附加值，合理推进城镇化。

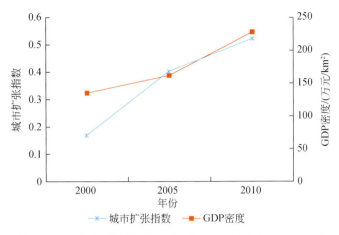

图 7-97 三峡库区平行岭谷发展区 GDP 密度与城市扩张指数

(7) 盆周山地发展区

该区域人口聚集度在成渝经济区内处于较低水平，农业在产业发展中占重要地位，丘陵山地为果品种植提供优质条件。由于旅游资源丰富，旅游业较为发达。工业发展相对滞后，但是最近几年随着平原地区经济发展的带动，第二产业已经初具规模，包括纺织、机械制造、建材化工、电子、食品加工等行业。

由盆周山地发展区 GDP 密度与城市扩张指数趋势图（图 7-98）得出，2000~2010 年城市扩张指数增幅显著。2000~2010 年，经济产业发展持续加快，GDP 密度由 2000 年的 57 万元/km² 增加到 2010 年的 79 万元/km²，其中，后期（2005~2010 年）产业产值增幅大于前期（2000~2005 年）。同时期城市扩张指数变化不明显，由 2000 年的 0.21 持续增加到 2010 年的 0.52。表明后期该区域产业发展对城市扩张指数的影响加大。

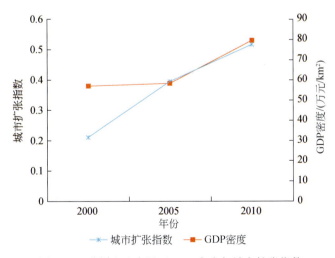

图 7-98 盆周山地发展区 GDP 密度与城市扩张指数

未来，该区域应优化产业结构，合理布局、提高发展水平，合理推进城市扩张。

7.4 产业开发对生态承载力的影响

为探明产业发展对区域生态承载力的相关作用机理，本节以区县尺度为基本单元，对人均生态承载力分析与第二产业 GDP 密度间的定量关系进行研究，以揭示产业发展对区域生态承载力的驱动机制。具体研究结果如下。

7.4.1 整体

对成渝经济区各区县人均生态承载力分别与 GDP 密度和第二产业 GDP 密度（单位面积第二产业 GDP 值）拟合发现，它们之间存在极显著的倒数相关关系。鉴于篇幅限制，在此仅以第二产业 GDP 密度的倒数（第二产业万元 GDP 面积）为自变量，以人均生态承载力为因变量进行回归分析展现研究结果。结果发现成渝经济区区县人均生态承载力与第二产业万元 GDP 面积之间存在极显著的线性相关关系，且相关系数呈现不断增加的态势，R^2 从 2000 年的 0.4696 增加到 2005 年的 0.6362 和 2010 年的 0.6579（图 7-99～图 7-101），说明该区域产业开发是导致该区域生态承载力降低的主要因素。其产生机理可能是由于该区域产业开发促极大地促进了区域经济城市化，而经济的快速发展为区域提供更多的就业岗位与机会，推动了区域人口城市化，而经济发展和人口增长又进一步加速的土地城市化进程，最终加快的区域城市化进程，致使更多的森林、草地、湿地和农田用地向建设用地转换，区域总生态承载力不断下降，而人口且不断快速增长，致使人均生态承载力不断降低。

该区域人均生态承载力与 GDP 密度间的关系还说明成渝经济区产业主要为劳动密集型产业，产业结构有待于调整与优化。正是由于劳动密集型产业较多，对区域人口增加贡献较大，但人口的快速增长不仅导致生态消费的大幅度提高，还导致大量生态用地转换成建设用地，即生物生产性用地的减少和生态足迹的提高，加剧区域生态赤字。因此，该区在积极调整与优化产业结构，提高区域土地利用效率和生态承载力的同时，应充分利用国际和国内市场，购买生物产品，缓解区域生态承载力的不足。

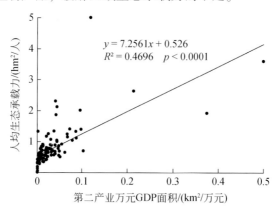

图 7-99　2000 年成渝经济区人均生态承载力与万元 GDP 面积关系

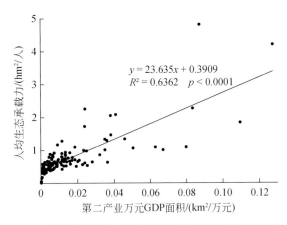

图 7-100　2005 年成渝经济区人均生态承载力与万元 GDP 面积关系

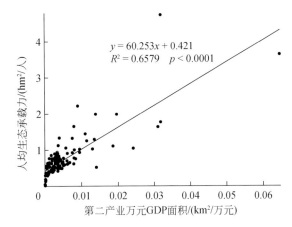

图 7-101　2010 年成渝经济区人均生态承载力与万元 GDP 面积关系

此外，该区域人均生态承载力与第二产业万元 GDP 面积间的相关系数不断增加的态势说明第二产业对区域人口增长和建设用地增加的贡献不断加大，说明该区域第二产业发展空间已经很有限，今后发展的重点应该是第三产业。

7.4.2　分区

7.4.2.1　成都都市圈

成渝都市圈各区县人均生态承载力与第二产业万元 GDP 面积之间存在极显著的相关关系，2000 年、2005 年和 2010 年二者的相关系数呈现不断降低的态势，R^2 从 2000 年的 0.7262 降到 2005 年的 0.5631，再到 2010 年的 0.5051，说明成都都市圈第二产业对成都都市圈人口增长和城市建设用地的贡献不断降低。对成都都市圈第二产业占 GDP 比重分析发现，2000~2010 年成都都市圈第二产业整体比重略有增加，从 2000 年的 44.36% 到 2005 年的 44.34% 再到 2010 年的 46.34%（图 7-102~图 7-104）。因此，上述结果表明，成都都市圈产业结构在 2000~2010 年得到了很大的调整与优化，致使第二产业对区域就业、人口增长和建设用地的贡献不断降低。基于此，成都都市圈可以继续发展壮大第三产业，同时通过进一步调整与优化产业结构，发展高新电子、信息技术等产业，不断提高提地利用效率，同时提高城市绿地面积与绿地质量，增加区域生态承载力，缓解区域生态赤字态势。

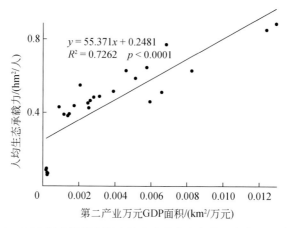

图 7-102　2000 年成都都市圈人均生态承载力与第二产业 GDP 的关系

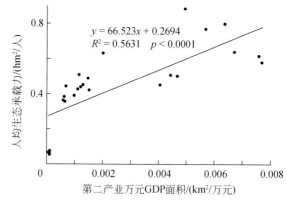

图 7-103　2005 年成都都市圈人均生态承载力与第二产业 GDP 的关系

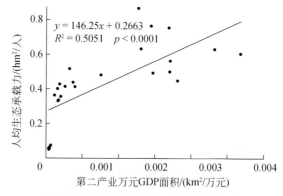

图 7-104　2010 年成都都市圈人均生态承载力与第二产业 GDP 的关系

7.4.2.2 重庆都市圈

重庆都市圈区县人均生态承载力与第二产业万元 GDP 面积相关分析研究表明，虽然相关系数 R^2 也呈现出不断降低的态势，但重庆都市圈第二产业依然是区域居民就业、人口增长和建设用地面积增长的主要贡献者，其相关系数 R^2 均高于 0.8540，远高于成都都市圈二者的相关系数。说明重庆都市圈产业结构较成都都市圈差，产业主要以劳动密集型的低端产业为主，技术密集型的高端产业较少。对重庆都市圈第二产业占 GDP 的比重分析发现，2000~2010 年重庆都市圈第二产业比重整体呈现不断降低态势，从 2000 年的 51.54%，下降到 2005 年的 45.68% 和 2010 年的 46.61%（图 7-105~图 7-107）。上述结果表明重庆都市圈产业结构在 2005~2010 年得到了较大的调整与优化，但鉴于第二产业依然是该区域人口增长、建设用地面积增加的主要贡献者，该区域产业结构调整与优化的任务依然艰巨。因此，重庆都市圈应大力发展第三产业，积极引进高新电子、信息等技术密集型的高端产业，适当淘汰劳动密集型的低端产业，提高土地利用效率，加大科研投入和科技转化力度，不断提高生物生产能力，以及区域生态承载力，适当控制人口规模。缓解区域生态赤字态势。

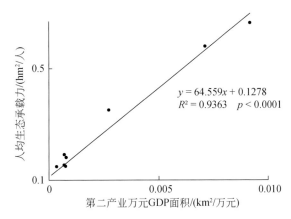

图 7-105　2000 年重庆都市圈人均生态承载力与第二产业 GDP 的关系

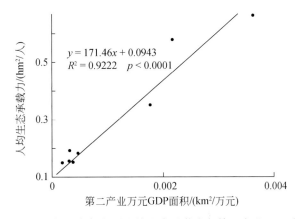

图 7-106　2005 年重庆都市圈人均生态承载力与第二产业 GDP 的关系

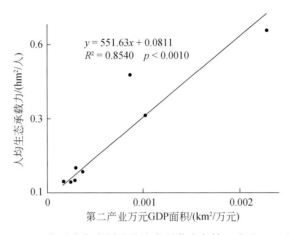

图 7-107　2010 年重庆都市圈人均生态承载力与第二产业 GDP 的关系

7.4.2.3　眉乐内渝发展区

眉乐内渝发展区区县人均生态承载力与第二产业万元 GDP 面积的相关性研究表明,眉乐内渝经济区第二产业对区域人口增长和建设用地增加的贡献不断增强,二者相关系数 R^2 从 2000 年的 0.1674 增加到 2005 年的 0.5529 和 2010 年的 0.6327（图 7-108～图 7-110）。对眉乐内渝发展区第二产业占 GDP 比重分析发现,该区域第二产业比重从 2000 年的 43.51% 增加到 2005 年的 47.95% 和 2010 年的 59.22%,即第二产业不断增长,且增长速度不断加快。结合成渝经济区矿产资源分布可知,眉乐内渝发展区产业虽然发展的较高,但产业主要以矿产开发和水电资源开发等劳动密集型产业为主,技术密集型的高新产业较少。虽然该区域生态赤字较成都都市圈和重庆都市圈轻,但由于产业结构的不合理,致使该区域生态赤字较严重。因此,眉乐内渝发展区应深化产业结构调整与优化,淘汰部分落后污染严重的低端产业,发展高新技术产业,不断提高生物生产能力,增强区域生态承载力供给能力。

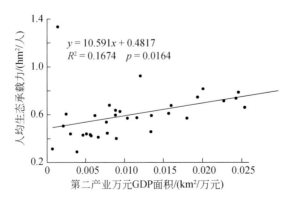

图 7-108　2000 年眉乐内渝发展区人均生态承载力与第二产业 GDP 的关系

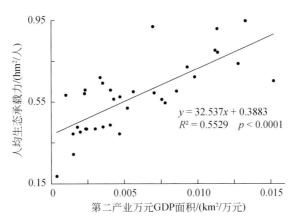

图 7-109　2005 年眉乐内渝发展区人均生态承载力与第二产业 GDP 的关系

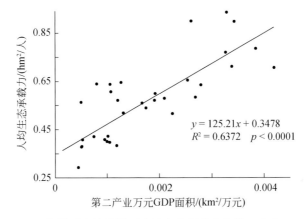

图 7-110　2010 年眉乐内渝发展区人均生态承载力与第二产业 GDP 的关系

7.4.2.4　三峡库区发展区

虽然 2000~2010 年，该区域第二产业占 GDP 比重呈不断增长态势，从 2000 年的 38.84% 增加到 2005 年的 41.83% 和 2010 年的 51.36%。三峡库区发展区区县人均生态承载力与第二产业万元 GDP 面积的相关分析表明，二者之间没有显著的相关关系（图 7-111~图 7-113）。说明该区域第二产业对区域人口增长和建设用地面积增加的贡献很小，这可能与国家对该区域水生态安全非常重视有关，致使该区域高污染、高消耗、劳动密集型的低端产业较少，高新技术产业比重较高。此外，该区域地处三峡库区，近年来旅游产业蓬勃发展，这在一定程度上提供了大量的就业机会，促进了区域城市化进程。鉴于该区域生态承载力较充沛，因此，该区域今后应在继续加大旅游等第三产业的同时，调整与优化第二产业，提高区域生物生产能力、土地利用效率，实现区域社会、经济和生态可持续发展。

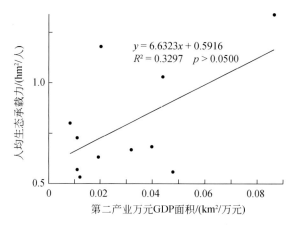

图 7-111　2000 年三峡库区发展区人均生态承载力与第二产业 GDP 的关系

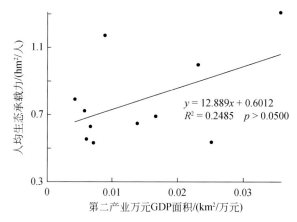

图 7-112　2005 年三峡库区发展区人均生态承载力与第二产业 GDP 的关系

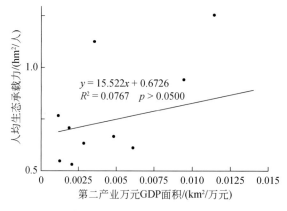

图 7-113　2010 年三峡库区发展区人均生态承载力与第二产业 GDP 的关系

7.4.2.5 平原丘陵发展区

平原丘陵发展区区县人均生态承载力与第二产业万元 GDP 面积相关性分析发现，二者之间存在显著或极限的相关关系，且相关系数 R^2 不断增加，从 2000 年的 0.1843 增加到 2005 年的 0.5084 和 2010 年的 0.5253（图 7-114～图 7-116）。说明该区域第二产业对区域人口增加、建设用地增加的贡献不断增大。第二产业 GDP 占总 GDP 的比重分析发现，该区域第二产业占 GDP 的比重不断增加，从 2000 年的 30.22% 增加到 2005 年的 34.37% 和 2010 年的 48.29%。这说明该区域 2000～2005 年发展的第二产业主要以劳动密集型的低端产业为主，致使第二产业对区域人口增长和建设用地面积增加的贡献显著增大，而 2005～2010 年，该区域第二产业发展具有一定的选择性或进行了结构调整与优化，然而第二产业依然是该区域人口增长、建设用地增加（人均生态承载力降低）的主要贡献者。鉴于该区域是成渝经济区乃至川渝地区粮食安全的保障区。因此，平原丘陵发展区在发展第二、第三产业时，应以不影响成渝经济区粮食安全生产为前提，通过调整与优化产业结构，吸纳更多的农村剩余劳动力。加大科技研发与应用投入，提高区域生物产品生产能力，以及生态承载力。

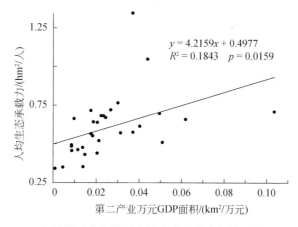

图 7-114　2000 年平原丘陵发展区人均生态承载力与第二产业 GDP 的关系

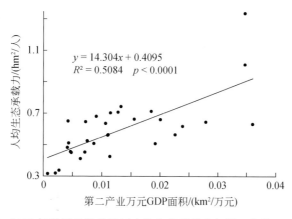

图 7-115　2005 年平原丘陵发展区人均生态承载力与第二产业 GDP 的关系

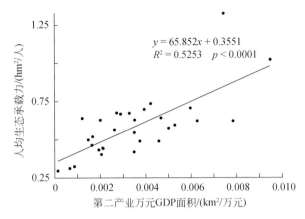

图 7-116　2010 年平原丘陵发展区人均生态承载力与第二产业 GDP 的关系

7.4.2.6　盆周山地发展区

盆周山地发展区区县人均生态承载力与第二产业万元 GDP 面积相关分析表明，该区域第二产业与区县人均生态承载力之间存在极显著的相关关系，且相关系数不断增大，相关系数 R^2 从 2000 年的 0.3117 增加到 2005 年的 0.4495 和 2010 年的 0.5233（图 7-117～图 7-119），说明发展第二产业是导致该区域人均生态承载力不断降低的主要驱动力之一；第二产业对区域人口增长和建设用地面积增加的主要贡献者。从 2000～2010 年第二产业占 GDP 比重变化分析可知，该区域第二产业比重不断增长，从 2000 年的 37.12% 增长到 2005 年的 39.88% 和 2010 年的 52.66%，且后五年增加速度更快。综合分析发现，该区域人均生态承载力和第二产业的关系与第二产业比重的变化态势基本一致，说明该区域第二产业依然是以劳动密集型的低端产业为主，技术密集型的高新产业较少。虽然在国家退耕还林、天然林保护、生态公益林保护等生态工程的治理下，该区域生态承载力有所增长，但鉴于该区域地处长江上游，是三峡库区生态安全的水源涵养区和水土保持区，也是三峡

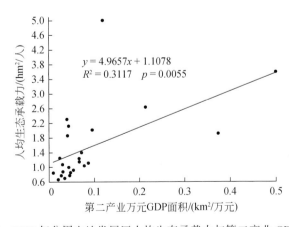

图 7-117　2000 年盆周山地发展区人均生态承载力与第二产业 GDP 的关系

库区水安全的保障区和川渝地区生物多样性保护区,因此,这样的生态安全保障区发展产业时,应在确保区域生态安全的前提下,大力发展生态旅游及其配套的第三产业的同时,适当引进高新技术产业,提高区域生态服务功能。

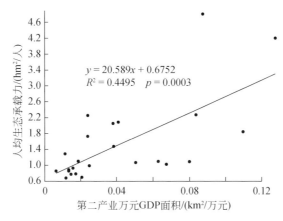

图 7-118　2005 年盆周山地发展区人均生态承载力与第二产业 GDP 的关系

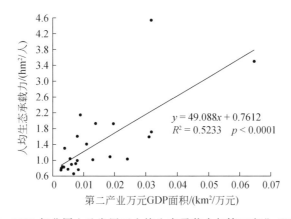

图 7-119　2010 年盆周山地发展区人均生态承载力与第二产业 GDP 的关系

7.4.2.7　三峡库区平行岭谷发展区

对三峡库区平行岭谷发展区区县人均生态承载力与第二产业万元 GDP 面积分析发现,二者之间存在极显著的关系。且相关系数变化不大,其 2000 年、2005 年和 2010 年的 R^2 分别为 0.9075、0.8953 和 0.9017(图 7-120 ~ 图 7-122)。2000 年、2005 年和 2010 年第二产业占 GDP 的比重分别为 38.84%、39.55% 和 49.99%,说明 2005 ~ 2010 年第二产业发展速度高于 2000 ~ 2005 年。第二产业占 GDP 比重及其与人均生态承载力的 R^2 变化表明,虽然该区域对第二产业的结构有所提高,但第二产业是导致该区域人口增长和建设用地面积增加的主要贡献者,最终使得该区域人均生态承载力不断降低,成为该区域人均生态承载力降低的主要驱动力。鉴于该区域是三峡库区的水土保持区和水源涵养区,同时也是成渝经济区生物多样性保护区,因此该区域在确保三峡库区水环境安全的前提下,应不断调整与优化产业结构,发展高新技术产业。同时利用国家重大生态工程和"三位一体"规划,提高区域水土保持、水源涵养、生物多样性保护和生物产品供给等服务功能,利用生态资源优势,发展生态旅游产业,提高区域生态承载力。

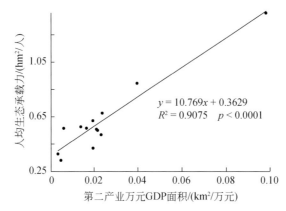

图 7-120　2000 年三峡库区平行岭谷发展区人均生态承载力与第二产业 GDP 的关系

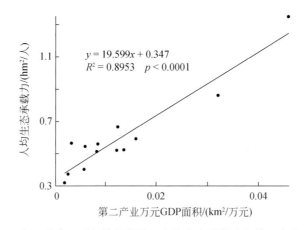

图 7-121　2005 年三峡库区平行岭谷发展区人均生态承载力与第二产业 GDP 的关系

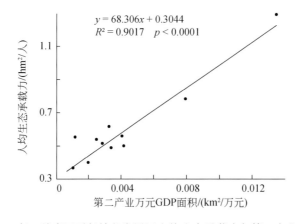

图 7-122　2010 年三峡库区平行岭谷发展区人均生态承载力与第二产业 GDP 的关系

第 8 章　成渝经济区产业开发与生态环境可持续发展的对策与建议

8.1　产业开发与环境变化及其关系

8.1.1　生态系统格局

2000~2010 年成渝经济区生态系统构成以农田和森林为主导，二者约占区域总面积的 80%。其中农田主要分布于成都都市圈、平原丘陵发展区、眉乐内渝发展区、三峡库区发展区和三峡库区平行岭谷发展区，而森林、灌丛和草地主要分布于盆周山地发展区、三峡库区平行岭谷发展区和三峡库区发展区。发展功能区生态系统面积构成因功能区的不同而不同，但均以农田和森林为主导。2000~2010 年成渝经济区森林、草地、湿地、城镇和其他用地面积不断增加，仅农田面积不断降低，致使该区域土地利用转换主要表现为农田转换成森林和城镇用地。成渝经济区斑块数量和边界密度不断增加，平均斑块面积和聚集度指数不断降低，致使区域景观愈加破碎化，土地利用程度综合指数呈增加态势，但土地利用转换、景观格局指数和土地利用程度综合指数在不同发展功能区间的变化因功能区的不同而不同。导致成渝经济区生态系统变化的主要驱动力是区域产业开发和重大生态建设工程。

8.1.2　生态环境质量

实施退耕还林、天然林保护、生态公益林保护等生态工程后，成渝经济区 2000~2010 年植被生物量不断增加。然而由于高强度的产业开发，大量森林、农田用地转换成建设用地，致使该区域植被覆盖度不断降低，斑块密度不断增加，生态系统愈加破碎化，进而导致区域生态质量整体不断降低。而生态质量的降低必将导致区域水环境容量和大气环境容量的降低，最终导致区域环境质量的下降。但在加大环境整治背景下，成渝经济区中的成都都市圈、眉乐内渝发展区、盆周山地发展区地表水环境状况有所好转，成都都市圈、眉乐内渝发展区、平原丘陵发展区、三峡库区发展区大气质量也有所好转，但 2010 年所有发展功能区地表水环境仍较 2000 年有不同程度的降低，而 2010 年大气环境质量也仅成都都市圈和眉乐内渝发展区较 2000 年有所提高，其余发展功能区均呈下降态势，致使该区域生态环境质量指数不断下降，且 2000~2005 年下降速度远高于 2005~2010 年，这是区域生态工程建设、环境整治政策、资源开发与产业发展等共同作用的结果。

8.1.3 生态环境胁迫

利用遥感解译数据、社会经济数据和生态模型评估结果等多元数据，对成渝经济区生态环境胁迫研究表明，成渝经济区几乎所有的发展功能区均存在不同程度的草地退化、湿地退化、土壤侵蚀和荒漠化，且不同时期退化速率因类型的不同而不同。其中，2000~2005年的草地退化、湿地退化和石漠化远高于2005~2010年，而土壤侵蚀则2005~2010年远高于2000~2005年。人为胁迫方面，除大气SO_2和粉尘排放强度、废水排放强度和酸雨pH有所好转外，其余如人口密度、化肥使用强度、COD排放强度、酸雨降雨量、酸雨频率和城市扩张等人为胁迫持续增强，致使区域生态环境胁迫综合指数不断增大，但2005~2010年增大幅度小于2000~2005年，说明该区域生态环境整治成效较明显，但区域高强度的生态环境压力并未得到根本缓解，区域生态环境治理形势严峻，任务艰巨。

8.1.4 开发强度

利用遥感解译的土地覆被和县域统计年鉴的资源、能源和社会经济等数据，对成渝经济区2000~2010年资源开发强度、经济强度强度和城市化强度研究表明，成渝经济区开发强度区县间差异显著，整体呈以成都市市辖区和重庆市市辖区为两大高中心及其他地市市辖区为较高中心向周边区县不断降低的开发格局，且开发强度变化在2000~2005年和2005~2010年因开发类型的不同而不同。2000~2010年成渝经济区建设用地指数、交通网络密度、水资源利用强度和水利开发强度持续增大，但土地利用综合指数变化不大，能源利用强度和万元GDP耗水量不断降低，说明该区域土地、能源和水资源等资源利用效率随资源开发、产业发展的推进而得到不同程度的提高。该区域所有区县和发展功能区单位面积GDP、第一和第三产业GDP增加值密度持续增大，而不少区县第二产业GDP密度呈下降态势，这可能与该区域为保障三峡库区水环境而进行的产业结构调整有关。该区域所有区县和发展功能区土地城市化、人口城市化和经济城市化不断增强，致使区域综合开发强度指数持续增大，其中区县尺度以成都市市辖区最高，宝兴县最低；发展功能区尺度以重庆都市圈最高，盆周山地发展区最低。

8.1.5 生态承载力

成渝经济区区县生态承载力总量和人均生态承载力空间差异显著，这是区域生物生产性土地面积和人口数量作用的结果。成渝经济区2000~2010年大多数区县总生态承载力有不同程度的增加，但大多数区县人均生态承载力却不同程度地降低，致使重庆都市圈、三峡库区平行岭谷发展区、三峡库区平行岭谷发展区、平原丘陵发展区和三峡库区发展区2010年总生态承载力较2000年有所提高，但人均生态承载力仅在三峡库区发展区、三峡库区平行岭谷发展区和平原丘陵发展区稍微增加或不变，其他发展功能区均有不同程度的下降。随着该区域资源开发和产业发展，成渝经济区各区县和各发展功能区生态足迹和人均生态足迹均呈不断增加态势，致使区域生态赤字日益严重，区域综合生态承载力持续降低。人口增长、城市化建设和生物生产力增长缓慢是导致该区域人均生态承载力持续降低的主要驱动力。

8.1.6 产业发展与生态环境

成渝经济区产业发展显著地影响着区域生态环境（生态系统结构、生态环境质量、生态环境胁迫和生态承载力），但产业发展对区域生态环境的影响因发展功能区的不同而不同。发展功能区生态环境是区域产业发展、生态环境建设和生态本底共同作用的结果。随着产业开发的加强，成渝经济区农田、森林、草地等生态用地不断降低，建设用地持续增加，致使大量农田、森林等生产性用地转换成建设用地，进而改变区域生态系统构成和土地利用格局，降低区域生物生产性用地面积和环境容量，影响区域生态环境承载力。此外，由于产业发展增大，区域大气、水污染物排放量不断增长，而区域环境容量却不断下降，致使区域生态环境质量持续降低。总之，该区域产业发展引起区域生态环境恶化，故该区域产业发展的应依托区域资源环境承载力，发挥各发展功能区资源优势，调整与优化产业结构及其空间格局，大力发展绿色环保产业，提高区域生态安全和生态环境承载力，减少污染排放，缓解区域生态赤字，实现区域产业开发与生态环境的协调可持续发展。

8.2 产业开发与生态环境可持续发展对策与建议

8.2.1 调整与优化生态系统结构，提高生态系统质量

由于生态系统结构决定区域生态系统的质量与功能。成渝经济区虽然以农田和森林生态系统为主导，但森林却主要为中幼龄的人工针叶纯林。由于人工纯林树种单一，群落垂直结构简单，林龄结构又不合理，且以往造林大多未严格执行适地适树、适树适生境原则，致使结构简单、质量差的"小老头"人工林广泛存在。因缺乏必要的抚育管理，就是生产力较高的人工林也因结构简单，对恶劣环境的抵抗力较差。2008年雪灾就毁坏了南方大面积湿地松（*Pinus elliottii* Engelmann）、毛竹林（*Phyllostachys heterocycla* (carr.) Mitford cv. Pubescens Mazel ex H. deleh. ）和杉木（*Cunninghamia Lanceolata*）等人工林。因此，急需对该区域人工林进行结构调整与优化，通过抚育改造和择法更新、间伐更新、小面积皆伐更新及拯救伐等措施，依据"适地适树、适树适生境"原则，调整林分树种结构和林龄结构。并通过必要的抚育管理措施，改善林地水肥状况，提高林地持续生产力和林分质量。

生态系统结构调整与优化不仅体现在林分结构调整与优化，还体现在区域生态系统空间优化配置。具体以成渝经济区各发展功能区生态定位和生态服务消费为导向，优化区域

生态系统空间配置，提高区域生态系统服务功能。

1）划定生态红线，提高区域生态安全。明确各发展功能区定位，确定成渝经济区水源涵养、水土保持、生物多样性保护、三峡库区水环境安全保护等生态用地的最小面积及空间格局，严控生态红线内产业开发，提高区域生态安全。

2）建立和完善"双核两带"城市绿化廊道网络。在保护河湖、江、水库、水渠等湿地同时，通过交通绿廊、防污绿化带、堤岸防护带、农田防护带、主题公园和森林公园建设，联通各生态用地斑块，形成绿色生态网络，为成渝经济区"双核两带"提供充足的生物产品、涵养水源、保持土壤、文化旅游等生态服务，实现"双核两带"生态服务生产与消费的优化配置。

3）建立跨区生态补偿，优化生态服务空间配置。成渝经济区不同发展功能区生态服务生产与消费存在明显的空间差异，为平衡区域间的发展与保护的利害关系，成渝经济区内急需建立跨区生态补偿机制，探明区域内主要生态服务价值形成及其转移规律，明晰"双核两带"重点产业区与其消费的主要生态服务来源地间的利益关系，平衡生态服务供给地与消费地间的利益，实现区域和谐协调发展。

4）提高生态系统生态功能与服务能力。通过良种选育、抚育间伐、采伐更新及低价值林分改造等方式，依据适地适树、适树适生境原则，改纯林为混交林、改同龄林为异龄林，调整与优化生态系统结构。通过科学的土肥管理和生物防治等措施，提高区域生态系统功能与服务能力。

8.2.2 减轻生态胁迫压力，提高区域生态环境质量

成渝经济区除大气 SO_2 和粉尘排放有所减弱外，其余自然和人为胁迫均不同程度地增加，区域生态环境胁迫综合指数不断增长，生态环境质量不断降低。因此该区急需减轻生胁迫压力，提高生态环境质量。

1）继续实施生态工程，巩固生态建设成果。现有研究表明，实施退耕还林、天然林保护、长江防护林建设工程等生态工程能快速地提高区域生态环境质量。然而由于成渝经济区人口密度高、产业开发强度大和城市化进程快等生态压力极大，致使该区域生态环境质量并没有呈现显著好转，只是恶化速率有所放缓。鉴于该区域对长江三角洲地区生态安全具有至关重要的作用，在重点脆弱区域继续实施生态工程不仅有助于巩固退耕还林、天然林保护等生态工程成果，提高区域植被生态系统对 SO_2、NO_x 和 F^- 等污染物的吸纳和降解能力，提高区域生态环境容量。降低区域生态灾害风险。

2）提高能源利用效率，减少污染物排放，防治酸雨污染，提高水土环境质量。根据发展功能区发展水平，制订不同区域严格的各类汽车、各产业及各工艺的废气、废水排放标准，健全排污许可制度，实施 SO_2、废水中污染物排放总量控制。运用经济手段，征收 SO_2、NO_x、CO_2 等主要污染物的排污税费、产品税（包括燃料税）、排放交易和一些经济补助等防治大气污染。大力发展公共交通，适当限制私人汽车保有量和使用频率，保证交通畅顺；大力提高成品油质量，推广使用无铅汽油，改进汽车发动机技术，减少污染物排

放；加大新能源汽车扶持力度，降低 NO_x 的排放。同时加强植被生态建设，优化生态系统结构与空间配置，提高生态系统的纳污降污、保持水土、涵养水源等服务功能，提高区域资源与环境承载力。

3）调整与优化产业结构，发展绿色产业。调整工业布局，优化产业结构，扶持和推进洁净煤技术的运用，支持满足总量控制目标约束的超临界、超超临界发电机组的运用。改造污染严重的企业，淘汰落后的工艺与陈旧的设备，限制高硫煤的生产和使用，限制、淘汰现有煤耗高、热效低、污染重的工业锅炉和炉窑；加快成都都市圈、眉乐内渝发展区及盆周山地发展区东南部的长江沿岸现有燃煤电厂机组的脱硫改造，淘汰能源环境绩效低下的火电机组，使用低硫煤、节约用煤。优先重庆都市圈、成都都市圈及长江沿岸火电站支持"煤改气"的项目建设。大力发展生态旅游、生态服务产业，走绿色发展道路。

4）实施非点源污染控制工程，提高农药化肥使用效率，实施城乡水环境综合治理。将长江上游生态屏障建设工程从退耕还林、天然林保护、生态公益林保护等扩展到支持生态农业建设、非点源控制工程建设。制订区域中长期发展规划，在平原丘陵发展区、成都都市圈和三峡库区平行岭谷发展区及三峡库区发展区，将农田径流非点源控制作为长江上游生态屏障建设的重要工程内容，加快推进以非点源控制为重点的农村环境综合治理工程，加大现代化养殖业的比重，引导畜禽集中饲养向现代化饲养转移。重庆都市圈、成都都市圈及其他地级市市辖区应加强城市污水处理基础设施建设，提高污水收集率、处理率和循环利用率。建设城市暴雨径流和初期雨水处置工程体系，有效减轻非典源污染负荷。

8.2.3 降低生态足迹，提高区域生态承载力

可持续发展要求降低生态足迹，提高生态承载力，主要是从生态消耗与生产两方面入手。

1）降低生态足迹。通过政府宣传引导，倡导树立绿色消费的新型价值观，制定绿色消费指南，引导消费者成为绿色经济的市场需求动力。通过产品认证、财税优惠政策或购买补贴等方式引导消费者购买资源节约型环境友好型产品，引导农村居民的绿色可持续消费，降低隐含在消费中的间接碳足迹及生态足迹。发展公共交通，适当限制私家车实用频率，为市民降低日常生活中的直接生态足迹，尤其是碳足迹，提供选择和支撑，避免"锁定效应"。

2）提升生态系统经营管理水平，增强区域生物生产能力，提高区域生态承载力。生态系统经营管理水平不仅影响区域生态承载力，还可降低生态足迹。因此，成渝经济区应重点提高农田、森林、湿地和草地生态系统经营管理水平，加强林地、耕地等生态系统的土肥管理，提高农产品、林产品、水产品、畜产品的产量与质量，提升生物产品深加工水平，降低生物产品生产、加工过程中生态消耗，提高区域生态承载力。

3）发展循环经济，提高资源环境承载力。以资源的节约利用和循环利用为核心的循环经济主要特点为资源的减量化、再使用、再循环，因此，实现"资源—产品—废物—再生资源"的循环经济不仅可以提高现有资源和环境的生态承载力，还可提高不可再生资源

利用率，减少污染的排放，净化生态环境。由于成渝经济区化工产业、农副产品加工业、能源产业、装备制造业等重点产业均属于高耗能、污染较为严重的产业。故未来该区发展重点应是发展低碳经济，培育观光农业、绿色农业等，对平原丘陵发展区、眉乐内渝发展区等重要的粮食主产区的发展意义重大，譬如有机肥的使用、优良品种的培育、节水灌溉、生物农药研制、秸秆、畜禽排泄物等生物质能源利用等都可以在节约资源的同时减少对城镇和农村地区生态环境的破坏。

4）保护自然资本，推动生态文明建设。根据不同区域的资源环境承载能力，坚持区域功能战略，保障成渝经济区粮食安全、三峡库区水环境安全、盆周山地生物多样性保护等生态安全的前提下，优化区域的工业化和城镇化开发形式，使其开发控制在本区域的资源环境承载能力之内，实现区域协调发展；充分认识自然资本的价值，建立新的社会财富衡量指标，并对自然资本进行有效投资和监测，推动绿色经济转型；对自然资源进行可持续管理，探索可持续生产方式，鼓励私营部门进行可持续经营，促进生态文明建设。

8.2.4 调整与优化产业结构，促进社会、经济和生态协调发展

产业发展显著地影响着区域生态系统结构与状况、生态环境质量、生态压力和区域生态承载力，而成渝经济区重点产业大多是高能耗、高污染和高排放的产业，故该区域要实现社会经济和生态的可持续发展，就必须进行产业结构调整与优化。

1）工业结构调整与优化。成渝经济区应以各发展功能区生态定位、生态环境承载力和产业规划为依据，提高工业土地利用效率；依托各发展功能区的工业园区、高新技术区新区产业推进区域城市化，疏解老城区生态环境和资源需求压力，实现工业退城进园，培育各自的副中心；完善枢纽联系网络，构建以轨道交通为导向的发展功能区间快速联系通道。利用先进技术和高新技术加快传统产业的改组，提高传统产业的国际竞争能力。大力发展环保产业和高新技术产业，提高区域资源综合再利用能力，减少污染物排放，改善区域环境质量，提高区域产业结构的整体水平与综合效率。

2）农业结构调整与优化。以增加农副产品的有效供应和农民增收为目的，成渝经济区各发展功能区应利用耕地、森林、草地和湿地的自身优势，大力发展生态畜牧业、林业和水产养殖，降低种植业比重，实现农林牧副渔协调发展的产业结构。种植业应在保障区域粮食安全的前提下，不断增大蔬菜、水果等经济作物比重，实现生态精品农业。畜牧业应以草食木类牧业为主，在保障粮食安全的前提下，大力发展饲料作物种植，不断推进良种选育，发展特种养殖，走品牌战略。盆周山地发展区、三峡库区平行岭谷发展区和眉乐内渝发展区则应大力发展林果业，重点发展茶叶、生漆、桐油及名贵中药材、优质名贵木材，而在成都都市圈、重庆都市及其他地市周边的丘陵山区的林业更应与旅游业相结合，大力发展森林游憩、文化旅游，提高林业综合效益。同时成渝经济区湿地资源非常丰富，该区域渔业应在保障三峡库区水环境的前提下，因地制宜发展特种水产品养殖，大力发展生态渔业和观光养殖。促进农业增产、农民增收、农村经济发展和农村社会的稳定及区域农村生态环境改善。农村还应加大环境整治力度，实现区域农村生活垃圾的收集与集中无

公害处理,治理农村白色污染。平原丘陵发展区、盆周山地发展区、三峡库区发展区和平行岭谷发展区需不断提高肥料的使用效率、科学施肥,控制面源污染。此外,鉴于该区域是重要的商品粮和丰产林基地,农林废弃物产量巨大,故应发展生物质产业,提高资源利用效率,缓解生态赤字。

3)第三产业结构调整与优化。与第一产业和第二产业相比,第三产业不仅包括交通运输、邮电通信等基础设施和金融、保险等广义的社会服务体系,而且还包括科学教育、医疗卫生等关系到居民身体素质与文化素质的服务行业。成渝经济区第三产业应加快改革和开放步伐,取消或调整过时的限制第三产业发展的政策,制定适合社会主义市场经济发展的第三产业政策,鼓励非国有经济进入金融、保险、铁路与航空运输、电信、教育、卫生部门等行业,促进多种所有制经济的有序良性竞争,实现上述服务业的高效发展。建立和完善城乡居民基本养老保障制度、基本医疗保险制度、大病医疗保障制度和城乡居民最低生活保障制度,建立资金来源多元化、保险制度规范化、管理服务社会化的新型城乡社会保障体系和城乡社会化综合服务体系,提高服务产业管理水平,直接或间接地提高资源利用效率和投资效益,为各发展功能区产业结构调整与优化创造条件。此外,鉴于该区域生态承载力不足、生态赤字日益严重,还应倡导居民健康生态的素食消费观和适度消费观,减少食物浪费,间接提高区域生态承载力,减轻对外生态承载力的依赖度,缓解区域生态赤字。

参 考 文 献

柏超, 陈敏, 肖荣波, 等. 2014. 广东省生态环境胁迫综合评价研究. 广东农业科学, 41 (14): 144-148.

陈百明. 1991. "中国土地资源生产能力及人口承载量"项目研究方法概论. 自然资源学报, 6 (3): 197-205.

陈涛, 徐瑶. 2006. 基于 RS 和 GIS 的四川生态环境质量评价. 西华师范大学学报(自然科学版), 27 (2): 153-157.

刁丰秋, 章文华, 刘友良. 1997. 盐胁迫对大麦叶片类囊体膜组成和功能的影响. 植物生理学报, 23 (2): 105-110.

傅伯杰, 陈利顶. 1999. 中国生态区划的目的、任务及特点. 生态学报, 19 (5): 591-595.

高红丽, 涂建军, 杨乐. 2010. 城市综合承载力评价研究——以成渝经济区为例. 西南大学学报(自然科学版), 32 (10): 148-152.

高吉喜. 2001. 可持续发展理论探索. 北京: 中国环境科学出版社.

葛才林, 杨小勇, 朱红霞, 等. 2002. 重金属胁迫对水稻叶片过氧化氢酶活性和同工酶表达的影响. 核农学报, 16 (4): 197-202.

顾成林, 李雪铭. 2012. 基于模糊综合评价法的城市生态环境质量综合评价——以大连市为例. 环境科学与管理, 37 (3): 172-179, 187.

官冬杰, 苏维词. 2007. 重庆都市圈生态系统健康胁迫因子及胁迫效应分析. 水土保持研究, 14 (3): 98-100.

雷波, 周谐, 吴亚坤, 等. 2012. 重庆市主城区生态环境质量评价及对策建议. 环境科学与技术, 35 (4): 200-205.

雷清. 2009. 生态文明城市评价指标体系初步研究. 重庆: 重庆师范大学硕士学位论文.

李金海. 2001. 区域生态承载力与可持续发展. 中国人口·资源与环境, 11 (3): 76-78.

李咏红, 香宝, 袁兴中, 等. 2013. 区域尺度景观生态安全格局构建——以成渝经济区为例. 草地学报, 21 (1): 18-24.

刘鹤, 刘洋, 许旭. 2012. 基于环境效率评价的成渝经济区产业结构与布局优化. 长江流域资源与环境, 21 (9): 1058-1066.

卢其栋. 2013. 基于 AHP-PCA 加权模型的生态环境评价. 成都: 成都理工大学硕士学位论文.

吕建树, 吴泉源, 张祖陆, 等. 2012. 基于 RS 和 GIS 的济宁市土地利用变化及生态安全研究. 地理科学, 32 (8): 928-935.

吕孟懿. 2014. 成渝经济区地质灾害发育特征及典型地质灾害分析. 成都: 成都理工大学硕士学位论文.

落志筠, 王永新. 2013. 生态文明视角下的矿产资源内涵及其价值追求. 财经理论研究, (6): 1-8.

苗鸿, 王效科, 欧阳志云. 2001. 中国生态环境胁迫过程区划研究. 生态学报, 21 (1): 7-13.

倪瑛, 王伟. 2013. 基于能值分析的生态足迹模型改进及应用——以我国西南地区为例. 云南财经大学学报, (2): 129-135.

宁佳, 刘纪远, 邵全琴, 等. 2014. 中国西部地区环境承载力多情景模拟分析. 中国人口·资源与环境, 24 (11): 136-146.

石长金, 陈生永, 李永新. 2005. 蚕克图河流域上游生态系统胁迫与生态修复. 东北水利水电, 23 (10): 64-66.

舒俭民，李彦武，李小敏．2013．成渝经济区重点产业发展战略环境评价研究．北京：中国环境科学出版社．

宋述军，柴微涛，周万村．2008．RS和GIS支持下的四川省生态环境状况评价．环境科学与技术，31（10）：145-147．

苏维词，罗有贤，翁才银，等．2004．重庆都市圈可持续发展面临的主要生态环境问题与对策．城市环境与城市生态，17（2）：1-3．

苏志珠．1998．人类活动对晋西北地区生态环境影响的初步研究．干旱区资源与环境，12（4）：127-132．

孙刚，盛连喜，周道玮，等．1999．胁迫生态学理论框架（上）——受胁生态系统的症状．环境保护，（7）：37-39．

田宏，徐崇浩，陈文秀，等．1999．四川盆地避旱时段的诊断分析及干旱胁迫分型．成都信息工程学院学报，14（1）：102-107．

王菱，王勤学，张如一．1992．人类活动对黄土高原生态环境及现代气候变化的影响．自然资源学报，7（3）：273-281．

王轶浩，王彦辉，于澎涛，等．2013．重庆酸雨区马尾松林凋落物特征及对干旱胁迫的响应．生态学报，33（6）：1842-1851．

王中根，夏军．1999．区域生态环境承载力的量化方法研究．长江工程职业技术学院学报，（4）：9-12．

王宗明，梁银丽．2002．植被净第一性生产力模型研究进展．西北林学院学报，17（2）：22-25．

文琦，刘彦随，丁金梅，等．2008．银川市水资源胁迫与生态系统健康状况研究．资源科学，30（2）：247-253．

吴坤，王文杰，刘军会，等．2015．成渝经济区土地利用变化特征与驱动力分析．环境工程技术学报，5（1）：29-37．

吴兆娟，倪九派，魏朝富．2011．三峡工程胁迫下重庆库区耕地利用变化及其机制研究．西南大学学报：自然科学版，33（3）：50-57．

夏军．1999．区域水环境及生态环境质量评价－多级关联评估理论及应用．武汉：武汉水利水电大学出版社．

香宝，马广文，李咏红，等．2011．成渝经济区矿产资源开发对其生态环境影响评价．环境科学与技术，34（6G）：401-404．

肖红艳．2011．成渝经济区重庆地区重点产业发展战略生态影响评价研究，重庆：重庆大学博士学位论文．

徐德成．1993．森林资源环境人口承载能力初探．林业经济，（4）：21-25．

徐强．1996．区域矿产资源承载能力分析几个问题的探讨．自然资源学报，11（2）：135-141．

徐中民，张志强，程国栋．2003．中国1999年生态足迹计算与发展能力分析．应用生态学报，14（2）：280-285．

许丛，操勤，袁媛．2008．基于主成分分析法的安徽省生态环境质量研究．资源开发与市场，24（2）：118-119，179．

许有鹏．1993．干旱区水资源承载能力综合评价研究——以新疆和田河流域为例．自然资源学报，8（3）：229-237．

颜梅春，王元超．2012．区域生态环境质量评价研究进展与展望．生态环境学报，21（10）：1781-1788．

杨德生．2011．重庆市渝北区地表景观格局时空演化及生态环境响应．成都：成都理工大学博士学位论文．

杨永奎，王定勇．2007．重庆市直辖以来生态足迹的动态测度与分析．生态学报，27（6）：2382-2390．

叶亚平，刘鲁君．2000．中国省域生态环境质量评价指标体系研究．环境科学研究，13（3）：33-36．

袁兴中，肖红艳，颜文涛，等．2012．成渝经济区土地利用与生态服务价值动态分析．生态学杂志，

31（1）：180-186.

赵先贵，马彩虹，赵晶，等.2016.生态文明视角下四川省资源环境压力的时空变化特征.中国生态农业学报，24（1）：121-130.

钟章成，邱永树.1999.重庆三峡库区主要生态环境问题与对策.重庆环境科学，21（1）：3-4.

周文英，何彬彬.2014.四川省若尔盖县生态环境质量评价.地球信息科学学报，16（2）：314-319.

朱东红，上官铁梁，苏志珠，等.2003.区域生态环境质量评价方法.山西煤炭管理干部学院学报，16（1）：64-67.

Ehrlich P R, Ehrlich A H, Holdren J P. 1977. Ecoscience: Population Resources Environment. San Francisco: W H Freeman.

Hadwen I A S, Palmer L J. 1922. Reindeer in Alaska: US Dept of Agriculture, 1922. U.S Department of Agriculture. Washington: Government Printing Office.

Hardin G. 1977. Ethical implications of carrying capacity//Hardin G, Baden J. Managing the Commons. New York: Mcmillan.

Holdren J P, Ehrlich P R. 1974. Human population and the global environment. American Scientist, 62（3）: 282-292.

Holling C S. 1973. Besilience and stability of ecological systems. Annual Review of Ecology & Systematics, 4（2）: 1-23.

Hudak A T. 1999. Rangeland mismanagement in south Africa: Failure to apply ecological knowledge. Human Ecology, 27（1）: 55-78.

Joseph M, Wang F, Wang L. 2014. GIS-based assessment of urban environmental quality in Port-au-Prince, Haiti. Habitat International, 41（1）: 33-40.

Knight R L, Swaney D P. 1981. In defense of ecosystems. American Naturalist, 117（6）: 991-992.

Leopole A. 1941. Wilderness as a land laboratory. Living Wilderness, 6（2）: 3.

Liang B, Weng Q. 2011. Assessing urban environmental quality change of Indianapolis, United States, by the remote sensing and GIS integration. IEEE Journal of Selected Topics in Applied Earth Observations & Remote Sensing, 4（1）: 43-55.

Malthus T R. 1798. An Essy on the Principle of Population: Macmillan. New York: St. Martin.

Martínez M L, Pérez-Maqueo O, Vázquez G, et al. 2009. Effects of land use change on biodiversity and ecosystem services in tropical montane cloud forests of Mexico. Forest Ecology & Management, 258（9）: 1856-1863.

Odum E P, Finn J T, Franz E H. 1979. Perturbation theory and the subsidy-stress gradient. Bioscience, 29（6）: 349-352.

Paine R T. 1979. Disaster, catastrophe, and local persistence of the sea palm postelsia palmaeformis. Science, 205（4407）: 685-687.

Park R E, Burgess E W. 1921. An introduction to the science of sociology. Chicago: University of Chicago Press.

Ress W E, Wackernagel M. 1996. Ecological footprints and appropriated carrying capacity: Measuring the natural capital requirements of the human economy. Focus, 6（1）: 45-60.

SCEP, William H M. 1970. Man's Impact on the Global Environment: Assessment and Recommendations for Action. Cambridge Mass: MIT: Press.

Schulz J J, Cayuela L, Echeverria C, et al. 2010. Monitoring land cover change of the dryland forest landscape of Central Chile (1975–2008). Applied Geography, 30（3）: 436-447.

Seidl I, Tisdell C A. 1999. Carrying capacity reconsidered: from Malthus' population theory to cultural carrying capacity. Ecological Economics, 31 (3): 395-408.

Sleeser M. 1990. Enhancement of Carrying Capacity Options-ECCO. London: The Resource Use Institute.

Smaal A C, Prins T C, Dankers N, et al. 1997. Minimum requirements for modelling bivalve carrying capacity. Aquatic Ecology, 31 (4): 423-428.

Sprugel D G, Bormann F H. 1981. Natural disturbance and the steady state in high-altitude balsam fir forests. Science, 211 (4480): 390-393.

Tuan Y F. 2008. Geography, phenomenology, and the study of human nature. Canadian Geographer, 15 (3): 181-192.

Verhulst P F. 1838. Notice sur la loi que la population suit dans son accroissement. Correpation Math Physics, 10: 113-121.

Wackernagel M, Onisto L, Bello P, et al. 1999. National natural capital accounting with the ecological footprint concept. Ecological Economics, 29 (3): 375-390.

Wackernagel M, Rees W E. 1996. Our ecological footprint: reducing human impact on earth. Philadelphia: New Society Pubublishers.

Yoshida A, Chanhda H, Ye Y M, et al. 2010. Ecosystem service values and land use change in the opium poppy cultivation region in Northern Part of Lao PDR. Acta Ecologica Sinica, 30 (2): 56-61.

附　　录

附录1　数　据　源

本书所用数据主要来源包括：①生态十年遥感调查与评估土地覆被、生物量、NPP、NDVI、植被覆盖度等生态参数反演数据；②环境保护部环境监测相关部门提供的地表水环境和空气环境监测数据；③中国气象数据网（http：//data.cma.cn/）提供的气象数据；④中国科学院地理科学与资源研究所的人地系统主题数据库（http：//www.data.ac.cn/index.asp）提供的土壤颗粒、有机质含量等数据；⑤30mDEM数据来源于国家科技基础条件平台——国家地球系统科学数据共享平台（http：//www.geodata.cn）；⑥社会经济、农药化肥施用量等数据来自中国知网（http：//tongji.cnki.net/kns55/）；⑦行政区划数据由自十年生态评估总项目组提供。

附录2　评价指标

2.1　生态系统格局

土地利用程度主要反映土地利用的广度和深度，它不仅反映了土地利用过程中生态系统的自然属性，同时也反映了人类因素与自然环境因素的综合效应。本书根据刘纪远等在《西藏土地利用》中提出的土地利用程度定量模型进行土地利用程度综合指数计算，计算公式为

$$L_a = 100 \times \sum A_i \times C_i$$
$$L_a \in [0, 400]$$

式中，L_a为区域土地利用程度综合指数；A_i为第i级的土地利用程度分级指数（附表2-1）；C_i为第i级土地利用程度分级面积百分比。

附表2-1　土地利用程度分级赋值表

项目	未利用土地	自然再生利用土地利	人为再生利用土地	非再生利用土地
土地类型	未利用或暂难以利用地，如沙荒地	林地、草地、水域	耕地	城镇、居民地、工矿、交通
分级指数	1	2	3	4

2.2　生态环境质量

1）植被破碎化程度：用植被的斑块密度，即单位面积的植被斑块数目（个/km²）来

定量描述植被的破碎化程度。

$$\mathrm{PDI}_{i,t} = \frac{\mathrm{NP}_{i,t}}{A_i}$$

式中，$\mathrm{PDI}_{i,t}$ 为第 i 个县（区）第 t 个年份的斑块密度；$\mathrm{NP}_{i,t}$ 为第 i 个县（区）第 t 个年份的斑块数（个）；A_i 为第 i 个县（区）面积（km²）。

2）植被覆盖：由植被覆盖面积及其所占面积比例和植被覆盖度指数来定量描述植被的覆盖情况。植被覆盖面积由全国土地遥感分类数据获取，其中植被包括各种自然植被覆盖，如森林、草地等。植被覆盖度指数计算方法如下：

$$F_c = \frac{\mathrm{NDVI} - \mathrm{NDVI}_{\mathrm{soil}}}{\mathrm{NDVI}_{\mathrm{veg}} - \mathrm{NDVI}_{\mathrm{soil}}}$$

式中，F_c 为植被覆盖度（%）；NDVI 通过遥感影像近红外波段与红光波段的发射率来计算，本书中建议采用 MODIS 的 NDVI 数据产品计算；$\mathrm{NDVI}_{\mathrm{veg}}$ 为纯植被像元的 NDVI 值；$\mathrm{NDVI}_{\mathrm{soil}}$ 为完全无植被覆盖像元的 NDVI 值。

3）生物量：植被单位面积生物量（gC/m²y），采用"全国陆地生态系统生物量"调查结果。

4）土地退化：不同程度水土流失土地面积与分布。通过平均侵蚀模数和平均流失厚度两个指标评价水土流失的强度。评价标准采用水利部水蚀强度级别分级标准分为微度、轻度、中度、强度、极强度、剧烈六级进行评价，评价标准如下表所示：

5）湿地退化：湿地面积减少率（%）。

6）地表水地表水环境：河流三类水体以上的比例，即河流监测断面中Ⅰ～Ⅲ类水质断面数占总监测断面数的百分比，反映河流生态系统受到的污染状况。主要湖库面积加权富营养化指数，计算方法为

$$\mathrm{WEI}_i = \frac{\sum_k \mathrm{EI}_{ik} \times A_{ik}}{\sum_k A_{ik}}$$

式中，WEI_i 为第 i 市湖库加权富营养化指数；EI_{ik} 为第 i 市第 k 湖富营养化指数，环境监测数据；A_{ik} 为第 i 市第 k 湖面积，来源于遥感影像。

7）空气环境：本书衡量空气质量二级达标天数比例，指空气质量达到二级标准的天数占全年天数的百分比。

8）生态质量指数（ecosystem quality index，EQI）

用国家重点开发区评价指标体系中生态质量主题中的植被破碎化程度、植被覆盖、生物量、土地退化和湿地退化等指标和各指标在该主题中的相对权重，构建生态质量指数，用来反映各重点开发区生态质量状况。

$$\mathrm{EQI}_i = \sum_{j=1}^{n} \mathrm{EQI}_j \mathrm{EQI}$$

式中，EQI_i 为第 i 地区生态质量指数；EQI_j 为 I 指标相对权重；EQI 为第 i 地区各指标的标准化值。

9）环境质量指数（environmental quality index，EHI）

用指标体系中环境质量主题中的地表水环境、空气质量等指标和各指标在该主题中的相对权重，构建环境质量指数，用来反映各市环境质量状况。

$$\mathrm{EHI}_i = \sum_{j=1}^n \mathrm{EH}w_j \mathrm{EH}r_{ij}$$

式中，EHI_i 为第 i 地区环境质量指数；$\mathrm{EH}w_j$ 为各指标相对权重；$\mathrm{EH}r_{ij}$ 为第 i 地区各指标的标准化值。

10）生态环境质量综合指数（comprehensive eco-environmental quality index，CEQI）

用城市自然生态系统比例、农田生态系统比例、不透水地面比例、生态系统生物量、生态系统退化程度、景观破碎度、河流监测断面水质优良率、主要湖库湿地面积加权富营养化指数、全年 API 指数小于（含等于）100 的天数占全年天数的比例、酸雨强度、热岛效应强度 11 个生态环境质量综合指标及指标权重，构建生态环境质量综合指数，用来反映各市生态环境综合质量状况。

$$\mathrm{CEQI}_i = \sum_{j=1}^n w_j r_{ij}$$

式中，CEQI_i 为第 i 市生态环境综合质量指数；w_j 为资源效率主题中各指标相对权重；r_{ij} 为第 i 市各指标的标准化值。

第一，荒漠化：以草地退化程度进行评估。

第二，石漠化：根据土地覆被中裸岩、裸图面积进行评估。

2.3 生态环境胁迫

1）人口密度：单位面积土地面积年末总人口数量，在宏观层面评估人口因素给生态环境带来的压力及其时空演变。

计算方法：收集各县（区）历年年末总人口数量以及各县（区）土地面积，计算各县（区）历年人口密度：

$$\mathrm{PD}_{i,t} = \frac{P_{i,t} \times 10\,000}{A_i}$$

式中，$\mathrm{PD}_{i,t}$ 为第 i 个区（县）第 t 年人口密度（人/km^2）；$P_{i,t}$ 为第 i 个区（县）第 t 个年年末总人口（万人）；A_i 为第 i 个县区土地面积（km^2）。

2）大气污染：①SO$_2$ 排放强度：指单位土地面积的 SO$_2$ 排放量（kg/km^2）；②烟粉尘排放强度：单位土地面积烟粉尘排放量（kg/km^2）。

计算方法：收集各地区 2000 年、2005 年和 2010 年生活和工业源 SO$_2$ 和粉尘排放量数据；计算各地区历年单位土地面积 SO$_2$ 和粉尘排放量。

$$\mathrm{SDOI}_{i,t} = \frac{\mathrm{SDO}_{i,t}}{A_i} \times 100\%$$

式中，$\mathrm{SDOI}_{i,t}$ 为第 i 个地区第 t 年单位土地面积 SO$_2$ 和粉尘排放量（t/km^2）；$\mathrm{SDO}_{i,t}$ 为第 i

个地区第 t 年工业和生活 SO_2 排放总量（t）；A_i 为第 i 个地区土地面积（km^2）。

3）水污染（COD 排放强度）：指单位土地面积的 COD 排放强量（kg/km^2）。

该项指单位土地面积生活污水和工业废水中的 COD 排放量，反映污水排放给湿地生态系统带来的胁迫。

计算方法：收集各地区 2000 年、2005 年和 2010 年生活污染和工业废水中 COD 排放量数据；计算地区历年单位土地面积 COD 排放量。

$$CODI_{i,t} = \frac{COD_{i,t}}{A_i} \times 100\%$$

式中，$CODI_{i,t}$ 为第 i 个地区第 t 个年份单位土地面积 COD 排放量（t/km^2）；$COD_{i,t}$ 为第 i 个地区第 t 个年份生活污水和工业废水中 COD 排放总量（t）；A_i 为第 i 个地区土地面积（km^2）。

4）酸雨侵蚀：包括酸雨的量（mm/a）、强度（指年均酸雨 pH）、频度（指酸雨年发生的总次数）。

5）城市化扩张：根据土地覆被中不透水面积进行评估。

6）生态环境胁迫综合指数：根据加权求和的方法进行评估。

2.4 开发强度

1）建设用地指数：指评估单元内建设用地面积占评估单元总面积的百分比。以县级行政区为单元，计算建设用地面积占总土地面积比例，计算公式为

$$USLI_{i,t} = \frac{USL_{i,t}}{A_i} \times 100\%$$

式中，$USLI_{i,t}$ 为第 i 个县（区）第 t 个年份建设用地指数（%）；$USL_{i,t}$ 为第 i 个县（区）第 t 个年份建设用地面积（km^2）；A_i 为第 i 个县（区）土地面积（km^2）。

建设用地面积利用土地覆被分类数据，包括城乡居住地、工业用地和交通用地等。

2）单位土地面积可比价 GDP：指单位土地面积按 2000 年可比价计算地区生产总值，用来评估宏观经济给生态环境带来的压力。

收集 2001~2010 年按照上一年为 100 的 GDP 指数（上一年 = 100）数据，分别计算 2005 年和 2010 年各县（区）可比价 GDP：

2005 年 GDP（按 2000 年可比价）= 2000 年现价 GDP

$$\times \frac{2001 \text{ 年 GDP 指数（上年} = 100)}{100}$$

$$\times \frac{2002 \text{ 年 GDP 指数（上年} = 100)}{100}$$

$$\times \cdots$$

$$\times \frac{2005 \text{ 年 GDP 指数（上年} = 100)}{100}$$

2010 年 GDP（按 2000 年可比价）= 2000 年现价 GDP

$$\times \frac{2001 \text{ 年 GDP 指数（上年}=100）}{100}$$

$$\times \frac{2002 \text{ 年 GDP 指数（上年}=100）}{100}$$

$$\times \cdots$$

$$\times \frac{2010 \text{ 年 GDP 指数（上年}=100）}{100}$$

计算各县（区）2000年、2005年和2010年单位土地面积可比价GDP：

$$\text{DGDP}_{i,t} = \frac{\text{GDP}_{i,t}}{A_i}$$

式中，$\text{DGDP}_{i,t}$第i县（区）第t年GDP密度（万元/km²）；$\text{GDP}_{i,t}$为第i县（区）第t年份按2000年可比价计算GDP（万元）。

3）第一产业经济密度：指单位土地面积按2000年可比价计算第一产业增加值，在宏观层面评估农林牧副渔业发展给生态环境带来的压力及其时空演变。计算方法同可比价GDP数据收集和计算方法类似，收集并计算各县（区）2000年、2005年和2010年按2000年可比价第一产业增加值数据；②根据各县（区）2000年、2005年、2010年可比价第一产业增加值和土地面积，计算各县（区）2000年、2005年和2010年单位土地面积可比价第一产业增加值（万元/km²）。

4）第二产业增加值密度：指单位土地面积按2000年可比价计算第二产业增加值，在宏观层面评估第二产业发展给生态环境带来的压力及其时空演变。①评估方法同可比价GDP数据收集和计算方法类似，收集并计算各县（区）2000年、2005年和2010年按2000年可比价第二产业增加值数据；②根据各县（区）2000年、2005年、2010年可比价第二产业增加值和土地面积，计算各县（区）2000年、2005年和2010年单位土地面积可比价第二产业增加值（万元/km²）。

5）第三产业增加值密度：指单位土地面积按2000年可比价计算第三产业增加值，在宏观层面评估第三产业发展给区域生态系统带来的胁迫及其时空演变。①评估方法与可比价GDP数据收集和计算方法类似，收集并计算各县（区）2000年、2005年和2010年按2000年可比价第三产业增加值数据；②根据各县（区）2000年、2005年、2010年可比价第三产业增加值和土地面积，计算各县（区）2000年、2005年和2010年单位土地面积可比价第三产业增加值（万元/km²）。

6）能源利用强度（EUI）：采用万元GDP能耗（t标准煤/万元）来体现。

7）水资源利用强度（%）：采用用水量占与水资源总量的比值评估区域水资源利用状况。

评估方法：根据区域工业、农业、生活、生态环境等用水总量占评估区域的水资源总量比值进行评估，评估方法如下：

$$\text{WRUI}_{i,t} = \frac{\text{WRU}_{i,t}}{\text{TWR}_{i,t} \times 10\,000} \times 100\%$$

式中，$\text{WRUI}_{i,t}$为第i个地区第t年水资源利用强度指数（%），数据精确到小数点后两位；

$WRU_{i,t}$ 为第 i 个地区第 t 年工业、农业、生活、生态环境等用水总量（万 m^3）；$TWR_{i,t}$ 为第 i 个地区第 t 年地表水资源总量（亿 m^3）。

8）水利开发强度（%）：评估水利开发给区域生态系统带来的胁迫及其时空演变。评估方法如下：

$$HEI_{i,t} = \frac{RSC_{i,t}}{TWR_i \times 10\ 000} \times 100\%$$

式中，$HEI_{i,t}$ 为第 i 个地区第 t 个年份水利开发强度指数（%）；$RSC_{i,t}$ 为第 i 个地区第 t 个年份水库库容（万 m^3）；TWR_i 为第 i 个地区多年平均地表水资源总量（亿 m^3）。

9）万元 GDP 取水量：根据 2000 年、2005 年和 2010 年成渝地区各地市水耗（m^3/万元）和相应年份的 GDP（万元），计算得到万元 GDP 水耗（m^3/万元），将各地市万元 GDP 水耗属性数据与地市空间数据相关联，得到成渝地区各地市万元 GDP 水耗。

10）交通网络密度（RD）：指单位土地面积四级及四级以上公路长度，用来评估公路建设对生态系统的胁迫效应。计算方法如下：

$$RD_{i,t} = \frac{RL_{i,t}}{A_i} \times 100\%$$

式中，$RD_{i,t}$ 为第 i 个县（区）第 t 年交通网络密度（km/km^2）；$RL_{i,t}$ 为第 i 个县（区）第 t 年四级与四级以上公路长度（km）；A_i 为第 i 个县（区）土地面积（km^2）。

11）土地城市化（LUR）：采用建成区占总面积的比例（%）来体现。建成区占总面积的比例指标含义：指年末建成区面积占总面积的百分比，在宏观层面评估土地城市化给生态环境带来的压力及其时空演变。

计算方法：根据各地市历年年末建成区面积以及各地市土地总面积，计算各地市建成区占总面积的比例：

$$LUR_{i,t} = \frac{LU_{i,t}}{S_{i,t}} \times 100\%$$

式中，$LUR_{i,t}$ 为第 i 个地市第 t 年建成区面积比例（%）；$LU_{i,t}$ 为第 i 个地市第 t 年年末建成区面积（km^2）；$S_{i,t}$ 为第 i 个地市第 t 年年末土地总面积（km^2）。

12）人口城市化（PUR）：采用城镇人口比例（%）来体现，指年末城镇人口总数占年末人口总数的百分比。计算方法如下：

$$PUR_{i,t} = \frac{PU_{i,t}}{P_{i,t}} \times 100\%$$

式中，$PUR_{i,t}$ 为第 i 个县（区）第 t 年城镇人口比例（%）；$PU_{i,t}$ 为第 i 个县（区）第 t 年年末常住城镇人口总数（万人）；$P_{i,t}$ 为第 i 个县（区）第 t 年年末人口总数（万人）。

13）经济城市化（EUR）：采用第二、第三产业占 GDP 的比重（%）来体现。根据 2000 年、2005 年和 2010 年成渝地区各区县的 GDP 和第二、第三产业增加值数据，计算各县（区）2000 年、2005 年和 2010 年第二、第三产业占 GDP 的比重：

$$EUR_{i,t} = \frac{ES_{i,t} + ET_{i,t}}{GDP_{i,t}} \times 100\%$$

式中，$EUR_{i,t}$为第i县（区）第t年第二、第三产业占GDP的比重；$GDP_{i,t}$为第i县（区）第t年GDP（万元）；$ES_{i,t}$为第i县（区）第t年第二产业增加值（万元）；$ET_{i,t}$为第i县（区）第t年第三产业增加值（万元）。

14）城市化综合强度（UI）：根据上述土地城市化（LUR）、人口城市化（PUR）和经济城市化（EUR）的研究结果，采用公式如下：

$$UI = (LUR + EUR + PUR)/3$$

15）综合开发强度：采用加权求和的方法进行综合评估。鉴于土地开发、水资源开发与利用、能源利用、经济活动、交通网络和城市化等在区域开发中均发挥着重要作用，在此以相同的权重进行综合评估。

2.5 生态承载力

(1) 生态承载力

在核算区县生态承载力时，借助于产量因子和均衡因子进行调整核算，使不同种类生产性土地转化为具有同一生产力水平的土地面积。公式如下：

$$ec = \left(\sum_{k=1}^{n} A_i \times EQ_i \times Y_i \right)/N$$

$$EC = N \times ec$$

式中，ec为人均生态承载力；EC为生态总承载力，指生态系统通过自我维持、自我调节，所能支撑的最大社会经济活动强度和具有一定生活水平的人口数量，是一个地区的资源状况和生态质量的综合体现（hm^2/人）；A_i为不同类型生态生产性土地面积；EQ_i为均衡因子；Y_i为不同类型生态生产性土地产量调整系数，即产量因子；N为总人口数。本书采用Wackernagel关于均衡因子计算的研究成果，而产量因子取自文献中的中国平均值。在总生物生产性面积中扣除12%作为生物多样性保护地。本书生态承载力和生态足迹核算用到的均衡因子和产量因子详见附表2-2。

附表2-2 均衡因子与产量因子

土地类型	均衡因子	产量因子
农地	2.8	1.66
林地	1.1	0.91
草地	0.5	0.19
能源地	1.1	—
建筑用地	2.8	1.66
水域	0.2	1

由于上述模型参数太多为中国平均值，为使评估结果与研究区结合紧密，在此以2000年、2005年和2010年三期NPP数据和全国NPP的平均值对计算结果进行调整。

（2）生态足迹

生态足迹（EF）指能够持续地提供资源或消纳废物的、具有生物生产力的地域空间（biologically productive areas），其含义就是要维持一个人、地区、国家或者全球的生存所需要的或者能够只容纳人类所排放的废物的、具有生物生产力的地域面积。生态足迹估计要承载一定生活质量的人口，需要多大的可供人类使用的可再生资源或者能够消纳废物的生态系统，又称为"适当的承载力"（appropriated carrying capacity）。其计算公式为

$$\text{ef} = \sum_{i=1}^{n}\left(\frac{C_i}{\text{nP}_i} \times \text{EQ}_i\right) = \sum_{i=1}^{n}\left(\frac{C_i}{\text{cP}_i} \times \text{EQ}_i \times Y_i\right)$$

$$\text{EF} = N \times \text{ef}$$

式中，ef 为人均生态足迹，指在现有技术条件下，一个人需要多少具备生物生产力的土地和水域，来生产所需资源和吸纳所衍生的废物，反映了一个地区由于经济发展和居民消费而对资源的消耗水平和生态质量的损耗程度（$hm^2/$人）；C_i 为 i 种消费项目的年平均消费量；EF 为总生态足迹；N 为人口数；nP_i 和 cP_i 分别为第 i 种消费项目单位面积的全国平均产量和区县平均产量；EQ_i 为产量因子，即 cP_i 和 nP_i 的比值；Y_i 为第 i 类土地利用的均衡因子。

生态足迹中用到的均衡因子和产量因子与生态承载力的一致。各类消费品消费量则根据全国统计年鉴、各省（市）统计年鉴中各市消费统计表及各区县人口数据进行调整得到。

（3）经济因子

选取 GDP、人均 GDP、GDP 增长率、非农业产值比率 5 个指标反映经济总量、经济均量、经济速度和经济结构。各个指标先标准化，然后用 AHP 方法求权重，再用信息熵对其进行修正，最后采用模糊综合评判方法进行评价。

（4）综合生态承载力指数

由于人类活动对环境施加了一定的压力从而引起环境发生一定的变化，而最后人类通过环境变化做出响应以恢复环境质量或防止环境退化。在此，利用联合国经济合作与发展组织（Organization for Economic Co-operation and Development, OECD）建立的压力-状态-响应模型的因果关系，为计算综合生态承载力，将生态足迹作为压力指标，生态承载力作为状态指标，经济因子作为响应指标。

综合生态承载力指数计算采用模糊综合评判方法，即先构建综合生态承载力指数的综合评价的指标体系，即构建压力（生态足迹）指标、状态（生态承载力）指标和经济因子指标体系。再分别单独核算各区县生态足迹、生态承载力和经济因子综合得分。之后采用层次分析法确定压力指标、状态指标和经济因子指标的综合权重，最后则通过数据标准化和加成法则得到各区县综合生态承载力。用公式表示为

$$\text{sec} = \text{ef} \times q_f + \text{ec} \times q_c + \text{ecn} \times q_{\text{ecn}}$$

式中，ef、ec、ecn 分别为标准化后各区县人均生态足迹、生态承载力和经济因子综合得分；而 q_f、q_c 和 q_{ecn} 则分别为压力指标、状态指标和响应指标的综合权重，其中 $q_f + q_c + q_{\text{ecn}} = 1$。

索 引

C

COD 排放强度	93
草地退化	65
产业发展	13
产业结构调整与优化	47
长江防护林建设工程	252
成都都市圈	15
成渝经济区	1
城市化综合强度	154
城市扩张	104
重庆都市圈	15
重庆森林工程	50

D

大气 SO_2 排放强度	65
大气污染	49
地表水环境	59
第二产业增加值密度	138
第三产业增加值密度	140
第一产业增加值密度	135
定量关系	108

F

发展功能区	15
废水排放强度	65
粉尘排放强度	65

G

GDP 密度	11
高新技术产业	14

H

化肥使用强度	65
环境承载力	160
环境质量	49
环境质量指数	63

J

建设用地	17
建设用地指数	108
交通网络密度	111
经济城市化	108
经济活动强度	108

K

开发强度	108
空气环境	61

M

眉乐内渝发展区	15
面源污染	183

N

能源利用强度	108

P

盆周山地发展区	15
平原丘陵发展区	15

Q

侵蚀模数	73

驱动力	182	生物生产力	184
		湿地退化	65
R		水利开发强度	124
人均生态承载力	161	水污染	97
人均生态足迹	161	水源涵养	15
人口城市化	108	水资源开发利用强度	121
人口密度	11	水资源利用强度	121
人为胁迫	65	酸雨 pH	65
		酸雨降雨量	65
S		酸雨频率	65
三峡库区发展区	15		
三峡库区平行岭谷发展区	15	**T**	
社会经济	1	天然林保护工程	63
生态安全	1	土地城市化	108
生态承载力	160	土地开发强度	108
生态赤字	238	土地利用	17
生态公益林保护	65	土地利用程度综合指数	17
生态环境容量	194	土壤侵蚀	65
生态环境胁迫	65	土壤侵蚀等级	73
生态环境胁迫综合指数	106	退耕还林工程	63
生态环境质量	49		
生态环境质量指数	62	**W**	
生态旅游	194	万元 GDP 耗水量	126
生态农业	191	万元 GDP 能耗	119
生态系统分布	18		
生态系统格局	17	**Z**	
生态系统构成	17	植被覆盖度	49
生态系统转移矩阵	31	植被破碎化程度	53
生态质量	49	植被生产力	58
生态质量指数	62	植被生物量	56
生态足迹	160	植被特征	1
生物多样性保护	15	重大生态工程	65

资源承载力	160	总量控制	64
资源开发	108	总生态承载力	161
自然环境	1	综合开发强度	156
自然胁迫	65	综合生态承载力	160